全国高等院校测控技术与仪器专业创新型人才培养规划教材

测控技术与仪器专业导论（第2版）

主　　编　　陈毅静

副主编　　昝宏洋

参　　编　　张　宇

主　　审　　侯媛彬

U0246793

北京大学出版社

PEKING UNIVERSITY PRESS

内 容 简 介

本书以测控技术为主线,以通俗简要的方式介绍测控技术与仪器专业的概况及其所涉及的基本原理和核心技术,以大量的实例及图片介绍了测控技术的定义、特点、发展概况及其在工业中的作用等内容;还介绍了测控专业的知识体系与课程体系,对学习专业课可起到先导性的作用。为了使教学内容体现时代发展的特征,把握时代发展的脉搏,还特别介绍了现代测控技术的前沿性内容。

本书力求结构清晰、通俗易懂、内容符合实用性教材的要求。通过学习本书,能使学生对测控技术与仪器专业及学科有一个初步认识,从而明确学习目的,激发学习热情,对自己的学习制订一个合理的规划。

本书适用面较广,可作为测控技术与仪器专业导论课程的教材,还可供从事自动化、机电一体化、电子信息工程和电气工程与自动化等相关专业的技术人员自学和参考。

图书在版编目(CIP)数据

测控技术与仪器专业导论/陈毅静主编. —2版.—北京:北京大学出版社,2014.6
(全国高等院校测控技术与仪器专业创新型人才培养规划教材)
ISBN 978-7-301-24223-0

Ⅰ.①测… Ⅱ.①陈… Ⅲ.①测量系统—控制系统—高等学校—教材②电子测量设备—高等学校—教材 Ⅳ.①TM93

中国版本图书馆 CIP 数据核字(2014)第 090161 号

书　　　名:测控技术与仪器专业导论 (第 2 版)
著作责任者:陈毅静　主编
策 划 编 辑:童君鑫
责 任 编 辑:宋亚玲
标 准 书 号:ISBN 978-7-301-24223-0/TH·0391
出 版 发 行:北京大学出版社
地　　　址:北京市海淀区成府路 205 号　100871
网　　　址:http://www.pup.cn　　新浪官方微博:@北京大学出版社
电 子 信 箱:pup_6@163.com
电　　　话:邮购部 62752015　发行部 62750672　编辑部 62750667　出版部 62754962
印 刷 者:三河市博文印刷有限公司
经 销 者:新华书店
　　　　　787 毫米×1092 毫米　16 开本　18 印张　416 千字
　　　　　2010 年 6 月第 1 版
　　　　　2014 年 6 月第 2 版　2019 年 8 月第 6 次印刷
定　　　价:36.00 元

序

　　测控技术与仪器专业源于高等教育仪器仪表类专业。1998 年教育部调整本科专业时，把仪器仪表类 11 个专业（精密仪器、光学技术与光电仪器、检测技术与仪器仪表、电子仪器及测量技术、几何量计量测试、热工计量测试、力学计量测量、光学计量测量、无线电计量测试、检测技术与精密仪器、测控技术与仪器）归并为一个大专业——测控技术与仪器。这是我国高等教育由专才教育向通才教育转变的重要里程碑。

　　我们国家已经进入自动化、信息化时代，各类信息的采集、处理、传输及自动控制技术的研究、开发与应用就显得非常重要；掌握了先进的测控技术，特别是计算机技术、数字化信息技术及其综合应用能力的人才是社会急需的人才。近年来，测控技术与仪器专业急速扩大，学生也快速增加。开设测控技术与仪器本科专业的院校 2000 年有 96 所，2009 年增加到 257 所，2013 年则达到 288 所。在如此高速发展的形势下，如何保证教育教学质量，培养适应社会需求的人才成为仪器科学与技术专业教育的生命线，是我们所面临和需要解决的重大课题。我认为测控技术与仪器专业教材内容不丰富、品种不全是我们亟待改善的问题之一。陈毅静副教授在测控仪器企业生产第一线工作十余年，积累了丰富的实践经验，后又在测控专业高等教育第一线教学十余年，积累了丰富的教学经验，这本《测控技术与仪器专业导论》正是多年为测控专业做出努力的心得总结。该书可作为测控技术与仪器专业的测控技术导论教材，还可作为非测控专业相关技术人员的参考用书。给测控技术与仪器专业新生开设"测控技术与仪器专业导论"课程，对大学新生进行专业的引导和学习方法的传授，其效果显著、深受学生欢迎。

　　大学历来是培养社会栋梁的基地，创新是大学教育的主题。希望通过大家的努力，使大学成为新思想的发源地、新实践的实习基地、新产品的研发基地。同时也希望测控技术与仪器专业能越办越好，专业实力越来越强。

西安科技大学教授、博士生导师　侯媛彬

第 2 版前言

刚踏入大学校门的新生对未来充满了憧憬和期望，迫切希望了解自己所学的专业都包含什么内容以及怎样才能学好它，而学校和老师也希望尽早让学生们对自己所学的专业有较为全面与深入的认识，激发其学习新知识的兴趣，树立正确的学习目标，制订适合自身特点的学习规划，创建大学学习的良好开端。为此，编者编写了这本《测控技术与仪器专业导论》，系统地介绍测控技术与仪器专业的学科理论、知识体系、应用技术、发展方向等相关内容。

测控技术与仪器专业是多学科交叉融合的专业，知识面非常广，涉及测量与控制技术、仪器仪表技术、计算机技术、信息技术、系统与网络技术等多个学科的知识。本书是学习测控技术与仪器专业的引子，主要从以下 5 个方面介绍测控技术与仪器专业：

(1) 测控技术的定义、应用及发展历史。

(2) 测量与控制的基本原理。

(3) 现代测控技术的最新发展。

(4) 测控技术与仪器专业的知识体系和课程体系。

(5) 测控技术与仪器专业的就业及考研方向。

本书不以知识点深度取胜，而是努力站在专业初学者的角度思考问题，尽可能用浅显易懂的语言，循序渐进地阐述测控理论。全书共分 8 章，第 1 章为绪论，介绍开设导论课程的目的、课程性质及专业学习的方法；第 2 章为测控技术与仪器概述，介绍测控技术的内容及应用、测控技术与仪器的发展历史、测控技术与仪器的学科及专业；第 3 章为测量基本原理，介绍测量的基本概念和几种常用的传感器的工作原理；第 4 章为自动控制基本原理，介绍自动控制的基本概念、基本特性和基本原理；第 5 章为自动控制系统，介绍自动控制系统的基本概念和工业中常用的几种控制系统；第 6 章为现代测控技术，介绍现代测控技术的发展和仪器仪表技术的发展；第 7 章为测控专业的知识体系与课程体系，介绍测控专业的人才要求、知识体系、课程体系及主干课程；第 8 章为测控专业的就业与考研，介绍测控专业的学生毕业后主要从事的行业和工作内容以及考研方向。

本书力求全面准确地反映测控技术的学科内涵、前沿以及测控专业与相关专业间的联系与区别，同时对其他相关专业领域也有一定介绍。本书可使学生对测控技术与仪器专业有较为全面的认识，了解本专业学科知识和其他专业领域知识交叉、渗透、融合的现状，以培养"宽口径、厚基础、广适应"的专业人才。

建议在大学第一学期给测控技术与仪器专业新生开设测控技术与仪器专业导论课程，课程学时为 14～16 学时。让学生在踏入大学之初就能了解自己所学专业的基本情况，了解在大学的四年中将要学习什么知识和技能。同时将专业教育与成才教育紧密地结合起来，使学生了解测控技术及仪器在国民经济中的作用，了解我国测控技术与国际先进水平的差距，从而激发斗志，以积极的心态投入大学学习。

本书于 2010 年 6 月出版第 1 版，随着技术的发展，我们觉得有必要在书中增添新的内容，故于 2014 年出版第 2 版。本书由陈毅静担任主编，昝宏洋担任副主编，张宇担任参编，侯媛彬教授博导审稿并作序，陈毅静编写第 1、2 章，昝宏洋编写第 3、4、5、6 章，张宇编写第 7、8 章。在编写过程中，侯媛彬教授和杨世兴教授提出了很多宝贵意见。此外，本书参考了大量公开发表的文献和网上资料，尽管已在参考文献中列出，但难免有疏漏，在此一并致以衷心的感谢。

面对测控专业的初学者，如何能通俗易懂地向他们介绍测控技术的基本原理和核心概念，是编者努力探索的课题。由于编者水平有限，书中不足之处在所难免，欢迎广大读者提出宝贵意见。

编　者

2014 年 1 月

目　　录

第 1 章
绪　　论

 本章教学要点

知识要点	掌握程度	相关知识
专业导论的意义	了解专业导论的目的、性质，以及专业导论的特点	专业导论学习方式的特殊性
大学的学习方法	了解大学的学习特点；掌握大学的学习方法	学会学习、学会生活、学会合作、学会思考

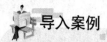导入案例

　　法国一位著名的自然学家费伯勒用毛毛虫做了一次不同寻常的实验。毛毛虫喜欢盲目地追随着前边的一个，费伯勒很仔细地将它们在一个花盆外的框架上排成一圈，这样，领头的毛毛虫实际上就碰到了最后一只毛毛虫，完全形成了一个圆圈。在花盆中间，他放上松蜡，这是这种毛毛虫爱吃的食物。这些毛毛虫开始围绕着花盆转圈。它们转了一圈又一圈，一小时又一小时，一天又一天。它们围绕着花盆转了整整七天七夜，最后，它们全都因饥饿劳累而死。一大堆食物就在离它们不到 6 英寸远的地方，它们却一个个地饿死了，唯一的原因就是它们按照以往习惯的方式去盲目地行动。费伯勒在笔记里写道："在那么多的毛毛虫中，如果有一只与众不同，它就能改变命运，告别死亡。"

　　许多人都犯了同样的错误，他们只会盲目地、毫不怀疑地跟着圆圈里的人群无目的地走着，他们不知所求的是什么。如果你也不知道所追求的是什么，那就永远不会有击中目标的一天。所有成功人士，都有一个突出的特征，就是明确的方向性，他们有目标也有行动，知道自己要做什么，也知道应该怎样去做。

　　测控技术与仪器专业的学生在踏入大学之际，可能首先想了解测控技术与仪器专业的含义是什么，包含哪些内容，测控技术在工业生产中有哪些应用，在大学的学习中将要学习哪些知识和技能，如何才能学好这个专业以及毕业后将从事什么样的工作，诸如此类的问题可以在《测控技术与仪器专业导论》中得到解答。本章作为导论的开篇，首先介绍导论课程的意义和大学的学习方法。

1.1　专业导论的意义

　　专业是高等学校根据社会分工需要而划分的学业门类。随着社会的发展和科技的进步，每个专业都拥有自己的历史渊源，有自己描述问题和研究问题的词汇和方法。因此，当我们进入高等专业学习时，不仅要尽快地融入学习的大环境中，还应尽快地融入所学专业的文化氛围中。

1.1.1　专业导论的目的

　　高等学校的各个专业都有自己的培养目标和教学计划，以体现本专业的培养方向和教学要求。教学计划包含了为实现专业培养目标而需要学习的各个方面的课程安排，这些课程看似内容庞杂，但却是循序渐进、环环相扣。有的同学在学基础课时会问：我们为什么学这门课，这门课和专业有什么关系？如果不明确做一件事的目的，那么就会找不着方向、抓不住要害，甚至提不起兴趣。专业导论就是将涉及内容很广的学科专业做一个总体介绍，将专业培养目标和教学计划做一个系统的解释。通过导论的学习，可以达到如下目的：

　　(1) 了解测控技术的内涵、外延与定位。

　　(2) 了解测控技术与仪器专业与相关专业间的联系与区别。

（3）了解测控技术的基本原理与核心概念。

（4）了解测控技术的最新发展动态。

（5）了解测控技术与仪器专业的知识体系和课程体系。

测控技术与仪器专业融合了多学科的知识内容和技术，如测量与控制技术、仪器仪表技术、计算机技术、信息技术、系统与网络技术等。测控技术在工业中有广泛应用，且特色各有不同。在学习了专业基础知识之后，专业技术的学习将呈现不同的特色和方向。

通过本课程的学习，可以对测控技术与仪器专业有较为深入和全面的认识，了解在大学四年的学习中，将要学习哪些课程，尤其是主干课程的课程目的、内容及该课程与其他课程之间的关系。在学习过程中能为自己确定学习和研究方向，做出适合自己的决策：

（1）进入专业课学习时，需要选择选修课。

（2）进入毕业设计时，需要选择设计课题。

（3）报考研究生时，需要选择研究方向。

测控技术在国民经济中占有重要的地位，我国测控技术与国际先进水平相比还存在很大的差距。大学生作为祖国建设的新生力量应努力学习、奋勇拼搏，担负起振兴我国仪器仪表工业的历史重任。

1.1.2 专业导论的性质

信息论、控制论、系统论是测控专业的基础理论。信息技术、控制技术、系统网络技术是测控专业的基本技术。在本书中我们试图由浅及深、由表及里地介绍信息论、控制论、系统论的基本概念；用科普的语言介绍测控技术的内容、应用、历史及发展方向。但又要比科普高一层次，要引入专业词汇用语，更注重测控技术的基本原理、核心概念、知识体系的解释，激发大家学习新知识的兴趣。

本课程在有限的学时内对测控专业做全面的介绍，包含的内容广博，涉及几十门课程，难以进行详细介绍，但要有系统性。我们的原则如下：

（1）以通俗简要的方式介绍测控技术与仪器所涉及的最基本的原理和核心概念。重点介绍主干学科、主干课程的内容。为了适应测控技术的迅猛发展，体现时代发展的特征，把握时代发展脉搏，引入测控技术前沿性的技术介绍。

（2）对于需要高深数理知识或专业理论才能描述的原理技术，仅扼要介绍解决问题的思路，不介绍解决问题的具体方法，仅达到"知其然"。在后续课程中学习了相应的理论后，自然能进一步深入理解本专业的知识内容，达到"知其所以然"。

（3）鼓励提问，可以针对学生的疑问做专题讨论或专题报告。通过师生间的沟通和交流互动，不仅能够对测控技术有更加深入的认识，而且能更加全面地认识专业学习的方方面面，为今后的学习开创一个良好的开端。

加强素质培养、淡化专业、扩宽基础，提倡不同专业领域的交叉和渗透是21世纪高等教育的方向。测控专业正是一个典型的多学科交叉融合的专业，又是一个高新技术专业，这意味着既要扎实地学好基础知识，又要紧跟技术的发展创新。因此，我们不仅要学会知识，更重要的是要会学知识。如果不会学习，就只能被动地学习而不会主动地学习，就只能学到知识的皮毛而学不到知识的内涵。

1.2 大学的学习方法

对刚跨入大学门槛的新生而言,生活环境和学习环境都发生了重大变化:由父母的精心呵护转换到独立性较强的集体生活;由老师的严格督促学习转变为自主性学习;由熟悉单纯的学习环境转换到大学这个小社会中。诸如此类变化,许多大学生一时难以适应,不知如何学习、如何处理人际关系,心理紧张彷徨,严重影响学业。有的同学说,高中时学习、练习完全依靠老师安排辅导,但是上大学后发现学习要由自己安排,整天不知该做什么好,上课听不懂,渐渐没了兴趣,结果成绩一塌糊涂。还有的同学说,我在学习上算是比较努力的,不是整天玩,可是总觉得学习效率非常低,学习成绩提高不了,也非常苦闷。由此可见,学习方法不当会阻碍才能的发挥,越学越死,给学习者带来学习的低效率和烦恼。

高等教育有其自身的特点,那么大学生怎样才能尽快适应大学学习生活,早日完成由中学到大学的过渡呢?我们提倡进入大学首先应从"学会学习、学会生活、学会合作、学会思考"这四个方面入手。

1.2.1 学会学习

人的一生是离不开学习的,人们往往说"活到老,学到老"。特别对于社会竞争异常激烈的今天,"生命不息,学习不止"是至理名言。学习是一个人终生获得知识,取得经验,转化为行为的重要途径。它可以充实生活,发展身心,促使个人得到全面的发展和提高。要学好,就得讲究科学的学习方法。所谓学习方法,就是人们在学习过程中所采用的手段和途径,它包括获得知识的方法、学习技能的方法、发展智力与培养能力的方法。科学的学习方法将使学习者的才能得到充分的发挥,并能给学习者带来高效率和乐趣,正确的方法是成功的捷径。那么,究竟怎样学习才是科学的学习方法,应该从以下几个方面考虑。

1. 尽快确立新的学习目标

大学是一个文化与精神凝聚的场所,大学生正处于富于理想、憧憬未来的青春年华,应当树立对社会有益、对个人发展有益的奋斗目标。目标是激发人的积极性、产生自觉行为的动力。人生一旦没有目标,就会意志消沉、浑浑噩噩。中学阶段大家的目标明确一致,都是想升入理想的大学。一旦进入了大学,这个目标已经实现,有些人觉得大功告成,可以松口气了。没有了目标,会使学习生活缺乏动力。因而,有些学生生活松散疲沓、空虚乏味,很快学会了混日子。大学新生中这种现象的出现,主要是由于没有及时树立新的学习目标所致。因此,大学新生需要尽快熟悉大学生活,树立新的奋斗目标。比如,根据自身的兴趣、特长、条件,制订出适合自己的大学学习目标计划。目标有近期目标和远期目标,并没有高低之分,不需要因为自己的目标没有别人远大而不好意思,达到自己的目标就是成功。

2. 尽快适应大学学习模式

大学学习内容广博,资料浩瀚。教师在有限的课时内不可能一字一句地讲解所有的内容,只能是提纲挈领,讲解基本理论、典型案例和研究方向。因此,大学学习中大量的学习内容需要自己查阅资料、自主学习,需要有很强的主动性和独立学习能力。新生进入大学后碰到的一个普遍问题就是学习方法的不适应，很多同学习惯了中学老师逐字逐句反复讲解、练习、督促的被动接受知识的学习方式，对于需要自己自主决定怎么学、学什么时，就感到无所适从。大学新生可以通过向高年级同学取经、向老师求教等各种方法，尽快了解大学的学习特点和规律，并根据大学学习特点迅速摸索出一套适合自己的学习方法。

3. 重视实践能力的培养

世间万物简单中孕育着复杂，复杂中透析出简单，两者之间没有不可逾越的鸿沟。一些看似抽象深奥的理论，一经实验演示便豁然开朗；一切技术方案都必须经过实践的检验。因此，工科学生实践能力的培养是非常重要的。在大学中实践能力的培养途径除了课程实验、综合实验和各种实习外，参加各种竞赛是最能锻炼和提高动手能力的手段之一。

目前适合测控专业大学生的科技竞赛有很多，有高教系统举办的竞赛，如全国大学生电子设计竞赛、全国数学建模竞赛、中国机器人大赛、全国大学生创业计划大赛、全国大学生课外学术科技作品竞赛、全国大学生软件设计大赛等；还有行业学会和企业举办的各种比赛，如"博创杯"全国大学生嵌入式设计大赛、"西门子杯"全国大学生控制仿真挑战赛、Altera 中国大学生电子设计竞赛、"德州仪器杯"电子设计竞赛等。

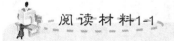
阅读材料1-1

"挑战杯"全国大学生课外学术科技作品竞赛

"挑战杯"竞赛是由共青团中央、中国科协、全国学联主办，国内著名大学和新闻单位联合发起，国家教育部支持下组织开展的大学生课余科技文化活动中的一项具有导向性、示范性和权威性的全国性竞赛活动，被誉为中国大学生学术科技"奥林匹克"。此项活动旨在全面展示我国高校育人成果，引导广大在校学生崇尚科学、追求真知、勤奋学习、迎接挑战、培养跨世纪创新人才。竞赛活动坚持"崇尚科学、追求真知、勤奋学习、迎接挑战"的宗旨，每两年举办一次，已形成校级、省级、全国的三级赛事，参赛同学首先参加校内及省内的作品选拔赛，优秀作品报送全国组委会参赛。

经过多年的发展壮大，"挑战杯"竞赛已经成为吸引广大高校学生共同参与的科技盛会和促进优秀青年人才脱颖而出的创新摇篮。竞赛获奖者中已经产生了2位长江学者，6位国家重点实验室负责人，20多位教授和博士生导师。他们中的代表人物有：第二届"挑战杯"竞赛获奖者、国家科技进步一等奖获得者、中国十大杰出青年、北京中星微电子有限公司董事长邓中翰，第五届"挑战杯"竞赛获奖者、"中国杰出青年科技创新奖"获得者、安徽中科大讯飞信息科技有限公司总裁刘庆峰，第八届、第九届"挑战杯"竞赛获奖者、"中国青年五四奖章"标兵、南京航空航天大学2007级博士研究生胡铃心等。

第十三届"挑战杯"全国大学生课外学术科技作品竞赛于2013年由211重点院校苏州大学举办，共有1900多所高校的近5万件作品实现了网络报备。经全国评委会预赛、复审，最终有来自305个高校的1252件作品进入终审决赛。港澳地区12所大学的55件作品也参加了比赛。

"挑战杯"竞赛已经成为大学生参与科技创新活动的重要平台。回顾历届获奖作品，许多课外科技作品的创意都来自于人们的日常生活，但是都体现了作者的奇思妙想，如类人双臂还原魔方机器人、西瓜伴侣、智能电子交通警察等。

1. 类人双臂还原魔方机器人(图 1.1)

该机器人主要功能为还原任意错位三阶魔方,能适应各种光照环境,可以在 50 秒之内还原任意错乱的魔方。作品定位为娱乐科普机器人,具有类人的身体构造,还原魔方的动作也进行类人化设计,如夹紧和松放、转动和翻面等。采用人机交互方式和观众进行互动,并配有语音提示系统。整个系统具有良好的稳定性和较高的重复定位精度。

图 1.1　类人双臂还原魔方机器人(第十二届挑战杯作品)

还原魔方机器人的设计制作需要模式识别、人工智能、自动控制、人体工程学、电路设计、机械设计等多学科多领域的知识,这些技术都是测控、自动化等专业的关键技术。还原魔方机器人所采用的精密机械手和模式识别技术可以应用到基础工业、农业科技、国防科技和科技教育当中,具有很广阔的应用前景。

2. 西瓜伴侣(图 1.2)

夏天一到,能够吃上香甜可口的西瓜是很多人的心愿,但大多数人并不知道如何挑选。西瓜伴侣是一种新型西瓜成熟度无损检测仪,它是根据弹性体振动理论设计的。一条黑色的"腰带"是连接西瓜与仪器的纽带,上面装有一个小型加速度传感器。只要给西瓜围上"腰带",轻轻一拍,"成熟,请放心食用"的字样就显示在屏幕上。该作品于

图 1.2　西瓜伴侣(第十二届挑战杯作品)

2011年5月14日在北京的"国家科技活动周暨北京科技活动周"活动中展出。受到陈佳洱院士好评。

　　大量实验数据表明，在成长初期的西瓜，其瓜皮和瓜瓤的密度、硬度、弹性等物理参数相差不大，而成熟西瓜的瓜皮和瓜瓤与生瓜有明显区别，各项物理参数差别也较大。成熟的西瓜当其受到冲击振动时，可看作是一个由弹性元件和阻尼元件组成的系统，即把瓜瓤当作阻尼，把整个西瓜看作是一个内部为阻尼的弹性体。击打西瓜后，通过加速度传感器检测西瓜的振动过程，来检验西瓜的固有频率、震动频率，同时通过称重传感器检测西瓜质量，再经过单片机进行数据分析和算法处理，计算西瓜的密度、水分含量等指标，以此判断西瓜的成熟度，最终通过液晶显示检测结果。

　　3. 智能电子交通警察(图1.3)

　　智能电子交通警察是一种服务类仿人型机器人，综合运用了单片机技术、传感器技术、电工电子技术、机械设计等多学科知识。其功能可以实现模仿交通警察的肢体动作指挥交通，代替交警站岗，根据道路运行情况做出智能判断，人性化地控制通行时间，对违规车辆进行自动抓拍，并将图片传送至电脑储存。它是一个将机器人、交通警察、信号灯控制系统、违章车辆抓拍系统有机结合在一体，具有多个特定功能的新型交通警察机器人。

图1.3　智能电子交通警察(第十一届挑战杯作品)

全国大学生电子设计竞赛

　　全国大学生电子设计竞赛是教育部高等教育司和信息产业部人事司共同主办的大学生学科竞赛，是面向全国大学生的群众性科技活动，目的在于推动高等学校实施素质教育，培养大学生的实践创新能力和团队协作能力，为优秀人才的脱颖而出创造条件。全国大学生电子设计竞赛从1997年开始每两年举办一届，采用全国统一命题、分赛区组织的方式。竞赛期间采用"半封闭、相对集中"的组织方式，竞赛学生可以查阅有关纸介或网络技术资料，队内学生可以集体商讨设计思想，确定设计方案，分工负责，以队为基本单位独立完成竞赛任务，但不得与队外人员讨论。历年来的赛题主要有：电源(如数控直流电源、直流稳压电源等)；信号源(如实用信号源、波形发生器、电压控制LC振荡器等)；无线电(如无线电遥控系统、调幅广播收音机、短波调频接收机、调频收音机等)；放大器(如实用低频功率放大器、高效率音频功率放大器、宽带放大器等)；仪器仪表(如电阻/电容/电感测试仪、数字频率计、频率特性测试仪、数字式工频有效值多用表、数字存储示波器、低频数字式相位测量仪、逻辑分析仪等);数据采集与处理系统(如多路数据采集系统、数字化语音存储与回放系统、数据采集与传输系统等);控制器(如水温控制系统、自动往返电动小汽车、简易智能电动车、液体点滴速度监控装置等)。图1.4所示为2012年全国电子竞赛作品"灭火小车"。

图1.4 灭火小车(2012年全国电子竞赛作品)

"博创杯"全国大学生嵌入式设计大赛

"博创杯"是由中国电子学会主办的全国性大赛,已吸引到博创、恩智浦、风河、诺基亚Qt、爱亚等国际知名企业的冠名加入,成为国内嵌入式物联网领域最具影响力的规模赛事。该赛事采用开放式命题的形式,让各参赛队伍能有更自由的发挥空间。设计内容涵盖:物联网应用(如城市交通、医疗、港口物流、环境监测、多网融合等);消费类电子(如数字电视、GPS导航、智能/节能家电、智能手机、数字家电、视频编码解码等);工业应用(如图像处理、安防监控、无线通信、信息识别、汽车电子、工业自动化控制、智能仪表、智能机器人等);医疗卫生(如智能医疗检测/分析/保健产品等)。图1.5为第八届"博创恩智浦"杯全国大学生嵌入式设计大赛东北赛区现场。

图1.5 第八届"博创恩智浦"杯全国大学生嵌入式物联网设计大赛现场(东北赛区)

全国大学生"西门子杯"工业自动化挑战赛

　　"西门子杯"是由教育部高等学校自动化专业教学指导分委员会、西门子(中国)有限公司和中国系统仿真学会联合主办，以模拟典型工业自动化系统为对象的大学生工程科技竞赛。它以一项虚拟的自动化工程项目为背景展开，参赛队伍需要在真实的工业控制器和仿真的工业对象环境下完成全部的自动化工程项目，以实际控制效果来决定名次。

　　2013年"西门子杯"工业自动化挑战赛的工程应用型竞赛题目是并网风电机组控制。风力机的风轮被风力驱动，将风能转换成机械能，通过传动系统将动力传递给发电机，发电机将机械能转变为电能。参赛队伍通过对风机的偏航控制、桨距控制、启动、停机、状态监测等控制任务进行分析研究，设计出最佳的控制方案。图1.6为2013"西门子杯"工业自动化挑战赛现场。

图 1.6　2013"西门子杯"工业自动化挑战赛现场

中国机器人大赛暨 RoboCup 公开赛

　　中国机器人大赛由中国自动化学会机器人竞赛工作委员会、RoboCup 中国委员会、科技部高技术研究发展中心主办，是中国最具影响力、最权威的机器人技术大赛。机器人研究涉及多个学科，如力学、机械学、电子学、控制论、计算机科学等，学生在参加机器人比赛过程中不仅可以扩展知识面，还能促进学科交叉，迅速提高学生动手能力，培养学生的创新能力。图1.7为2012中国机器人大赛篮球机器人比赛现场。

图 1.7　2012 中国机器人大赛篮球机器人比赛现场

4. 学会合理安排时间

古人云:"凡事预则立,不预则废。"这就是说不管做什么,先有了统筹规划,那么定会取得成功,否则就可能导致失败。大学的自学时间较多,看似很自由,如果不能自觉、自律、主动有效地管理时间,学习就容易被遗忘。优秀的学生能有重点地进行系统学习,明确自己每天要做什么事情。但常常看到有些学生糊里糊涂过日子,摸摸这个,又碰碰那个,或者干脆将学习任务堆积起来,一直拖到期末考试即将来临,不得不突击学习应付考试,成绩可想而知。

一个好的时间表可对学习做整体统筹,从而节约时间和精力,提高学习效率。同时,它可将日常学习细节变成习惯,使学习变得更为主动积极。这就需要合理制订计划,科学安排时间。良好的习惯是个人竞争力的一种体现,有效的时间安排也是获得成功的重要手段。

1.2.2 学会生活

大学阶段是大学生职业生涯发展中最重要的准备阶段。在这个阶段里,你为今后的职业生涯准备得如何,将直接影响到你的就业竞争力和未来的职业发展力。大学新生离开了昔日的中学好友、师长及家乡亲人,来到新的集体中生活,面对陌生的校园、陌生的面孔,可能会感到寂寞和孤独,有的同学缺乏独立生活和集体生活的能力,既不善于接近他人,也不善于让别人了解自己,很难融入新的集体之中。大学新生要摆脱这种烦恼,首先要树立自信,大胆热情地与他人进行交往;其次要主动参加集体活动,热情帮助他人,扩大自己的交往范围,从而结识新同学。

学校各社团组织的课余活动,能丰富生活、陶冶情操,同时也能提高自身的素质与修养。参加校外各种实践活动可以更多地接触社会,了解社会发展趋势,关注社会、关注民生是当代的大学生的责任。积极参加各类活动,可以结交更多的朋友,拓展人际关系,提高自己的综合能力和基础素质。大学生的基础素质包括品格、文化、体质和能力四个方面。

1. 品格方面

大学生作为中华民族的一个群体,要有强烈的爱国主义和拼搏精神;要树立正确的人生观、价值观;要树立民主精神、科学态度、竞争观念和法律意识等现代思想观念。这是大学生活和以后工作的基本原则,没有正确的人生观、价值观,做事情也会没有主见,容易迷失方向。

2. 文化方面

文化是人类不可缺少的精神食粮,是作为社会人必须具备的基础素质,大学生作为一个文化人,其文化素质尤为重要。中国是有着悠久历史、灿烂文化的文明古国,不能因为自己是学工科的,就对社会、历史、文学等一无所知。大学生应努力做到博览群书,提高自己科学、文化、自然、历史、地理等方面的基本素养。

3. 体质方面

身体健康是人生存和发展的基本要素,没有健康的体魄,事业发展无从谈起。大学生在学习之余,应积极参加体育锻炼,应掌握科学的健身方法和用脑方法,养成良好的生活习惯和行为习惯,形成健康的体魄和发达灵活的大脑。

4. 能力方面

这里能力泛指一般人所具有的最基本的生存和生活能力，即自我生活能力、一般社交能力、从事简单劳动的能力、吸收选择与生活有关信息的能力，以及应对一般性挑战的能力。要有积极的态度，对自己的一切负责，勇敢面对人生，不要把困难的事情一味搁置起来。例如，有些同学觉得自己需要参加社团磨炼人际关系，但是因为害羞就不积极报名，把想法搁置起来，会永远没有结果。我们必须认识到，不去解决也是一种解决，不做决定也是一个决定，这种消极、胆怯的作风将使你面前的机会丧失殆尽。要做好充分的准备，事事用心，事事尽力，还要把握机遇，创造机遇。

1.2.3　学会合作

所谓合作能力，指在工作、事业中所需要的协调、协作能力。在现代科学发展条件下，越来越多的科研难题都是科学工作者合作研究攻克的，群体合作已成为现代社会活动的主要方式。俗话说："一个篱笆三个桩，一个好汉三个帮。"这足见合作的重要性。现代组织的基本单位都是团队，众多的成就都是依靠集体取得的，因此，团结协作十分重要。

古人云："独学而无友，则孤陋而寡闻。"此语出自《礼记·学记》，学习中因有了朋友才不会闭门造车，才不会使自己成为井底之蛙。在知识激增、更新速度不断加快的信息社会，必须培养互相学习、紧密合作，在团队协作中更好地促进自身成长成才。大学有很多教师带头的学术研究团队，有各种学生兴趣小组和社团，要根据自己的兴趣和能力积极参加到团队中，团队合作能使我们获得学习成长的机会，扩大自己的能量，提高生活品质，收获更多的成功。

1.2.4　学会思考

大学生需要更多阅读和思考，求理解，重运用，不去死记硬背。一个记忆力强的人，最多只能称之为"活字典"，不能成为大家。古人云："读书须知出入法。始当求所以入，终当求所以出。"这是对读书人的告诫，这一入一出就是思考理解的过程，在这一入一出的反复之间实现学习的目的。大学生要学会运用抽象思维，因为任何概念是抽象的也是具体的。掌握概念不仅是从个别到一般的过程，而且也包括一般再回到个别的过程。只有经过这样的反复才能真正掌握知识。

我们提倡主动学习，勤于思考，敢于质疑。看教材或参考书时，要紧紧围绕概念、公式、法则、定理，思考它们是怎么形成与推导出来的，能应用到哪些方面，它们需要什么条件，有无其他的证明方法，它与哪些知识有联系，通过追根溯源可以使我们增强分析问题和解决问题的能力。正是问题才激励我们去学习，去实验，去观察，从而获得知识。知识是有体系的，在学习中应当把各种知识点作为相互联系的整体来对待，通过理解，将学习的各种知识点组织起来、联系起来，形成体系。这样，不仅便于记忆，便于应用，而且通过知识点的组合，知识的信息量会激增，认识会进一步加深。

探索创新精神是人才应该具备的最宝贵的精神，独立性和主动性是优秀大学生所应该具备的品质。我们鼓励学生多看资料文献，广泛获取信息，开拓思路、勤于思考，从研究、试验、比较中获得正确的结论。将科学的世界观、科学的思维方法和学习方法联系起来，动态地、辩证地、全面地看问题才是寻求正确答案的有效方法。我们希望同学们在学习中既要有排除万难、不达目标誓不罢休的勇气，又要有灵活驾驭、事半功倍的技巧。我们可以用控制论的观点，有意识地根据自己的行动效果与预期目标的比较获取反馈信息，及时调整自己的学习思路与方法，学会自我调节就会使自己保持最佳的学习状态。

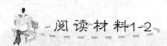
阅读材料1-2

学习的目的在于增进个人知识技能、发展个人潜能及培育健全人格，以达到适应社会、提高自我能力的目标，而有效的学习能达到事半功倍的效果，运用良好的学习方法，可使学习更广博、更精深。

1. 三种学习境界

1) 第一层为苦学

提起学习就讲"头悬梁、锥刺股"，"刻苦、刻苦、再刻苦"。处于这种层次的同学，觉得学习枯燥无味，对他们来说学习是一种被迫行为，体会不到学习中的乐趣。长期下去，会对学习产生一种恐惧感，让学习变成了一种苦差事。

2) 第二层为好学

所谓"知之者不如好之者"，达到这种境界的同学，学习兴趣对学习起到重大的推动作用。他们的学习不需要别人的逼迫，自觉的态度常使他们能取得好的成绩，而好的成绩又使他们对学习产生更浓的兴趣，形成学习中的良性循环。

3) 第三层为会学

学习本身也是一门学问，有科学的方法和需要遵循的规律。按照正确的方法学习，学习效率就高，学得轻松，思维也变得灵活流畅，能够很好地驾驭知识。

目前，广大学生的学习中，第一层居多，第二层为少数，第三层则更少。我们应当明确，学习的一个重要目标就是要学会学习，这也是现代社会发展的要求。21世纪中的文盲将是那些不会学习的人。所以，同学们在学习中应追求更高的学习境界，使学习成为一件愉快的事，在轻轻松松中学好各门功课。

学习成绩的好坏，往往取决于是否有良好的学习习惯，特别是思考习惯。

2. 三种学习习惯

1) 站在系统的高度把握知识

很多同学在学习中习惯于跟着老师一节一节地走，一章一章地学，不太注重章节与学科整体系统之间的关系，只见树木，不见森林。随着时间推移，所学知识不断增加，就会感到内容繁杂、头绪不清，记忆负担加重。事实上，任何一门学科都有自身的知识结构系统，学习一门学科前首先应了解这一系统，从整体上把握知识，学习每一部分内容时都要弄清其在整体系统中的位置，这样做会使所学知识更容易把握。

2) 追根溯源，寻求事物之间的内在联系

学习最忌死记硬背，特别是许多专业性、理论性较强的课程的学习。学习中最重要的是弄清楚道理，不论学习什么内容，都要弄清楚为什么，这样学到的知识似有源之水，有本之木。

3) 发散思维，养成联想的思维习惯

在学习中应经常注意新旧知识之间、学科之间、所学内容与生活实际之间等方面的联系，不要孤立地对待知识，养成多角度思考问题的习惯，有意识地去训练思维的流畅性、灵活性及独创性，长期下去，必然会促进智力素质的提高。知识的学习主要通过思维活动来实现，学习的核心就是思维的核心，知识的掌握固然重要，但更重要的是通过知识的学习提高智力素质，智力素质提高了，知识的学习会变得容易。

上述三个学习习惯实质上是三种思维习惯，养成这种思维习惯，有利于思维品质的训练。学习的方法很多，但重要的应注意以下三点。

3. 三个学习要点

1) 多读书，注意基础

要想学习好，基础知识的掌握尤为重要，而基础知识就是指课本知识。但在学习中，很多同学却不重视课本的阅读理解，愿意多做一些题，以为考试就是做题，实际上这是一种本末倒置的做法，应当说，课本与习题这两方面都很重要，互相不能替代，但课本知识是本，做题的目的是能更好地掌握知识。

2) 多思考，注重理解

"学而不思则罔"，思考是学习的灵魂。在学习中，知识固然重要，但更重要的是驾驭知识的头脑。如果一个人不会思考，他只能做知识的奴隶，知识再多也无用，而且也不可能真正学到好知识。知识的学习重在理解，而理解只有通过思考才能实现，思考的源泉是问题，在学习中应注意不要轻易放过任何问题，应力求独力思考，自己动手动脑去寻找问题的正确答案，这样做才有利于思考能力的提高。

3) 多重复，温故而知新

《论语》开篇第一句"学而时习之"，道尽学宗，不断地重复显然是学习中很重要的一个方面。当然，这种重复不能是机械的重复，也不只是简单的重复记忆。每次重复应有不同的角度，不同的重点，不同的目的，这样每次重复才会有不同的感觉和体会，一次比一次获得更深的认识。知识的学习与能力的提高就是在这种不断的重复中得到升华，所谓"温故而知新"。

4. 三种学习精神

1) 不唯书

古人云："尽信书，不如无书。"在我们的学习中，教科书是我们学习的重要材料，学好课本基础知识是最基本的要求。但是，这里应当明确两个问题：(1)科学总是发展着的知识体系，我们所学的知识和方法不可能都是毫无缺陷的。这就需要我们多动脑筋，在思考的基础上敢于怀疑，大胆探索，提出我们自己的观点和看法。(2)人们对事物的认识过程总是多次反复才能完成的。也许我们的怀疑是错误的，我们提出的观点和见解是不正确的，但正是从这种错误与正确的交锋中才能获得正确的认识。

2) 不唯师

在学习中，很多同学上课时只会认真听讲，很少能发现问题、提出问题，把自己变成一个"知识容器"。瑞士著名的教育心理学家皮亚杰曾说过，"教育的主要目的是培养能创新的而不是简单重复前人已做过的事的人。"所以，学习中要多与老师交流，当对老师讲的有疑问或有不同看法时，要敢于向老师质疑，甚至与老师争论，在争论中我们失去的只是错误，而得到的除了正确的认识外，更重要的是智力的发展，还有勇气和信心的提高，最终会"青出于蓝而胜于蓝"。

3) 不唯一

对于一个知识的理解，可以从不同的角度去认识；对于一道题的求解，可以有不同方法；对于一个实际问题，可以从不同学科去分析解决。世界本身就是一个多样化的世界，我们学习的目的决不是为了追求唯一的答案。所以，我们在学习中必须具备这种"不唯一"的意识和精神，尽可能寻求更多解决问题的途径，养成多方面、多角度认识问题的习惯，训练思维的灵活性和变通性。

5. 三种学习技能

1) 学会快速阅读

直接从书中获取知识是一条重要的途径，即使是教科书中的知识，也不能纯粹依靠老师的讲解来学习。一个掌握阅读技能的学生，能够更迅速、更顺利地掌握知识，学得更主动、更轻松。在实际学习中，许多同学习惯于上课听讲，下课做作业，即使是教科书也不甚阅读，更不用说大量阅读课外书籍，这阻碍了学习思路的拓展。我们讲的阅读技能并不是指能简单地读，而是指在阅读的同时能思考，在思考的同时能阅读的能力，是指能够根据不同书籍模式迅速分清主次，把握书中内容的一种技能。这就要求同学们必须多读书，注意了解不同书籍的特点和阅读技巧，加强读思结合，并且有意识地加快阅读速度，逐渐形成快速阅读技能。

2) 学会快速书写

课堂上记录笔记跟不上老师的速度，课后完成作业用时过多，考试因书写太慢而答不完试卷等，这些现象都与书写技能有关。可以说书写技能是我们借以掌握知识的工具，这种工具所处的状态将决定我们能否有效而合理地使用时间。那些书写速度慢的同学对此应引起足够重视，自觉地加强这方面的训练，尽快掌握这一技能。

3) 学会做笔记

做笔记是一种与动手相结合的学习行为，有助于对知识的理解和记忆，是一种必须掌握的技能。学习笔记主要有课堂笔记、读书笔记和复习笔记等，课堂笔记应注意结合教材进行记录，不能全抄全录老师的板书。读书笔记应注意做好圈点勾批，所谓"不动笔墨不读书"。复习笔记应注意做好知识的归纳整理，理清知识的结构和联系。还需要指出的是，不论哪种笔记都要做好疑难问题的记录，便于集中处理。

6. 三种学习能力

1) 独立探求知识的能力

独立探求知识的能力也可以叫自学能力，在外界条件完全相同的情况下，不同的学生所取得的学习成绩是不同的，这有多方面的原因，但其中自学能力是一个重要原因。那些优秀的同学往往具有较强的自学能力，他们不仅在老师指导下学习，更注重独立探求知识。他们总是根据自己的实际情况来安排学习，表现出较强的独立性和自主性。所以，同学们在学习中应加强自学能力和独立意识的培养。

2) 与他人合作的能力

人类的认识活动总是在一定的社会环境中完成的，所以我们在独立探求知识的同时，还需要加强与他人的合作学习，通过合作学习，更加全面、更加深刻地理解知识。我们不仅要主动与老师多交流，而且要与同学进行积极的讨论。学会认真听取别人的意见，互相协作解决问题，也是善于同别人打交道的一种社交能力。一位哲学家曾说过，

"我有一个苹果，你有一个苹果，交换以后，我们还是拥有一个苹果。但是，我有一种思想，你有一种思想，交换以后，我们就会拥有两种思想。"

3）流畅的表达能力

一些同学认为，只有文史类专业才要求有较好的写作表达能力，实际上理工类专业所要求的解答过程也是一种表达能力。表达能力不仅包括文字表达，还包括口头表达。善于演讲，能够准确、自如地表达自己的思想是一种重要的学习能力。例如，在毕业设计答辩等环节，都要求能够流畅地表述自己所做的课题报告等。语言是与人交流的工具，也是思维能力的表现，不注重表达能力的训练，不仅影响与他人的交往，而且会影响思维的发展，进而影响学习。所以，同学们应有意识地加强表达能力的自我训练。

本 章 小 结

本章作为导论的开篇，首先介绍了开设导论课程的意义和大学的学习方法。测控技术与仪器专业是高等学校根据社会分工需要而划分的学业门类，拥有自己的历史渊源，有自己描述问题和研究问题的词汇和方法。专业导论的意义是帮助刚进入大学的测控专业学生尽快了解专业背景，尽快掌握学习方法。同时，我们提倡大学新生首先应从学会学习、学会生活、学会合作、学会思考这四个方面入手，锻炼各方面的能力，提高自身素质，争取早日成为祖国建设的栋梁之才。

思考题

1.1　你的大学学习目标是什么？

1.2　你想在大学期间重点培养自己哪方面的能力？

1.3　根据自身的兴趣、特长、条件，制订出适合自己的大学学习目标计划。

第 2 章
测控技术与仪器概述

本章教学要点

知识要点	掌握程度	相关知识
测控技术与仪器专业概况	了解测控技术与仪器专业的历史以及专业定位	测控技术的核心概念；测控仪器的基本概念
测控技术的应用	了解测控技术在各行各业的应用	冶金、电力、煤炭、石油、化工等基本生产工艺
测控技术与仪器的发展历史	了解测控技术和控制理论的形成和发展历程	工业技术的发展特点

导入案例

这个形似狗的四足机器人被命名为"大狗"（Bigdog），由波士顿动力学工程公司（Boston Dynamics）专门为美国军队研究设计。这只机器狗与真狗一般大小，它能够在战场上发挥重要作用：为士兵运送弹药、食物和其他物品。"大狗"可以攀越35°的斜坡，其液压装置由单缸两冲程发动机驱动。它可以承载40多公斤的装备，还可以自行沿着简单的路线行进，或是被远程控制。其原理是：由汽油机驱动的液压系统带动装有关节的四肢运动；陀螺仪和其他传感器帮助机载计算机规划每一步的运动，其中内力传感器可探测到地势变化，根据情况做出调整；如果有一条腿比预期更早地碰到了地面，计算机就会认为它可能踩到了岩石或是山坡，"大狗"就会相应调节自己的步伐；每条腿有三个靠传动装置提供动力的关节，并有一个"弹性"关节，这些关节由一个机载计算机处理器控制以维持"大狗"平衡。

测控技术是指对各种物理量的测量技术和控制技术，而实现测控技术的载体就是测控仪器。测控技术是一门集电（电子技术）、机（精密机械）、光（光学）、算（计算机）、控（自动控制）于一体的综合性技术，其内涵已扩展为具有信息获取、存储、传输、处理、控制和通信等综合功能。随着电子技术和网络技术的飞速发展，测控仪器正朝着微型化、集成化、远程化、网络化、虚拟化、智能化方向发展。本章介绍了测控技术与仪器专业的基本概况和测控技术的定义、特点及其发展历程，还通过大量实例介绍了测控技术在各个领域中的应用。通过本章学习，可以对测控技术与仪器专业及应用领域有一个初步认识。

2.1 测控技术与仪器专业概况

测控技术与仪器专业研究信息的获取、处理、储存、传输以及对相关要素进行控制的理论与技术，涉及电子学、光学、精密机械、计算机、信息与控制技术等多个学科基础及高新技术。目前，测控技术与仪器专业正处于快速发展时期。

2.1.1 测控技术与仪器专业的历史沿革

1949 年中华人民共和国宣告成立，新中国进入大规模经济建设时期，工业企业和国防建设急需仪器仪表类专门人才。1952 年天津大学、浙江大学率先筹建了"精密机械仪器专业"和"光学仪器专业"。随后，国内其他高校，如清华大学、北京理工大学、东北大学、哈尔滨工业大学、上海交通大学、南京理工大学等也相继筹建仪器专业。当时借鉴苏联的办学模式，相应于各仪器类别，分别设有计量仪器、光学仪器、计时仪器、分析仪器、热工仪表、航空仪表、电子测量仪器、科学仪器等 10 多个专业，并有多所院校经国家教委批准设立了测试技术与仪表专业硕士点。一批批由我国自己培养的仪器仪表专门人才跨出校门，成为国民经济建设、国防建设、科学研究方面的中坚技术力量。

1978 年后，随着改革开放，我国的经济建设、技术水平飞速发展，苏联办学模式下过细的产品分类式的专业教育已不能适应新时代技术交叉融合的发展需要。我国高等教育的指导思想逐渐定位于面向世界、面向未来、面向现代化、面向市场经济。随后陆续进行专业归并，至 1998 年教育部颁布新的本科专业目录，把仪器仪表类 11 个专业（精密仪器、光学技术与光电仪器、检测技术与仪器仪表、电子仪器及测量技术、几何量计量测试、热工计量测试、力学计量测量、光学计量测量、无线电计量测试、检测技术与精密仪器、测控技术与仪器）归并为一个大专业——测控技术与仪器。这是我国高等教育由专才教育向通才教育转变的重要里程碑。厚基础、宽口径的人才培养模式符合人才市场的需求，也顺应信息技术蓬勃发展的潮流。

进入新世纪以来，仪器仪表专业的发展速度是空前的，测控技术与仪器专业急速扩大，学生规模也快速扩大。全国开设测控技术与仪器本科专业的院校从 2000 年的 96 所增加到 2009 年的 257 所。2013 年，全国设有"测控技术与仪器"专业的学校达到 288 所。如此高速发展的形势反映了仪器科学与技术教育事业发展的欣欣向荣，反映了测控技术与仪器专业招生和就业的良好势态。

中国科学技术协会主编、中国仪器仪表学会编著的 2009 年度《仪器科学与技术学科发展报告》提出的我国仪器科学与技术学科发展的总体目标是：从目前到 2020 年，必须充分利用我国经济高速发展的机会和巨大的市场优势，结合测控技术的深化研究，大力推进新器件、新技术、新工艺在仪器仪表中的应用研究，掌握仪器仪表材料、元件、设计、生产工艺等关键技术，满足国民经济、人民健康和国防安全各个方面对测量控制技术与仪器仪表的需求。要完成这个发展目标无疑需要一大批具有高素质及创新能力的仪器科学与技术工程技术人员。

2.1.2 测控技术与仪器专业的专业定位

测控技术与仪器专业是多个仪器仪表类专业合并而成的大专业，其定义必须涵盖各个仪器仪表门类，其技术内涵必定涉及多个学科领域。

1. 测控技术与仪器定义

测控技术与仪器是指对信息进行采集、测量、存储、传输、处理和控制的手段与设备。测控技术与仪器对应的英译名为 measurement and control technology and instrumentation，或为 measurement and control technology and instruments。测控技术与仪器包含测量技术、控制技术和实现这些技术的仪器仪表及系统。测控技术与仪器的内涵如图 2.1 所示。

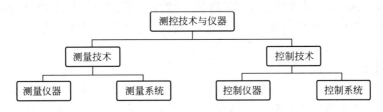

图2.1 测控技术与仪器的内涵

所谓测量是人们对客观事物或过程取得数量概念的一种认识过程，测量技术是对客观事物或过程取得测量数据的方法手段，而测量仪器是实现测量的工具，是实现测量技术的载体。所谓控制是人们对客观事物或过程进行驾驭、支配的一种操纵过程，控制技术是实现这一过程的方法手段，而控制仪器是实现控制的工具，是实现控制技术的载体。测控技术与仪器专业研究信息的获取、处理、存储、传输、处理和控制的理论与技术。

2. 科学技术体系结构

科学技术经过近两百年的发展，已经建立了一个比较完整的体系。从人类现有知识的总体出发，广义的科学技术体系大致可分为以下四个层次，如图 2.2 所示。

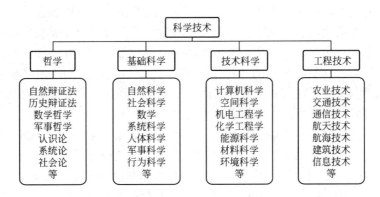

图2.2 广义科学技术体系结构

1) 哲学

哲学是人与世界关系的总体性的理论反映。马克思主义哲学是关于自然、社会和思维发展一般规律的科学，是唯物论和辩证法的统一、唯物论自然观和历史观的统一。哲学包括自然辩证法、历史辩证法、认识论、数学哲学、系统论、军事哲学、马克思美学、社会论等，对各种科学具有世界观和方法论的指导意义。

2) 基础科学

基础科学是以自然现象和物质运动形式为研究对象，探索自然界发展规律的科学，包括自然科学、社会科学、思维科学、数学、系统科学、人体科学、军事科学、文化理论、行为科学 9 大基础学科。基础科学研究的是物质运动的本质规律，与其他科学相比，抽象性、概括性最强，是由概念、定理、定律组成的严密的理论体系。基础科学的研究成果是整个科学技术的理论基础，并指导技术科学和工程技术不断开辟新的领域，取得新的发展。

3）技术科学

技术科学（或称为工程科学）是以基础科学为指导，着重应用技术的理论研究，是架设在基础科学和工程技术之间的桥梁，从而把基础科学同工程技术联系起来。它包括农业科学、计算机科学、工程力学、空间科学等。

4）工程技术

工程技术（或称为生产技术）是在工业生产中实际应用的技术。它将技术科学知识或技术发展成果应用于工业生产过程，以达到生产的预定目的。随着人类改造自然所采用的手段和方法以及所达到的目的不同，工程技术形成了各种形态，涉及工业、农业、交通、通信、航天、航海等各行各业。如研究矿床开采工具设备和方法的采矿工程，研究金属冶炼设备和工艺的冶金工程，研究电厂和电力网设备及运行的电力工程，研究材料组成、结构、功能的材料工程等。

3. 测控技术与仪器专业的专业定位

测控技术与仪器专业属于工程技术专业，是建立在精密机械、电子技术、光学、自动控制和计算机技术的基础上，以工为主、多学科综合的专业，它主要研究各种精密测试和控制技术的新原理、新方法和新工艺。近年来计算机技术在测控技术中的应用研究呈现出越来越重要的地位。

测控技术是直接应用于生产生活的应用技术。测控技术的应用涵盖了"农轻重、海陆空、吃穿用"等社会生活各个领域。中国仪器科学与技术教学指导委员会在仪器仪表类专业规范（讨论稿）中指出，仪器仪表是国民经济的"倍增器"，科学研究的"先行官"，军事上的"战斗力"以及法制法规中的"物化法官"。计算机化的测试与控制技术以及智能化的精密测控仪器与系统是现代化工农业生产、科学技术研究、管理检测监控等领域的重要标志和手段，在社会生产生活中发挥着越来越重要的作用。

测控技术与仪器专业适应高技术、信息化的生产与社会发展的需求，培养学生系统掌握计算机测控技术、自动化控制技术、现代光机电技术和现代精密仪器设计与应用知识，使学生具有进行光、机、电、计算机相结合的当代测控技术和精密仪器与系统的研究、设计、制造、应用和运行管理的能力，能独立承担测控技术及相关领域的工程技术与管理工作。

随着科学技术尤其是电子技术的飞速发展，仪器仪表的内涵较之以往也发生了很大变化。仪器仪表的结构已从单纯机械结构、机电结合或机光电结合的结构发展成为集传感技术、计算机技术、电子技术、现代光学、精密机械等多种高新技术于一身的系统，其用途也从单纯数据采集发展为集数据采集、信号传输、信号处理以及控制为一体的测控过程。特别是进入21世纪以来，随着计算机网络技术、软件技术、微纳米技术的发展，测控技术呈现出虚拟化、网络化和微型化的发展趋势，成为发展最快的高新技术之一。综上所述，测控技术与仪器专业是一门和高新技术紧密结合的专业，有很好的发展前景。

2.1.3 测控技术与仪器专业的学科定位

测控技术涉及电子学、光学、精密机械、计算机、信息与控制技术等多项技术，这些技术涉及多个学科领域。

1. 测控技术与仪器专业的学科定位

学科即学术的分类，指一定科学领域或一门科学的分支。最通俗的分类如高考分科有理工科、文科之分，在高等教育层次把理工科又分为理学和工学。我国高等教育本科专业按学科门类设置，博士、硕士研究生专业按学科大类（一级学科、二级学科）两个层次设置。按照2012年国家教育部公布的《普通高等学校本科专业目录》的规定，测控技术与仪器专业属于仪器仪表类的本科教育层次，属于工学范畴中的仪器仪表类专业，也就是俗称的工科专业，本科毕业获得工学学士学位。测控技术与仪器专业的学科定位关系如图2.3所示。

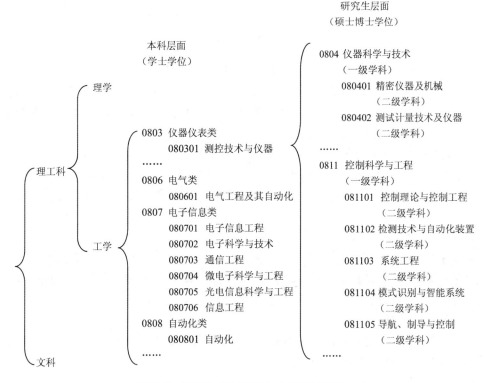

图2.3 测控技术与仪器专业的学科定位

工科学科的任务是对具有普遍性或共性的新的技术和方法进行研究，为工程技术提供科学理论基础。工科专业的任务是一方面将科学技术理论转化为工程实用技术（包括工具和手段），使之能应用于工程实际；另一方面将工程实际中遇到的技术问题提炼、抽象成为科学问题，为科学技术研究提供新的研究对象。

2. 测控技术与仪器专业的主干学科和相关学科

每个专业都有为实现本专业的培养目标而必须具备的理论基础与知识体系，即每个专业都有相应的学科理论作为基础支撑，按其重要程度分为主干学科和相关学科。测控技术与仪器专业的主干学科是：仪器科学与技术学科、电子信息工程学科、光学工程学科、机械工程学科、计算机科学与技术学科。测控技术与仪器专业的相关学科是：控制科学与工程学科、信息与通信工程学科。其学科结构如图2.4所示。

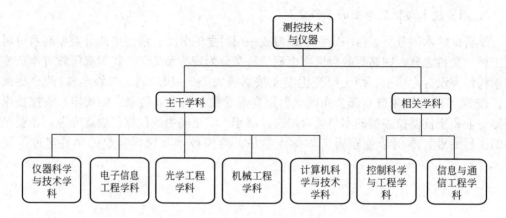

图2.4　测控技术的学科结构

现代科学技术门类繁多、纵横交错、相互渗透，呈现出相互融合、相互促进的发展趋势。测控技术就是多学科技术交叉融合的典型之一。信息论、控制论、系统论是测控专业的理论基础，信息技术、控制技术、系统网络技术是测控专业的基本技术，多学科交叉及多系统集成是测控专业的显著特点。

1）仪器科学与技术学科

仪器科学与技术学科是测控专业的理论和应用基础，主要研究测量理论和测量方法，探讨和研究各种类型测量仪器仪表的工作原理和应用技术，以及智能化仪器仪表的设计方法。

2）电子信息工程学科

电子信息工程学科是测控专业的理论和技术基础，主要研究信息获取技术以及与信息处理有关的基础理论和应用技术，实现信号的获取、转换、调理、传输、处理以及设备的控制、驱动和执行功能。

3）光学工程学科

光学工程学科是测控专业的应用基础，主要研究光学测量仪器以及光电测试信息获取与传输的基础理论和应用技术等内容。

4）机械工程学科

机械工程学科是仪器仪表结构设计的基础，主要研究机械测量仪器、光学测量仪器、电子测量仪器的系统构架、运动传递、量值传感、结果指示等内容。

5）计算机科学与技术学科

计算机科学与技术学科是测控专业的技术基础，主要研究智能化仪器仪表中的计算机软硬件设计与应用方法以及数字信息的传送与处理技术，推动仪器仪表向着数字化、智能化、虚拟化、网络化方向快速发展。

6）控制科学与工程学科

控制科学与工程学科是测控专业的理论基础，主要研究自动控制理论和相关算法，为今后测控技术理论研究和工程实际提供必要的系统控制概念和方法。

7）信息与通信工程学科

信息与通信工程学科是测控专业的应用基础，主要研究信息通信的基础理论和相关技术，为测量与控制信息的传输提供必要的理论和技术支持。

当今世界已进入信息时代，测控技术、计算机技术和通信技术形成信息科学技术三大支柱。测控技术是信息技术的源头，是信息流中的重要一环，它伴随着信息技术的发展而发展，同时又为信息技术的发展发挥着不可替代的作用。仪器仪表学科是多学科交叉的综合性、边缘性学科，它以信息的获取为主要任务，并综合有信息的传输、处理和控制等基础知识及应用，从而使仪器仪表学科的多学科交叉及多系统集成而形成的边缘学科的属性越来越明显。多年来，学术界、科技界、教育界的仪器仪表领域的老前辈们为仪器仪表的作用及地位做了深入的研讨、深刻的分析和精辟的描述，著名科学家王大珩、杨家墀、金国藩等院士高度概括并指出"仪器仪表是信息产业的重要组成部分，是信息工业的源头"，揭示了仪器仪表的学科本质和定位，对学科的发展具有深远的指导意义。仪器仪表学科由此得到正确定位、规范叙述并明确了发展方向。

2.1.4 测控技术的核心概念

测控技术的核心是信息、控制与系统，测控技术研究的是如何运用各种技术工具延伸和完善人的信息获取、处理、控制和决策的能力，通过对信息的获取、监控和处理，以实现操纵机械、控制参数、提高效率、降低能耗、安全防护等目标，尤其是高度复杂系统的信息获取和控制问题，具有很大的挑战性和潜在的经济效益。

1. 测控技术的基本原理

测控技术的基本原理，我们可以从感性角度来解释。例如，汽车的安全气囊自动实现安全保护是因为在汽车内安装了安全气囊防护系统。安全气囊防护系统一般由传感器（sensor）、控制器（controller）、气体发生器（inflator）、气囊（bag）等部件组成。当高速行驶的汽车和障碍物发生碰撞时，安装在汽车前部或侧面的传感器首先感受到汽车碰撞强度（如减速度和冲击力），并把这个信号转变成电信号送到控制器。控制器就像人的大脑，对传感器的信号进行识别、判断，如果判定是事故性故障，控制器立即发出点火信号以触发气体发生器。气体发生器接到控制信号后迅速点火，并产生大量气体给气囊充气，使气囊迅速膨胀、冲破盖板弹出，以托住驾驶人的头部、胸部，起到保护的作用，如图 2.5 所示。

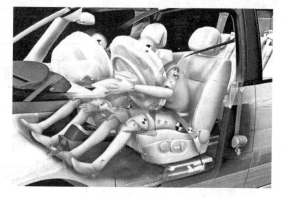

图 2.5　汽车的安全气囊

测控系统在工业生产中的应用最为广泛，被控对象、被控参数各式各样。为了深入认识测控原理，需要揭开表象，对测控系统进行理论分析，研究测控技术的内涵和本质。如图 2.6 所示的水槽液位控制系统和图 2.7 所示的热交换器温度控制系统都是工业生产中简单控制系统的例子。

在图 2.6 所示的水槽液位控制系统中，液位是被控参数，液位变送器 LT 将反映液位高低的检测信号送往液位控制器 LC；控制器根据实际检测值与液位设定值的偏差情况，输出控制信号给执行器(调节阀)，改变调节阀的开度，调节水槽输出流量以维持液位稳定。

在图 2.7 所示的热交换器温度控制系统中，被加热物料出口温度是被控参数，温度变送器 TT 出口的温度信号送入温度控制器 TC，控制器通过调节控制阀开度，调节进入热交换器的载热介质流量，将物料出口温度控制在规定的数值。

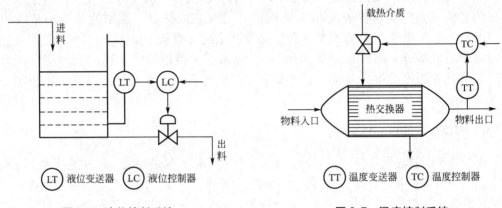

图 2.6　液位控制系统　　　　图 2.7　温度控制系统

上述测控系统的结构都是由被控设备和测控仪表(包括变送器、控制器和执行器)组成的单回路控制系统。虽然两个测控系统的测量参数、被控参数和被控设备等都不一样，但其控制系统结构原理是一样的，可以用如图 2.8 所示的单回路控制系统原理框图表示。

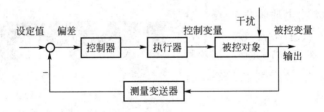

图 2.8　单回路控制系统原理框图

2. 单回路控制系统的组成

典型的单回路控制系统由 6 个基本功能环节构成。

1) 被控对象

控制对象是控制系统所要控制的工艺设备或者生产过程，它的某一参数指标就是测控系统的控制目标，即被控变量，如图 2.6 和图 2.7 中的水槽和热交换器。

2) 设定值

设定值是指设定被控变量的目标值，又称给定值。它可以是一个设定的固定值(为恒值控制系统)，也可以是一个输入的变化值(为随动控制系统或程序控制系统)，如图 2.6 和图 2.7 中的水槽的水位控制目标值和热交换器的出口温度控制目标值都是设定的固定值。

3）测量变送器

测量变送器是检测环节，可以将实际的物理量转换成标准电信号，如图2.6和图2.7中的液位变送器和温度变送器。

4）比较环节

比较环节将设定值与测量变送环节传来的被控变量的实际值进行比较（相减运算），得到偏差信号，如图2.6和图2.7中的水槽水位的设定值和实测值的比较、热交换器的出口温度设定值和实测值的比较。比较运算一般由控制器在控制运算之前进行。

5）控制器

控制器根据偏差信号，决策如何操作控制变量，使被控变量达到所希望的目标。该环节是测控系统实现有效控制的核心，必须根据被控对象的特性以及系统性能的要求，设置合适的控制规律，才能实现控制目标，如图2.6和图2.7中的水槽的水位控制器和热交换器的出口温度控制器。

6）执行器

执行器按照控制器的控制决策实施对被控对象的控制变量的操作，从而实现对被控变量的控制，如图2.6和图2.7中的水槽出水流量控制阀和热交换器的载热介质流量控制阀。

单回路控制系统是典型的负反馈控制系统，属于经典控制理论的控制方法。负反馈控制具有自动修正被控量偏离给定值的作用，可以抑制因内部扰动和外部扰动所产生的偏差，达到自动控制的目的。

3. 负反馈控制系统的特点

负反馈控制简单、实用，是控制系统中最普遍、最典型的控制方式。负反馈控制具有两个显著特点。

1）能够自动检测偏差

控制系统的输出值（被控变量）经测量变送器反馈到系统的输入端，随时与设定值进行比较得出偏差。这种系统能随时自动检测控制结果的特点是由反馈结构决定的。

2）能够自动纠正偏差

负反馈控制系统中，控制作用的产生是由偏差引起的，即一旦出现偏差，控制器就产生控制作用。这种控制作用将使系统的被控变量自动地沿减小或消除偏差的方向变化。

在生产工艺中，对于普通、简单的被控对象和控制要求，一般采用负反馈控制。

2.1.5　测控仪器的基本概念

仪器仪表是测控技术的重要实现手段。在测控系统中，测量是控制的基础，因为控制不仅必须以测量的信息为依据，而且为了掌握控制的效果，也必须随时测量控制的状态，否则就是盲目的控制。因此，往往测控仪器合二为一，统称为仪器仪表。

1. 仪器仪表的定义

仪器仪表（instrumentation）是用以检出、测量、观察、计算各种物理量、物质成分、物性参数等的器具或设备。真空检漏仪、压力表、测长仪、显微镜、乘法器等均属于仪器仪表。广义来说，仪器仪表也可具有自动控制、报警、信号传递和数据处理等功能，如用于工业生产过程自动控制中的气动调节仪表和电动调节仪表，以及集散型仪表控制系统也皆属于仪器仪表。

仪器仪表可以完成信息检测、处理、分析、判断、操纵等控制全过程。在很多应用场合，仪器仪表已和设备结合在一起。例如，室内空调机就将测控仪表装在空调设备中，空调机可以按照温度设定要求，自动检测、控制，实现房间温度的控制目标。

在人类的科学探索与生产活动中，需要测量、观察或控制的参数越来越多，仪器仪表已成为国民经济中的一项重要产业，它支撑着社会的技术进步，为众多领域的科学探索活动提供实验和观测手段，为人类有序的生产活动与正常的社会生活提供必需的技术保障。如图 2.9 所示的温湿度计可以测量环境温度和相对湿度，如图 2.10 所示的控制器可以对生产过程进行控制，还可以显示被控参数的给定值、测量值和控制输出量。

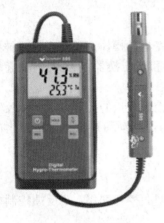

图 2.9　温湿度计

图 2.10　控制器

2. 仪器仪表的分类

根据国际发展潮流和我国的现状，现代仪器仪表按其应用领域和自身技术特性大致划分为 6 个大类。

1) 工业自动化仪表和控制系统

工业自动化仪表和控制系统是指用于工业生产现场监测及自动控制的测量仪表和控制装置。

2) 科学仪器

科学仪器是指用于科学研究实验和参数检验分析的仪器、装置，主要包括分析仪器（主要包括质谱仪、核磁共振波谱仪、色谱仪、色谱质谱联用仪、等离子光谱仪、污水监测仪、气体和烟雾监测仪、高性能荧光光谱仪等），光学仪器（主要包括各种显微镜、大地测绘仪器、光学计量仪器、物理光学仪器及光学测试仪器等），试验机（主要包括各种金属材料试验机、非金属材料试验机、无损探伤仪及动平衡机等），实验室仪器（主要包括精密天平、干燥箱、真空仪器、应变仪、环境试验仪器、热量计及声学仪器等）。

3) 医疗仪器

医疗仪器主要包括 X 射线诊断仪器、B 型超声诊断仪、核磁共振成像仪器、病员监护仪、心电图记录仪、呼吸机、麻醉机、内窥镜、手术无影灯等。

4）电子与电工测量仪器

电子与电工测量仪器主要包括各种类型的电工测量仪器仪表和电子测量仪器。

5）各类专用仪器仪表

专用仪器仪表包括各种专用设备测量仪器仪表，如汽车专用仪表、水质测量专用仪表、空气污染测量专用仪器、农林牧渔专用仪器仪表、地质勘探和地震预报专用仪器、核辐射测量仪器、商品质检仪器仪表、出入境检测仪等。

6）传感器及仪器仪表元器件材料

传感器及仪器仪表元器件材料包括各种传感器件、传感元件及仪器仪表所配的元器件材料。

随着电子技术的飞速发展，仪器仪表的功能发生了质的变化，从测量个别参数扩展为测量整个系统的各种参数；从使用单个仪器进行测量，转变为用测量系统进行测量；从单纯的测量显示扩展为测量、分析、处理、计算、控制与通信。

计算机技术与测控技术的结合，使仪器仪表具有更强的数据处理能力和图像处理能力，使仪器仪表走向智能化发展道路。智能仪器仪表兼有信息检测、判断、处理和通信功能，与传统仪器相比有很多特点：具有判断和信息处理功能，能对数据进行修正、补偿，因而提高了测量、控制精度；可实现多路参数测量、控制；有自诊断和自校准功能，提高了可靠性；数据可存取，使用方便；有数据通信接口，能与上位计算机直接通信，可构成庞大的测控网络。

2.1.6　测控技术与仪器专业和自动化专业的异同点

从前面的介绍我们可以看出，测控技术的研究内容是如何实现对物理量的测量和对象的自动控制。而我们常听到的自动化专业的研究内容也是实现对象的自动控制、实现对象自动化。下面比较一下测控技术与仪器专业和自动化专业的自动控制的异同点。

1. 相同点

测控技术与仪器专业和自动化专业都研究动态过程的控制，如对运动过程、生产过程进行监控，使其按要求进行自动操作或按要求的参数指标运行。测控技术与仪器专业和自动化专业的专业基础课程基本相同，如电子技术、计算机技术、控制理论、控制系统等。

2. 不同点

自动化是指机器或装置在无人干预的情况下按规定的程序或指令自动进行操作或控制的过程，主要通过操纵动力电机实现，即通过控制动力电机使机器或装置能够按设计要求自动进行操作或运动。因此，自动化专业主要研究对传动过程的控制。

测控专业主要研究对各种物理量和各种动态参数的测量和控制，如对运动过程、生产过程进行监控，使其按要求的参数指标运行。由于很多测控系统要通过仪器仪表及自动化装置实现，因此测控技术与仪器专业还有一个重要内容是仪器仪表的研究，要学习仪器仪表的设计课程，如图 2.11 所示。自动化离不开测控技术，没有测控技术实现不了自动化。因此，两个专业很相近。

图 2.11 测控专业与自动化专业比较

2.2 测控技术的应用

生活中，除了卫星测控、航天、航海等非常专业的领域外，日常生活中较少听到"测控"这个名词。我们经常听到某个企业的生产是"自动化的"，某个工艺是"自动控制的"，某洗衣机是"全自动的"等，实际上这些说法的本质都是测控技术。测控技术不仅用于现代生产、科学研究、航空航天，在日常生活中也有越来越多的表现。数字血压计、电子秤、电饭煲、洗衣机、电冰箱、空调、声光控灯、电子门禁等在日常生活中大家都很熟悉的产品中都有测控技术的身影。

测控技术是一门应用性技术，广泛用于工业、农业、交通、航海、航空、军事、电力和民用生活等各个领域。小到普通的生产过程控制，大到庞大的城市交通网络、供电网络、通信网络的控制。随着生产技术的发展需要，对测控技术不断提出新的要求。测控系统从最初的控制单个机器、设备，到控制整个过程(如化工过程、制药过程等)，乃至控制整个系统(如交通运输系统、通信系统等)。特别是在现代科技领域的尖端技术中，测控技术起着至关重要的作用，重大成果的获得都与测控技术分不开。例如，航空航天技术、信息技术、生物技术、新材料领域等，这些科技的前沿领域离不开测控技术与仪器的应用和支持。可以说如果没有测控技术，支撑现代文明的科学技术就不可能得到发展。

2.2.1 测控技术在冶金工业中的应用

冶金工业是生产各种金属原材料的工业，生产工艺从采矿、选矿开始，然后把选得的精矿烧结或制成球团，经高炉炼成生铁，再由转炉、平炉或电炉炼成钢，铸成钢锭后，经各式轧机轧成板材、管材、型材和线材等。冶金生产过程工序复杂，设备多种多样，环境条件恶劣，工艺要求特别，如冶炼温度超过 1600℃、线材轧机出口速度达 50m/s。没有先进的测控技术，则不能稳定生产，保证质量；不能改善劳动条件，保证安全；不能节约能源，降低成本。

1. 炼铁

高炉冶炼是现代炼铁的主要方法，是钢铁生产中的重要环节。这种方法是由古代竖炉炼铁发展、改进而成的，尽管世界各国研究发展了很多新的炼铁法，但由于高炉炼铁工艺简单、产量大、能耗低，这种方法生产的铁仍占世界铁总产量的 95％以上。图 2.12 为钢铁厂的炼铁高炉。

高炉冶炼工艺如图 2.13 所示，生产时料车将炉料(铁矿石、焦炭、石灰石)沿上料斜桥运至炉顶装入炉内，从炉子下部的风口吹入经预热的空气。在高温下焦炭(有的高炉也喷吹煤粉、重油、天然气等辅助燃料)中的碳和鼓入空气中的氧燃烧生成的一氧化碳和氢气，在炉内上升过程中除去铁矿石中的氧，从而还原得到铁。炼出的铁水从铁口放出。铁矿石中不能还原的杂质和石灰石等熔剂结合生成炉渣，从渣口排出。产生的煤气从炉顶导出，经除尘后，作为热风炉、加热炉、焦炉、锅炉等的燃料。

图2.12　钢铁厂的炼铁高炉

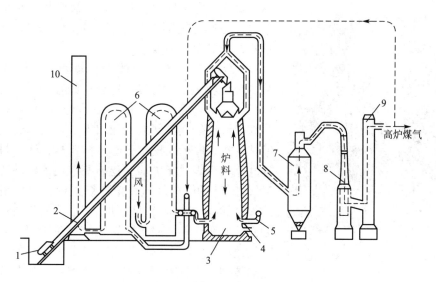

图2.13　高炉冶炼流程示意

1—料车；2—上料料桥；3—离炉；4—铁、渣口；5—风口；6—热风炉；
7—重力除尘器；8—文氏管；9—洗涤塔；10—烟囱

高炉冶炼工艺过程中需要检测的参数有：炉顶煤气成分分析，炉顶上升管煤气温度检测，炉料的高度、料面形状以及炉内温度的检测，炉顶压力检测，炉内焦、矿层厚度检测，冷却壁温度检测，风口冷却水套前段温度检测；风口检漏，炉身、炉缸砌体烧损情况检测，热风温度、压力检测，冷风温度、压力、流量检测，炉身各层静压力、全压差、半压差检测，喷吹煤粉量、载气流量和压力检测，焦炭水分检测等。

高炉冶炼工艺过程中的自动控制主要有：热风炉控制、喷吹煤粉控制、煤气净化控制、高炉水渣生产控制、给排水控制、高炉炉顶余压涡轮发电装置控制、高炉鼓风机控制等，其控制内容举例如下。

1）热风炉控制

热风炉控制的主要内容是保证最佳的燃烧效率，根据对燃烧废气成分、废气温度和炉顶燃烧温度等参数进行控制运算，自动调节助燃空气和煤气量，自动确定换炉时间并进行换炉，以及自动显示和打印各种参数报表。

2）装料控制

装料控制的内容主要包括对装料设备的顺序控制和焦炭、铁矿石以及其他材料的自动称量、装料顺序控制等。

3）高炉控制

高炉控制的主要内容是对铁液成分、煤气成分等参数的监控，自动调节炉料和鼓风量。

2. 轧钢

在一对相向旋转的轧辊间挤压钢锭、钢坯形状的压力加工过程叫轧钢。轧钢是一种主要的金属塑性加工方法，轧钢的目的与其他压力加工一样，一方面是为了改善钢的内部质量，使钢的内部组织更加致密，提高钢的力学性能；另一方面是为了得到需要的形状，如钢板、带钢、线材以及各种型钢等。我们常见的汽车板、桥梁钢、锅炉钢、管线钢、螺纹钢、钢筋、电工硅钢、镀锌板、镀锡板，包括火车车轮等都是通过轧钢工艺加工出来的。图2.14所示为H型材的轧钢工艺现场。

图2.14　H型材连轧机

轧钢生产属于连续性生产过程，易于实现机械化。现代轧机的发展趋势是连续化、自动化、专业化，产品质量高、消耗低。20世纪60年代以来，轧机在设计、研究和制造方面取得了很大的进展，带材冷热轧机、厚板轧机、高速线材轧机、H型材轧机和连轧管机组等性能更加完善，并出现了轧制速度高达115m/min的线材轧机、全连续式带材冷轧机、连续式H型钢轧机等一系列先进设备。各种轧机的自动控制系统有所区别，如带材轧机的自动控制系统主要有轧机速度控制、带钢厚度控制、带钢宽度控制、带钢板形控制、飞剪剪切控制、活套控制、卷曲控制、运输链运转控制、快速换辊控制、润滑剂系统控制、液压系统控制等。

轧钢过程中使用的检测仪表主要有：轧件跟踪仪表（带钢边缘检测仪、对中检测仪、热金属探测仪、冷金属探测仪等），测力仪，张力测量仪，活套测量仪，测速仪，测厚仪，测宽仪，测长仪，直径测量仪，板型测量仪，针孔测量仪，称重仪，延展率测量仪，镀层厚度测量仪，缺陷探测仪等。

2.2.2 测控技术在电力工业中的应用

电力工业是转化能源的工业，它把一次能源转化成通用性强、效率高的二次能源。无论是火力发电、水力发电、原子能发电、地热发电、风力发电或者太阳能发电，其发电过程都离不开测控技术。例如，火力发电就是利用煤炭、石油、天然气或沼气等燃料燃烧时产生的热能来加热水，使水变成高温、高压水蒸气，然后再由水蒸气推动发电机，以转换成电能，其工艺流程如图 2.15 所示。

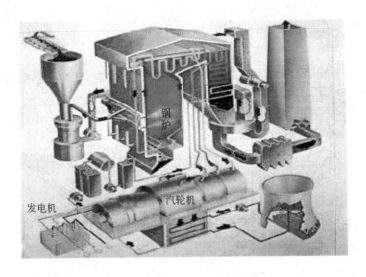

图 2.15　火力发电工艺流程模拟

火力发电的主要设备是锅炉、汽轮机、发电机及其他一些辅助设备。原煤经简单的处理(打碎、除湿、吸铁)，由传送带送到锅炉炉顶；经落煤斗慢慢输送到锅炉炉膛内燃烧；巨大的热量使炉膛内壁水管内的水变成蒸汽；经管道送入汽轮机；汽轮机在蒸汽压力的作用下高速旋转；发电机在汽轮机的带动下也高速旋转，做切割磁力线运动，从而完成由机械能转化为电能的过程。发电过程的每个工艺环节都由自动控制系统控制。

1. 锅炉

锅炉是利用燃料或其他能源的热能把水加热成为热水或蒸汽的机械设备，如图 2.16 所示。锅炉包括锅和炉两大部分，炉主要负责把煤、气、油的化学能转化为热能；锅把能量转移到水中，变为热水或者蒸汽。提供热水的锅炉称为热水锅炉，主要用于生活，工业生产中也有少量应用。产生蒸汽的锅炉称为蒸汽锅炉，可直接用于工业生产，也可以通过蒸汽动力装置转换为机械能或再通过发电机将机械能转换为电能用于火电站、船舶、机车和工矿企业。锅炉的自动控制系统可以分为锅炉燃烧控制系统、锅炉给水控制系统和锅炉汽温控制系统三大子系统。

1) 锅炉燃烧控制系统

锅炉燃烧过程控制的基本任务是使锅炉燃烧提供的热量适应锅炉蒸汽负荷的需要，同时还要保证锅炉安全经济运行。燃烧控制是锅炉控制系统中的重要子系统，它接收主控制系统发出的锅炉负荷指令，控制投入炉膛的燃料量，并根据燃料量控制鼓入炉膛的送风量，使得燃料和送风量按预先设定的比值投入燃烧，以保证最佳燃烧效率。通过燃料控制和风量控制的交叉限制作用，满足增负荷先增风，减负荷先减燃料的生产工艺要求，使得锅炉安全经济运行。同时，送风调节指令作为炉膛压力控制系统的前馈信号，实现送风机和引风机的协调动作，以减小炉膛压力的变化。从而当外界负荷需求发生变化时，使得燃

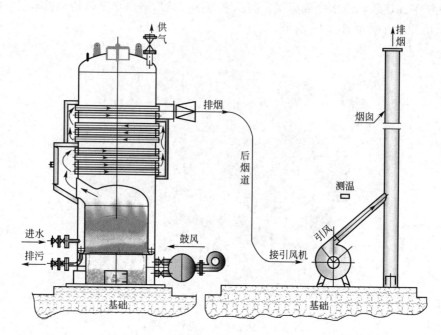

图 2.16　燃煤锅炉

料、送风和炉膛压力 3 个系统同时成比例动作。

　　燃煤锅炉的燃烧控制系统的测控功能主要包括燃料量检测，燃料在线成分分析(含水、灰分、可燃物含量)，炉膛氧量检测，炉膛压力检测，送风量检测，给煤机自动控制，点火油自动控制，磨煤机出口风粉混合物的温度控制，用于输送和干燥煤粉的一次风量控制，二次风(辅助风、燃料风和燃尽风)的控制，炉膛负压控制与引风量的控制，风/煤比例控制，锅炉送风量的测量和控制，炉膛安全监控等。

　　2) 锅炉给水控制系统

　　锅炉给水控制系统的主要任务就是产生用户所要求的蒸汽流量，同时维持锅炉水位在要求范围内。锅炉给水控制系统的测控功能主要包括锅炉水位测量、给水母管温度测量、锅炉给水流量测量、主蒸汽流量测量、给水泵转速控制、给水流量调节阀开度控制、汽动给水泵再循环阀控制、给水流量控制、锅炉水位控制等。

　　3) 锅炉汽温控制系统

　　大型锅炉大多采用一、二级汽温控制，汽温控制系统包括过热蒸汽温度(一次汽温)的控制和再次蒸汽温度(二次汽温)的控制。过热蒸汽温度在正常运行时已经接近材料允许的最高温度，是锅炉运行质量的重要标志之一。过热蒸汽温度控制的主要任务是保证汽轮机高压缸的主蒸汽温度在允许范围内变化，并保证整个过热器管路的金属不被高压损坏。再热蒸汽控制的主要任务是为了提高机组的循环热效率，既防止汽轮机的末级带水，同时保证处在高温烟气区的再热器不至损坏。

　　2. 汽轮机

　　汽轮机是能将蒸汽热能转化为机械功的外燃回转式机械。来自锅炉的蒸汽进入汽轮机后，依次经过一系列环形配置的喷嘴和动叶，将蒸汽的热能转化为汽轮机转子旋转的机械能。蒸汽在汽轮机中，以不同方式进行能量转换，便构成了不同工作原理的汽轮机，如单级汽轮机(只有一列喷嘴和其后的一列动叶组成的一个级的汽轮机)、多级汽轮机(由多个级组成的汽轮机)、冲击式汽轮机(蒸汽在喷嘴中膨胀，动叶中做功)、反击式汽轮机(蒸汽在喷嘴和动叶中各膨胀 50%)。

例如，冲击式汽轮机的能量转换过程是先将蒸汽的热能在其喷嘴叶栅中转换为蒸汽所具有的动能，然后再将蒸汽的动能在动叶栅中转换为轴所输出的机械功。具有一定温度和压力的蒸汽先在固定不动的喷嘴流道中进行膨胀加速，蒸汽的压力、温度降低，速度增加，将蒸汽所携带的部分热能转变为蒸汽的动能。从喷嘴叶栅喷出的高速汽流，以一定的方向进入装在叶轮上的动叶栅，在动叶流道中继续膨胀，改变汽流速度的方向和大小，对动叶栅产生作用力，推动叶轮旋转做功，通过汽轮机轴对外输出机械功，完成动能到机械功的转换。

汽轮机控制的主要任务是：首先保证汽轮机的安全运行；其次要满足用户的需求，保证汽轮机的转速不变。控制任务包括以下几个部分。

1) 自动监控

自动监控实现对汽轮机的重要参数如汽轮机转速、发动机功率、主蒸汽压力和温度、再热蒸汽压力和温度、凝汽器真空、调节级压力、各级抽气压力和温度等参数的监测监控功能。

2) 自动保护

自动保护主要包括汽轮机超速保护控制、事故跳闸控制、机械超速保护等。

3) 自动调节

自动调节主要包括转速调节、功率调节、汽封压力调节、供热压力调节、润滑油温调节等。

4) 自动程序控制

自动程序控制主要包括汽轮机自动盘车、自动升速、自动并网、自动带负荷等功能。通过状态检测，计算汽轮机的汽缸和转子的热应力，并在机组应力允许的范围内，优化程序，自动确定汽轮机的转速和目标值以及升降速率，用最大速度与最短时间来实现汽轮机的自动启动、带负荷和停机过程等。

3. 发电机

发电机的工作原理是基于电磁感应定律和电磁力定律，即用适当的导磁和导电材料构成互相进行电磁感应的磁路和电路，以产生电磁功率，达到能量转换的目的。发电机的形式很多，根据驱动转子的方式分为汽轮发电机、水轮发电机、柴油发电机、汽油发电机等。发电机通常由定子、转子、端盖、机座及轴承等部件构成。

汽轮发电机就是汽轮机带动发电机(图 2.17)，由汽轮机输出轴带动发电机的转子在定子中旋转，做切割磁力线的运动，从而产生感应电势，通过接线端子引出，接在输出回路中，经升降压变压器输送到大电网上。由于电能无法储存，必须将发电厂、电力网及用户构成的整体——电力系统，进行整体监控。使发电、供电及用电同时进行，严格保持能量供求的平衡。任何瞬间的不平衡都会影响供电质量，使电网周波及电压波动，甚至造成电网瓦解。发电厂的电力控制室如图 2.18 所示。

图 2.17　汽轮发电机组　　　　　　　图 2.18　发电厂电力控制室

2.2.3　测控技术在煤炭工业中的应用

煤炭是地下资源,也是人类生活的重要能源。现代化的采煤作业不论是煤层勘探、露天开采,还是井下开采,都离不开测控技术的支持。此外,煤炭的转化加工业如煤气厂、煤化工厂更是离不开自动控制系统。

1. 采煤

煤矿安全生产一直是我国煤炭业的突出问题,井下重大事故的发生都是安全检测不到位引起的。矿井通风与安全检测仪器仪表包括矿井空气成分检测仪、矿井大气参数和气候条件检测仪、矿井瓦斯检测仪、矿井粉尘检测仪、矿井环境与安全监测监控系统、煤矿噪声测量仪等。

井下安全监控是采煤作业的安全保障,为指导煤矿正确安装、维护、使用和管理煤矿安全监控系统和安全检测仪器,国家安全生产监督管理总局专门发布了煤矿安全生产行业标准《煤矿安全监控系统及检测仪器使用管理规范》。要求煤矿企业按照规范的规定,将监控设备安装到位。甲烷、馈电、设备开停、风压、风速、一氧化碳、烟雾、温度、风门、风筒等传感器的安装数量、地点和位置必须符合要求。中心监控站要装备 2 套主机,1 套使用、1 套备用,确保安全监控系统 24h 不间断运行。

在国际能源局势趋紧的情况下,煤层气的大规模开发利用前景诱人。煤层气俗称瓦斯,是一种非常优质的能源,也是一种会造成严重后果的温室气体。自从人类开发利用煤炭资源以来,煤矿瓦斯就成为煤矿安全事故频发的罪魁祸首。据统计,我国煤矿矿难 70%～80%都是由瓦斯爆炸引起的。

如果将煤层气利用起来,可以成为一种热值高的洁净能源和重要原料。煤层气可以用于发电燃料、工业燃料和居民生活燃料;可液化成汽车燃料,也可用于生产合成氨、甲醛、甲醇、炭黑等化工产品。用于煤层气探测的主要仪器是测井仪,煤层气裸眼井常测的参数有自然伽马、长短源距人工伽马、自然电位、双侧向、双井径、声波、补偿中子、井温、井斜等,而固井质量检查测井则用自然伽马、声幅、声波变密度和磁定位等方法。密度三侧向测井仪可测量岩层密度、岩层电阻率,可同时测量侧向电压、侧向电流、侧向电阻率、侧向电导率、井径等,如图 2.19 所示为煤层气测井仪器。经探测发现,内蒙古鄂尔多斯地区有我国最大的世界级整装气田——苏里格气田，探明天然气储量 7504 亿立方米，占全国天然气储量的 31.8%；探明煤层气储量 1 万亿立方米。

(a) 数据接收处理仪器　　　　　　　　(b) 密度三侧向探管

图 2.19　煤层气测井仪器

2. 炼焦化学工业

炼焦化学工业是煤炭化学工业的一个重要部分，炼焦化学工业的产品已达数百种，产品焦炭可作为高炉冶炼的燃料，也可用于铸造、有色金属冶炼、制造水煤气。在炼焦过程中产生的焦炉煤气可供民用和作为工业燃料，还可以经过加工提取煤焦油、氨、萘、硫化氢、粗苯等化学产品。煤焦油、粗苯精制加工和深度加工后，可以制取苯、甲苯、二甲苯、二硫化碳等，这些产品广泛用于化学工业、医药工业、耐火材料工业和国防工业。我国炼焦化学工业已能从焦炉煤气、焦油和粗苯中制取一百多种化学产品，对我国的国民经济发展具有十分重要的意义。

煤炭炼焦的主要方法有高温炼焦、中温炼焦、低温炼焦 3 种加工方法。现代炼焦生产在焦化厂炼焦车间进行，炼焦车间一般由一座或几座焦炉及其辅助设施组成，如图 2.20 所示。

图 2.20　炼焦设备

焦化生产的主要设备是炼焦炉、焦炉煤气以及化学产品回收和精制设备。高温炼焦的工艺过程是：煤在炼焦炉中隔绝空气的条件下，加热到 950～1050℃，经过干燥、热解、熔融、粘接、固化、收缩等阶段最终制成焦炭并回收化学产品。

焦化加工过程及产品如图 2.21 所示,焦炉的装煤、推焦、熄焦和筛焦组成了焦炉操作的全过程。从矿场运来的块煤卸到原料场,然后再送至混合仓将不同煤种按适当比例配合,混匀后的配合煤料经破碎混匀后,从炉顶部的装煤孔装入炭化室,由两侧燃烧室传来的热量,将煤料在隔绝空气的条件下加热至高温。加热过程中,煤料熔融分解,所生成的焦炉气由炭化室顶端部的上升管逸出,导入煤气净化处理系统,可得到煤气或送煤化学工厂加工化学产品。煤料分解固化过程完成后,残留在炭化室内的固化成焦炭。赤热的焦炭推出后,可用水熄灭炽热焦炭(湿式淬火),熄焦冷却后即得到可使用的焦炭;或用冷的惰性气体在干熄炉中与炽热的焦炭进行热交换从而冷却焦炭(干式淬火),吸收红焦热量的惰性气体将热量传给干熄焦余热锅炉以产生蒸汽,可通过汽轮机发电。

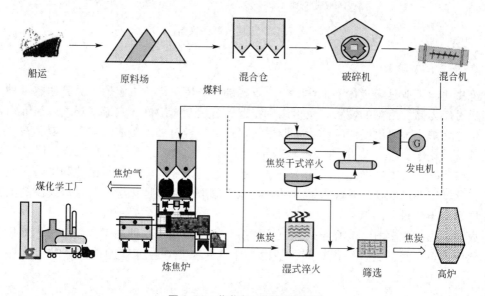

图 2.21 焦化加工过程及产品

在焦化生产中,很多环节需要用到检测和自动控制技术。在炼焦过程中主要的测量仪表有如下 4 类:

(1)原料煤性状的检测。用来检测储煤量、煤堆内部温度、混入异物等参数的仪表;以及检测煤成分、煤颗粒度、煤水分等参数的仪表。

(2)燃烧过程的检测。用来检测燃烧室火道分配的煤气流量、燃烧室温度、燃烧煤气的发热参数和焦化室的火道温度及温度分配、焦炭品味分布、焦炭温度、煤装入料位、炭心压力等参数的仪表;还有检测烟道抽气压力、废气温度、废气中 NO_2 含量等参数的仪表。

(3)炉体状态的检测。包括炭化室耐火砖表面温度、硬度、炉体劣化状况、炭化室炭析出量等参数的检测仪表以及炭化炉炉壁窥视镜等。

(4)焦炭品质和熄焦过程的检测。用于焦炭粒度、水分参数的连续测量,焦炭气孔密度、出焦温度参数的测量,以及熄焦过程的气体含尘量、冷却塔焦炭料位、循环气体流量、耐火砖磨损等参数的检测仪表。

现代炼焦生产过程都是自动控制过程,如煤料的定量给料控制,加水加粘结剂控制,炼焦炉的燃烧控制,集气管压力控制,放散及点火控制,交换机换向控制,推焦车、拦焦车、熄焦车三大车控制，熄焦过程控制，煤气回收控制，化学产品精炼过程控制，生产机械传动控制等都离不开自动控制技术。

2.2.4 测控技术在石油工业中的应用

石油工业包括油田气田开发、采油采气、油气集输、炼油等工艺。无论是采油采气还是油气集输和炼油都需要测控技术的支持。

1. 采油

采油采气就是在探明的油气田上钻井，并诱导油气靠自身能量由井内自喷至井口。在采油采气工艺中大量使用的测量仪表有磁性定位仪、含水仪、压力计、涡轮流量计、核流量计、测井仪等。测井技术在油气田动态监测系统中占有重中之重的地位，油田开发技术人员通过测井数据资料，再结合地质分析建立起精细油藏地质模型，为精细构造研究提供有力的技术支撑。在油田开发中，动态监测资料能够科学、全面地指导油田开发方案的调整，是增产和增注措施的制定、补打调整井和扶躺井的重要依据。1995年我国在享有主权的东海海域内发现春晓油气田(图2.22)，2006年中国海洋石油总公司开始了春晓油气田的开采。这是目前中国最大的海上油气田，占地面积达2.2万平方公里，几乎相当于2/3个台湾省的面积，可以就近向上海、宁波输送石油天然气。

图2.22 春晓油气田

2. 炼油

石油炼制工业是国民经济最重要的支柱产业之一，是提供能源，尤其是交通运输燃料和有机化工原料的最重要的工业。据统计，全世界所需能源的40%依赖于石油产品，汽车等交通工具使用的原料几乎全部是石油产品，有机化工原料也主要来源于石油炼制工业，世界石油总产量的约10%用于生产有机化工原料。

1) 石油制品

在将石油原油粗馏精馏、催化裂化、催化重整后，可得到以下众多产品。

(1) 燃料：各种牌号的汽油、柴油燃料油等。

(2) 润滑油：各种牌号的内燃机油和机械油。

(3) 有机化工原料：生产乙烯的裂解原料。

(4) 工艺用油:变压器油、电缆油、液压油。

(5) 沥青:铺路沥青、建筑沥青、防腐沥青。

(6) 蜡:食用、化妆品、包装用、药用。

(7) 石油焦炭:冶炼用焦、燃料焦。

2) 炼油生产装置

从原油生产出各种石油产品一般要经过多个物理及化学的炼油过程。通常,每个炼油过程相对独立地自成为一个炼油生产装置,如图2.23所示。

图2.23 炼油厂生产装置

各种炼油生产装置可以按生产目的分为以下几类:

(1) 原油分离装置。原油加工的第一步是把原油分离为多个馏分油和残渣油,因此,每个正规的炼油厂都应有原油常压蒸馏装置或原油常减压蒸馏装置。在此装置中,还应设有原油脱盐脱水设施。

(2) 重质油轻质化装置。为了提高轻质油品收率,需将部分或全部减压馏分油及渣油转化为轻质油,此任务由裂化反应过程来完成,如催化裂化、加氢裂化、焦炭裂化等。

(3) 油品改质及油品精制装置。此类装置的作用是提高油品的质量以达到产品质量指标的要求,如催化裂化、加氢精制、电化学精制、溶剂精制、氧化沥青等。加氢处理,减粘裂化也可归入此类。

(4) 油品调和装置。为了达到产品质量要求,通常需要进行馏分油之间的调和(有时也包括渣油),并且加入各种提高油品性能的添加剂。油品调和方案的优化对提高现代炼油厂的效益起着重要作用。

(5) 气体加工装置。如气体分离、气体脱硫、烷基化、C5/C6烷烃异构化、合成甲基叔丁基醚(MTBE)等。

(6) 制氢装置。在现代炼油厂,由于加氢过程的耗氢量大,催化重整装置的副产氢气不敷使用,有必要建立专门的制氢装置。

(7) 化工产品生产装置。如芳烃分离、含硫化氢气体制硫、某些聚合物单体的合成等。

3) 炼油辅助设施

为了保证炼油生产的正常进行,炼油厂还必须有完备的辅助设施,如供电、供水、废物处理、储运等系统。炼油厂主要的辅助设施如下：

（1）供电系统。多数炼油厂使用外来高压电源，炼油厂应有降低电压的变电站及分配用电的配电站。为了保证电源不间断，多数炼油厂备有两个电源。为了保证在断电时不发生安全事故，炼油厂还自备小型的发电机组。

（2）供水系统。新鲜水的供应系统主要由水源、泵站和管网组成，有的还需水的净化设施。大量的冷却水需要循环使用，故应设有循环水系统。

（3）供蒸汽系统主要由蒸汽锅炉和蒸汽管线网组成。供应全厂的工艺用蒸汽、吹扫用蒸汽、动力用蒸汽等。一般都备有 1MPa 和 4MPa 两种压力等级的蒸汽锅炉。

（4）供气系统，如压缩空气站、氧气站(同时供应氮气)等。

（5）原油和产品储运系统，如原油及产品的输油管或码头或铁路或装卸站、原油储罐区、产品储罐区等。

（6）三废处理系统，如污水处理系统、有害气体处理(含硫化氢、二氧化硫气体等)、废渣处理(废碱渣、酸渣等)等。三废的排放应符合环境保护的要求。

炼油生产是连续生产过程，多为高温、高压、易燃、易爆的操作环境，对工艺参数要求严格，每个工序都必须由自动控制系统完成。炼油生产测控的大量参数是温度、压力、流量、液位、成分等参数，生产装置上装有各种自动化仪表及装置，将现场测控信号送至控制中心。此外，为了保证出厂产品的质量，炼油厂都设有产品分析中心，对产品进行取样分析。仪表及控制系统是炼油厂安全生产、保证产品质量、获取经济利益的重要保障。

2.2.5 测控技术在化学工业中的应用

化学工业是将各种原料经过化学过程和物理过程而生成各种化工产品的产业，它包括了合成氨及化肥、酸碱及无机盐、基本有机原料、合成纤维、合成橡胶及橡胶制品、合成树脂及塑料、油漆及颜料、染料及中间体、溶剂及助剂、化学农药、化学试剂、感光材料及各种新型材料等，有一定批量生产的化工产品已超过一万种。因此，化工行业工艺设备复杂多样，多为高温、高压、易燃、易爆的操作环境，对工艺参数要求严格，必须由自动控制系统完成。如图 2.24 所示为化工厂的控制室。

图 2.24 化工厂控制室

化工过程检测与控制采用工业自动化仪表(或称为过程检测控制仪表、化工自动化仪表)实现对化工过程中各个工艺参数的检测和控制,从而有效地实现生产过程的自动化。化工行业使用的测控仪表可以分为检测仪表、在线分析仪表和控制仪表。检测仪表主要对温度、压力、流量和物位等参数进行检测并向控制系统提供信息;在线分析仪表用来检测化工过程的物性参数(如浓度、酸度、密度等)和组分的变化,并向控制系统提供信息;控制仪表按照预定规律控制被控参数。

化工控制使用的仪表种类繁多,温度测量使用的仪表有热电偶、热电阻等;流量测量使用的仪表有差压式流量计、涡街流量计、电磁流量计、超声波流量计和质量流量计等;液位测量使用的仪表有差压液位计、浮筒液位计、雷达液位计和超声波液位计等;还有许多与产品质量相关的物性,如浓度、酸度、湿度、密度、浊度、热值以及各种混合气体组分等的测量仪表。

1. 合成氨

合成氨生产是常见的化工过程。氨是重要的无机化工产品之一,主要用于制造氮肥和复合肥料,农业上使用的氮肥,如尿素、硝酸铵、磷酸铵、氯化铵以及各种含氮复合肥都是以氨为原料生产的;各种含氮的无机盐及有机中间体、磺胺药、聚氨酯、聚酰胺纤维和丁腈橡胶等都需直接以氨为原料;液氨常用做制冷剂。

1) 合成氨的工艺流程

氨的合成工序任务是在适当的温度、压力和有催化剂存在的条件下,将氢氮混合气直接合成为氨。然后将所生成的气体氨从未合成为氨的混合气体中冷凝分离出来,得到产品液氨,分离氨后的氢氮气体循环使用。氨合成的生产工艺条件必须满足产量高、消耗定额低、操作方便及安全可靠等要求。决定生产条件最主要的因素是压力、温度、空间速度(气体与催化剂接触时间的长短)、气体组成和催化剂等。合成氨生产设备如图2.25所示,工艺流程可分为以下两部分。

图 2.25 合成氨生产设备

(1) 原料气制备。它将煤和天然气等原料制成含氢和氮的粗原料气。对于固体原料煤和焦炭,通常采用气化的方法制取合成气,渣油可采用非催化部分氧化的方法获得合成气;对气态烃类和石油,通常采用二段蒸汽转化法制取合成气。

（2）净化。它对粗原料气进行净化处理，除去氢气和氮气以外的杂质，主要包括变换过程、脱硫脱碳过程以及气体精制过程。

2）合成氨生产的主要控制参数

（1）进塔循环气的氢氮比控制在 2.5～2.9。合成塔进口气体组成包括氢、氮、惰性气体与初始氨，由于氨合成时氢氮比是按 3∶1 消耗的，因此补充的新鲜气的氢氮比应控制在 3，否则循环系统中多余的氢或氮就会积累起来，造成循环气氢氮比失调。

（2）氨合成操作压力控制在 20～35MPa 时总能量消耗最低。在一定的空间速度下，氨合成压力越高，出口氨浓度越高，氨净值(合成塔出入口氨含量之差)越高，合成塔的生产能力也就越大。

（3）氨合成操作温度控制在 470～520℃ 时，在催化剂的作用下氨的生成率最高。

（4）在既定的操作条件下尽可能提高空间速度，会使氨合成生产强度有所提高及氨产量有所增加。

2. 合成橡胶

橡胶分为天然橡胶和合成橡胶。天然橡胶主要来源于三叶橡胶树，当割开这种橡胶树的表皮时，会流出乳白色的汁液，称为胶乳，胶乳经凝聚、洗涤、成形、干燥即得天然橡胶。合成橡胶是由人工合成方法而制得的，采用不同的原料(单体)可以合成出不同种类的橡胶。例如，丁苯橡胶是由丁二烯和苯乙烯共聚制得的，是产量最大的通用合成橡胶，此外还有有乳聚丁苯橡胶、溶聚丁苯橡胶和热塑性橡胶(SBS)等。

1）合成橡胶生产工艺

合成橡胶的生产工艺大致可分为以下 3 个部分：

（1）单体的生产和精制。合成橡胶的基本原料是单体，精制常用的方法有精馏、洗涤、干燥等。

（2）聚合过程。聚合过程是单体在引发剂和催化剂作用下进行聚合反应生成聚合物的过程。有时用一个聚合设备，有时多个串联使用。合成橡胶的聚合工艺主要应用乳液聚合法和溶液聚合法两种。目前，采用乳液聚合的有丁苯橡胶、异戊橡胶、丁丙橡胶、丁基橡胶等。

（3）后处理。后处理是使聚合反应后的物料(胶乳或胶液)，经脱除未反应单体、凝聚、脱水、干燥和包装等步骤，最后制得成品橡胶的过程。乳液聚合的凝聚工艺主要采用加电解质或高分子凝聚剂，破坏乳液使胶粒析出。溶液聚合的凝聚工艺以热水凝析为主。凝聚后析出的胶粒，含有大量的水，需脱水、干燥。

2）合成橡胶生产过程控制

合成橡胶生产过程全部采用自动控制。例如，聚合反应时，应按投料顺序和投料配比准确投料，要控制反应釜的温度，反应前期需升温；聚合反应开始后放热逐渐增加，要及时冷却降温。在反应过程中，还要控制压力的稳定。出料时要控制流速缓慢，处于高压的物料还应将压力适当降低后再出料，并要防止未反应的单体流散造成危害。在生产过程中，由于单体均为不饱和烃，极易发生自聚反应，出现挂胶、堵管、堵塔等现象，应及时清理自聚物。合成橡胶洗胶后的胶料采用高温挤压、干燥时，要控制温度在 270℃ 以下，若温度过高，胶料在挤压、干燥机内的停留时间过长，高温的胶料在膨胀干燥机挤出时，遇空气易发生冒烟着火现象。

目前,我国合成橡胶生产工艺都装备了先进的集散型控制系统(DCS)或智能控制仪表,能耗物耗进入国际先进行列,单体制备、聚合、后处理等工程数据与国外技术水平相当。

2.2.6 测控技术在机械工业中的应用

机械工业是制造机械设备和工具的行业,生产的特点是产品批量大、自动化程度高,主要生产过程包括热加工(如铸造、锻造、焊接、热处理等)、冷加工(如车、铣、刨、磨等)、装配、调校等。生产中的许多参数信息需要通过检测来提供,生产中出现的各种故障要通过检测去发现和防止,没有可靠的检测手段就没有高效率和高质量。目前,精密数控机床、自动生产线、工业机器人已是机械加工、装配的现代化生产模式。

1. 精密数控机床

在自动机械加工过程中,要求随时将位移、位置、速度、加速度、力、温度、湿度等各种参数检测出来,以辅助机械实现精确的操作加工。现代机械加工中对检测有很高的要求,检测仪表能自动检测产品质量,检测过程无需人工参与,对检测的质量数据能够自动进行评价、分析,并将结果反馈到加工控制系统。质量检测的主要对象是机械零件,主要检测内容有:零件表面的尺寸、形状和位置误差、零件表面的粗糙度、零件材质(如表面硬度、夹砂缺陷)等。检测环节是自动机械加工过程中产品质量控制的主要信息源,检测信号要求快速、准确、可靠。

图2.26 数控机床

数字控制机床(简称数控机床)是一种装有计算机控制系统的自动化机床,如图2.26所示。该控制系统能够逻辑地处理具有控制编码或其他符号指令规定的程序,并将其译码,从而使机床动作并加工零件。在加工过程中,各种操作加工数据和质量检测信息都送往数控单元进行逻辑判断和控制运算,数控机床的操作全部由数控单元控制。

与普通机床相比,数控机床有如下特点:

(1)加工精度高,具有稳定的加工质量。

(2)可进行多坐标的联动,能加工形状复杂的零件。

(3)加工零件改变时,一般只需要更改数控程序,可节省生产准备时间。

(4)机床本身的精度高、刚性大,可选择有利的加工用量,生产率高(一般为普通机床的3~5倍)。

(5)机床自动化程度高,可以减轻劳动强度。

(6)对操作人员的素质要求较高,对维修人员的技术要求更高。

在零件加工过程中,机床的良好运行状态是保证零件质量的关键因素之一。数控机床对机床系统的监控主要包含环境参数及安全监测(生产环境是否满足加工要求,是否存在火灾、触电等隐患,一般用功率传感器等测量)、刀库状态监测(刀具位置、型号、类别是否正确,一般用力传感器测量)、机床振动检测(对加工过程中工作台振动进行检测,一般用加速度传感器测量)、冷却与润滑系统监控(避免机床过热影响加工精度,一般用光电传感器测量)、机床加工精度监测(一般通过触发式测头测量)等。

高速、精密、复合、智能是数控机床技术发展的总趋势,主要表现如下。

(1)机床复合技术进一步扩展。

随着数控机床技术的进步,复合加工技术日趋成熟,包括铣车复合、车铣复合、车镗钻齿轮加工等复合、车磨复合、成形复合加工、特种复合加工等,复合加工的精度和效率大大提高。"一台机床就是一个加工厂"、"一次装卡,完全加工"等理念正在被更多人接受,复合加工机床发展正呈现多样化的态势。

(2)智能化技术有新突破。

数控机床的智能化技术有新的突破,在数控系统的性能上得到了较多体现。例如,自动调整干涉防碰撞功能、断电后工件自动退出、安全区断电保护功能、加工零件检测和自动补偿学习功能、高精度加工零件智能化参数选用功能、加工过程自动消除机床振动等功能进入了实用化阶段,智能化提升了机床的功能和品质。

(3)机器人使柔性化组合效率更高。

机器人与主机的柔性化组合得到广泛应用,使得柔性线更加灵活,功能进一步扩展,柔性线进一步缩短,效率更高。机器人与加工中心、车铣复合机床、磨床、齿轮加工机床、工具磨床、电加工机床、锯床、冲压机床、激光加工机床、水切割机床等组成多种形式的柔性单元和柔性生产线,并已经开始应用。

(4)精密加工技术有了新进展。

数控金切机床的加工精度已从原来的丝级(0.01mm)提升到目前的微米级(0.001mm),有些品种已达到 $0.05\mu m$ 左右。超精密数控机床的微细切削和磨削加工,精度可稳定达到 $0.05\mu m$ 左右,形状精度可达 $0.01\mu m$ 左右。采用光、电、化学等能源的特种加工精度可达到纳米级($0.001\mu m$)。通过机床结构设计优化、机床零部件的超精加工和精密装配,采用高精度的全闭环控制及温度、振动等动态误差补偿技术,可提高机床加工的几何精度,降低形位误差、表面粗糙度等,从而进入亚微米、纳米级超精加工时代。

(5)功能部件性能不断提高。

功能部件不断向高速度、高精度、大功率和智能化方向发展,并取得了广泛应用。全数字交流伺服电机和驱动装置,高技术含量的电主轴、力矩电机、直线电机,高性能的直线滚动组件,高精度主轴单元等功能部件等推广应用,极大地提高了数控机床的技术水平。

2. 自动生产线

自动生产线就是在机械制造过程中实现加工对象的连续自动生产,实现优化有效的自动生产过程,加快生产投入物的加工变换和流动速度。自动化生产线的核心技术就是测控技术,汽车制造业就是典型代表之一。在汽车生产制造过程中广泛应用了自动化生产线和机器人,从板材的冲压、部件的焊接、外壳喷漆到汽车的总装等整个生产过程都可以实现自动化生产,如图 2.27 所示。

在先进的汽车生产线中,为适应柔性控制的需要,装配线装有视觉传感系统,能对装配件的形体与方位进行识别;自动机械手装有位置与触觉传感器,能进行精确定位和用力大小的控制,这已属于机器人的范畴。

图 2.27　汽车自动焊接生产线

3. 工业机器人

机器人(Robot)一词来源于 1920 年捷克作家卡雷尔·查培克(Kapel Capek)编写的喜剧《洛桑万能机器人公司》，在剧本中机器人被描写成奴隶般进行劳动的机器。1954 年，美国成功研制出世界上第一个工业机器人。

机器人是高级整合控制论、机械电子、计算机、材料和仿生学的产物。联合国标准化组织采纳美国机器人协会给机器人下的定义："一种可编程和多功能的，用来搬运材料、零件、工具的操作机；或是为了执行不同的任务而具有可改变和可编程动作的专门系统。"

通俗地讲，机器人是靠自身动力和控制能力来实现各种功能的一种机器。机器人的能力评价标准包括智能(感觉、感知、记忆、运算、比较、鉴别、判断、决策、学习和逻辑推理等)、机能(变通性、通用性或空间占有性)、物理能(力、速度、连续运行能力、可靠性、联用性、寿命等)。因此，机器人是具有生物功能的空间三维坐标机器。

工业机器人在工业生产中能代替人做某些单调、频繁和重复的长时间作业，或危险、恶劣环境下的作业。例如，在冲压、压力铸造、热处理、焊接、涂装、塑料制品成形、机械加工和简单装配等工序上，机器人可大显身手，如图 2.28 所示为汽车喷漆机器人在给汽车喷漆。

图 2.28　汽车喷漆机器人

1) 机器人的主要传感器

(1) 视觉传感器，获取目标物体的图像信息，机器人视觉主要包含 3 个过程：图像获取、图像处理和图像理解。

(2) 力觉传感器，感知接触部位的接触力量，机器人力觉传感器根据安装位置不同，可以分为关节力传感器、腕力传感器和指力传感器。

（3）触觉传感器，感知目标物体的表面性能和物理特性，如柔软度、硬度、弹性、粗糙性和导热性等。

（4）接近传感器，获取机器在移动或者操作过程中和目标（障碍物）的接近程度，从而能够有效避开障碍物，避免操作机器接近速度过快对目标物产生冲击。

2）机器人的主要组成

机器人一般由执行机构、驱动装置、检测装置和控制系统等环节组成。

（1）执行机构，即机器人本体。机器人臂部一般采用空间开链连杆机构，其中的运动副（转动副或移动副）常称为关节，关节个数通常即为机器人的自由度数。根据关节配置型式和运动坐标形式的不同，机器人执行机构可分为直角坐标式、圆柱坐标式、极坐标式和关节坐标式等类型。出于拟人化的考虑，常将机器人本体的有关部位分别称为基座、腰部、臂部、腕部、手部（夹持器或末端执行器）和行走部（对于移动机器人）等。

（2）驱动装置为执行机构提供动力，按所采用的动力来源分为电动、液动和气动三种类型。其执行部件（伺服电动机、液压缸或气缸）可以与执行机构直接相连，也可以通过齿轮、链条和谐波减速器与执行机构连接，借助伺服技术控制机器人的关节。

（3）检测装置实时检测机器人的运动及工作情况，根据需要反馈给控制系统，与设定信息进行比较后，对执行机构进行调整，以保证机器人的动作符合预定的要求。作为检测装置的传感器大致可以分为两类：一类是内部信息传感器，用于检测机器人各部分的内部状况，如各关节的位置、速度、加速度等，并将所测得的信息作为反馈信号送至控制器，形成闭环控制。

另一类是外部信息传感器，用于获取有关机器人的作业对象及外界环境等方面的信息，以使机器人的动作能适应外界情况的变化，向智能化发展。例如，视觉、声觉等外部传感器给出工作对象、工作环境的有关信息，利用这些信息调整控制策略，从而使机器人具有智能。

（4）控制系统的控制方式有两种：一种是集中式控制，即机器人的全部控制由一台计算机完成；另一种是分散（级）式控制，即采用多台计算机来分担机器人的控制。例如，当采用上、下两级计算机共同完成机器人的控制时，主机常用于负责系统的管理、通信、运动学和动力学计算，并向下级计算机发送指令信息；作为下级从机，各关节分别对应一个微处理器进行插补运算和伺服控制处理，实现给定的运动，并向主机反馈信息。

目前，机器人在工业、医学、农业、建筑业，甚至军事等领域中均有重要应用。水下机器人、空间机器人、空中机器人、地面机器人、微小型机器人等各种用途的机器人相继问世，许多梦想成为现实。

2.2.7 测控技术在航空航天业中的应用

航空指的是在地球周围稠密大气层内的航行活动；航天指的是在超出大气层的近地空间、行星际空间、行星附近以及恒星际空间的航行活动。也有人把太阳系内的航行活动称为航天，把太阳系外的航行活动称为宇航。航空航天技术是人类在认识自然、改造自然的过程中，发展最迅速、对人类社会影响最大的科学技术领域之一，是衡量一个国家科学技术水平、国防力量和综合实力的重要标志。航空航天技术是一门高度综合的现代科学技术，其中测控技术起着非常关键的作用。

1. 航空

航空飞行器有气球、飞艇、飞机等。气球、飞艇是利用空气的浮力在大气层内飞行，飞机则是利用与空气相互作用产生的空气动力在大气层内飞行。飞机上的发动机依靠飞机携带的燃料(汽油)产生飞行动力，而航空仪表相当于飞机的耳目、大脑和神经系统，用来测量、计算飞机的飞行参数，调整飞机的运动状态，对保障飞机飞行安全、改善飞行性能起着重要作用。

飞机驾驶舱内的仪表盘(图2.29)是显示和控制飞行状态的核心，航空仪表测量的数据主要如下：

(1) 飞行高度和飞行速度的测量。这种测量使用全静压式仪表测量静压和动压。大气数据系统(air data system，ADS)可以根据静压、动压和总温等参数计算出稳度、高度、高度变化率、高度偏差、马赫数、马赫数变化率、空气密度等参数信息。

(2) 飞机状态和方向测量。用于测量飞机姿态角(俯视角、翻转角)和航向角的仪器包括陀螺地平仪、陀螺方向仪、转弯侧滑仪、磁罗盘等。其中，陀螺是重要的传感元件。

(3) 过载测量。它用于测量飞机载荷因数。飞机机体能承受的最大载荷是有限的，一旦超出最大载荷因数，机体有可能因受压过大产生永久变形或者断裂。

(4) 发动机状态参数测量。它用于测量发动机燃油压力、滑油压力、喷气温度、滑油温度、发动机转速、油量等。

(5) 加速度测量。通过加速度测量可以计算出飞行的速度和飞行距离。

图2.29 空中客车A380飞机驾驶舱

2. 航天

遨游太空是古往今来人类梦寐以求的事情。经过千百年的奋发努力，特别是现代科学技术的发展，从运载火箭的发射，到人造卫星、航天飞船在太空遨游，航天技术成为人类在20世纪最伟大的科技成就之一。航天技术(又称空间技术)是指将航天器送入太空，以探索开发和利用太空及地球以外天体的综合性工程技术，其组成主要包括以下几个部分。

1) 航天运载器技术

航天运载器技术是航天技术的基础。要想把各种航天器送到太空，必须利用运载器的推力克服地球引力和空气阻力，常用的运载器是运载火箭。运载火箭主要由动力系统、控制系统、箭体和仪器仪表系统组成。为了使航天器获得飞出地球所需要的速度，靠单级运载火箭的推力不够，就用由几个能独立工作的火箭沿轴向串联组成的多级运载火箭，如图 2.30 所示为北斗导航卫星的发射。

2）航天器技术

航天器是在太空沿一定轨道运行并执行一定任务的飞行器，亦称空间飞行器。航天器分无人航天器和载人航天器两大类。无人航天器包括人造地球卫星和空间探测器等，其中空间探测器按探测目标分为月球探测器、行星（金星、火星、水星、土星等）探测器和星际探测器。载人航天器按飞行和工作方式分为载人飞船、空间站和航天飞机。

3）航天测控技术

航天测控技术是对飞行中的运载火箭及航天器进行跟踪测量、监视和控制的技术。为了保证火箭正常飞行和航天器在轨道上正常工作，除了火箭和航天器上载有测控设备外，还必须在地面建立测控（包括通信）系统，地面测控系统由分布全球各地的测控站及测量船组成。

航天测控系统主要包括光学跟踪测量系统、无线电跟踪测量系统、遥测系统、实时数据处理系统、遥控系统、通信系统等，它体现了一个国家测控技术的最高水平。

"卫星测控中心"的名称最直接地体现了测控技术在航天领域中的作用，中国卫星测控网的信息管理、指挥、控制机构总部位于西安市。西安卫星测控中心（图 2.31）于 20 世纪 60 年代末开始建设，建设初期完成了中国的第一颗人造地球卫星（1970 年）和第二颗人造地球卫星（1971 年）的跟踪、测量任务以及初期中国试验通信卫星的变轨、定点的跟踪、遥测、遥控任务。

图 2.30 北斗导航卫星成功发射

图 2.31 西安卫星测控中心

20 世纪 80 年代后期经过扩建，西安卫星测控中心已具有能对多个卫星同时进行实时跟踪测量和控制的能力，并且具有任务后分析和软件开发的能力。测控中心主要由中心计算机系统、监控显示系统等组成。中心计算机系统由多台高性能计算机经由星形耦合器与以太网连接而成，具有很强的数据处理能力，并配有多星测控系统软件。监控显示系统由大屏幕的图像显示和表格显示、X-Y 记录器显示、各种台式屏幕显示器以及监控台等组成，向指挥人员和工作人员提供航天器的各种参数。

为了掌控好在轨卫星的长期管理工作，西安卫星测控中心已建成在轨航天器诊断维修中心和宇航动力学国家重点试验室。不断投入的高科技手段使西安卫星测控中心在轨航天器的管理和故障处置能力不断跃升，已具备同时执行多个型号实时测控任务、长期管理近百颗在轨卫星的能力。

2.2.8 测控技术在军事装备中的应用

军事装备是运用军事技术研制的作战武器系统，是军事技术的具体成果。随着科学技术的迅猛发展，世界军事装备正经历从工业化战争军事装备向信息化战争军事装备的更新换代。主要表现在以下几个方面。

1. 精确制导武器

精确制导技术是指按照一定规律控制武器的飞行方向、姿态、高度和速度，引导其战斗部准确攻击目标的军用技术。炸弹、炮弹、地雷、导弹等工业化战争武器装备，由于嵌入了激光制导、红外制导、电视制导等精确制导技术而具有自动寻的功能，由"没头苍蝇"变成了"长眼睛"的弹药，命中精度空前提高，被称为信息化弹药。

信息化弹药主要包括制导炸弹、制导炮弹、制导地雷、制导子母弹、巡航导弹、末制导导弹和反辐射导弹等。它们能够获取并利用目标所提供的位置信息，在飞行中修正自己的弹道，准确地命中目标。例如，1991年1月17日凌晨，美军F-117A轰炸机使用宝石路Ⅲ型激光制导炸弹，攻击伊拉克空军总部和指挥大楼，取得了"直接点命中"的最佳效果。在海湾战争中，多国部队发射的信息化弹药虽然只占发射弹药总量的7%，却摧毁了80%的重要目标。

任何一种精确制导武器都需要通过某种制导技术手段，随时测定它与目标之间的相对位置和相对运动，并根据偏差的大小和运动的状态形成控制信号，控制制导武器的运动轨道，使之最终命中目标。例如，精确制导导弹是指依靠自身推进并控制飞行弹道，引导弹头准确攻击目标的武器系统。按导弹发射点与目标之间的相对位置可分为地对地、地对空、岸对舰、空对地、空对舰、空对空、舰对空、舰对岸、舰对舰、舰对潜导弹；按攻击活动目标的类型可分为反坦克、反飞机、反潜、反弹道导弹和反卫星导弹等；按飞行弹道特征可分为弹道导弹和巡航导弹；按推进剂的物理状态可分为固体推进剂导弹和液体推进剂导弹。精确制导系统的制导技术有多种类型。

1）按控制导引方式分类

按照不同控制导引方式可分为自主式、寻的式、遥控式和复合式等四种制导技术。

（1）自主式制导是引导指令由弹上制导系统按照预先拟定的飞行方案控制导弹飞向目标，制导系统与目标、指挥站不发生任何联系的制导。属于自主制导的有惯性制导、方案制导、地形匹配制导和星光制导等。自主式制导由于和目标及指挥站不发生联系，因而隐蔽性好、抗干扰能力强，导弹的射程远、制导精度高。但飞行弹道不能改变的特点，使之只能用于攻击固定目标或预定区域的弹道导弹、巡航导弹。

（2）寻的式制导又称自寻的制导、自动导引制导、自动瞄准制导。它是利用导弹上探测设备接收来自目标辐射或反射的能量，测量目标与导弹相对运动的技术参数，并将这些技术参数变换成引导指令信号，使导弹飞向目标。

（3）遥控式制导是由设在导弹以外的地面、水面或空中制导站控制导弹飞向目标的制导技术。遥控制导可以分为指令制导和波束制导两大类。指令制导系统有指导站和安装在精确制导武器上的控制设备组成，制导站根据制导武器在飞行中的误差计算出控制指令，将指令通过有线或者无线的形式传输到武器上，从而控制武器的飞行轨迹，直到命中目标。波束式制导由指挥站和精确制导武器上的控制装置组成，指挥站发现目标后，对目标自动跟踪，同时通过雷达波束或者激光波束照射目标，当精确制导武器进入波束之后，控制装置自动探测出武器偏离波束中心的角度和方向，控制精确制导武器沿着波束中心飞行，直至命中目标。

（4）复合式制导是在一种武器中采用两种或两种以上制导方式组合而成的制导技术。先进的精确制导武器系统往往采用复合制导技术。在同一武器系统的不同飞行段，不同的地理和气候条件下，采用不同的制导方式，扬长避短，组成复合式精确制导系统，以实现更准确的制导。

2）按探测物理量的特性分类

根据所用探测物理量的特性可分为无线电制导、红外制导、电视制导、雷达制导、激光制导等。

（1）无线电制导是利用无线电传输指令的遥控制导。制导站由目标跟踪雷达、导弹跟踪雷达、解算装置、指令发射天线组成。当目标跟踪雷达发现目标后，将目标信息输入计算机；导弹发射后，导弹跟踪雷达把导弹的运动参数也输入计算机，计算机算出制导指令，通过指令发射天线传给导弹。弹上接收器将指令转换成控制导弹的信号，导引其飞向目标。这种制导方式的跟踪探测系统主要是雷达，因此优点是作用距离远、制导精度高，但易受电子干扰和反辐射导弹的袭击，还需采用多种综合抗干扰措施来配合。这种制导方式多用于中、远距离的防空导弹。

（2）红外制导是利用红外探测器捕获和跟踪目标自身辐射的能量来实现寻的制导的技术。红外制导可以分为红外成像制导技术和红外非成像制导技术两大类。红外成像制导技术是利用红外探测器探测目标的红外辐射，以捕获目标红外图像的制导技术，其图像质量与电视机接近，可以在电视制导系统难以工作的夜间和低能见度的情况下作战。

红外非成像制导技术是一种被动红外寻的制导技术，任何绝对零度以上的物体，都在向外界辐射包括红外波段在内的电磁波能量，红外非成像制导技术就是利用红外探测器捕获和跟踪目标自身所辐射的红外能量来实现精确制导，但是作用距离有限，一般用于近程武器的制导系统或者远程武器的末制导系统。

（3）电视制导就是利用电视来控制并导引导弹飞向目标的技术。电视制导分为两种方式：电视指令制导和电视寻的制导。电视指令系统是早期的电视制导系统，借助人工完成识别和跟踪的任务。导弹上的电视摄像机将所摄取的目标图像用无线电波的形式发送到载机，飞机上的操作人员得到目标的直观图像，从多个目标中判断并选取需要攻击的目标，利用无线电指令形式发送指令给导弹，通过导弹上的自动驾驶仪控制导弹，使导弹自动跟踪并飞向所选取的目标。

电视寻的制导与红外自动寻的制导系统类似，导弹发射后与载机失去联系，完全依靠导弹上的电子光学系统（电视自动寻的头）自动跟踪目标，并通过导弹自动驾驶仪控制导弹飞向目标。其优点是利用目标的图像信息对导弹进行制导，目标很难隐蔽，有很高的制导精度，缺点是不能获得距离信息，导弹的作用距离受到大气能见度限制，不适宜全天候工作。

（4）雷达制导是根据雷达导引导弹飞向目标的技术。它可以分为两类：雷达波束制导和雷达寻的制导。雷达波束制导由载机上的雷达、导弹上的接收装置和自动驾驶仪等组成。载机上的圆锥扫描雷达向目标发射无线电波束并跟踪目标，导弹发射后进入雷达波束，导弹尾部天线接收雷达波束的圆锥扫描射频信号，在导弹上确定导弹相对波束旋转轴（等强线）的偏离方向，形成俯仰和航向的控制信号，通过自动驾驶仪控制导弹沿着等强线飞行。

雷达寻的制导又称雷达自动导引，分为主动式雷达导引、半主动式雷达导引和被动式雷达导引3种。主动式雷达导引系统由主动式雷达导引头（寻的头）、计算机和自动驾驶仪等组成，整个系统都装在导弹上。主动式雷达导引头发射照射目标的电磁波并接收从目标反射的回波。导引头内的跟踪装置根据回波信号使导引头跟踪目标，同时这个回波信号还形成控制导弹的信号，通过自动驾驶仪控制导弹飞向目标。半主动式雷达导引系统由载机上的雷达、导弹上的导引头和自动驾驶仪等组成。载机上雷达发射照射并跟踪目标的电磁波，导引头接收从目标反射的回波。导引头根据回波信号跟踪目标，同时回波信号形成控制导弹的信号，通过自动驾驶仪控制导弹飞向目标。被动式雷达导引系统由导弹上的导引头和自动驾驶仪等组成。导引头接收和处理目标辐射的无线电信号，根据这个信号跟踪目标并控制导弹飞向目标。有的导弹备有雷达导引头和红外导引头，根据天气情况调换使用。

如图2.32所示为我国歼10机挂载两枚霹雳8空空导弹（红色）和两枚霹雳12空空导弹（白色）。霹雳12空空导弹是我国研制的第四代先进中距拦射空空导弹，采用主动雷达制导，无线电近炸引信，具有超视距发射能力、多目标攻击能力、发射后不管能力以及全天候作战能力。它的研制成功标志着中国成为世界掌握主动雷达制导中距空空导弹技术的少数几个国家之一，令中国战机空战实力得到了很大提升。

图2.32　中国霹雳12中距空空导弹

（5）激光制导是利用激光获得制导信息或传输制导指令，使导弹按照一定导引规律飞向目标的制导方法。它是继雷达、红外、电视制导之后发展起来的一种精确制导技术。雷达容易受到电磁干扰；红外制导容易受到背景干扰，命中精度不高；电视制导容易受到背景亮度干扰，作用距离有限；而激光制导波束方向性强、波束窄，故激光制导精度高、抗干扰能力强，在精确制导技术领域逐渐跃居主导地位。

与传统弹药相比，现代弹药的一个突出特点是能够获取并利用有效信息来修正弹道，准确命中目标，因而具有极高的战斗效能。新型智能化弹药的出现，是军事技术发展史上的一次革命，它使弹药从原来的不可控发展到部分可控或完全可控，目前正在向灵巧型、智能型方向发展。灵巧型弹药是一种能在火力网以外发射、"发射后不管"、自动识别和攻击目标的精确制导武器。

智能型弹药是能利用声波、电磁波、可见光、红外线、激光，甚至气味、气体等一切可以利用的直接或间接的目标信息，自主地选择攻击目标和攻击方式的精确制导武器。美军研制的"黄蜂"反坦克导弹，就属于灵巧型和智能型相结合的弹药。它可从距目标很远的飞机上发射，然后降至超低空飞行，接近战场时爬升到数千英尺的高度俯视战场，寻找坦克，在弹上计算机的帮助下自主地搜索、识别、定位和攻击目标。

2. 军队自动化指挥系统

军队自动化指挥系统是指综合运用以计算机为核心的各种技术设备，实现军事信息收集、传递、处理自动化，保障对军队和武器实施指挥与控制。传统的战争指挥、作战主要靠人工操作，与捕捉瞬息万变的战机需求之间有较大的差距，军队贻误战机导致失败的战例不胜枚举。将战场信息自动引入军队的指挥、作战系统是军事家们梦寐以求的。计算机、数字通信和网络技术，军事探测技术以及军事航天技术的发展，使军事家们的这种愿望得以变成现实。

军队自动化指挥系统包括指挥（command）、控制（control）、通信（communication）、计算机（computer）和情报（intelligence）系统，简称 C4I。进入 20 世纪 90 年代后期，又加入了侦察（reconnaissance）、预警（surveillance）两个要素，发展成当前的 C4IRS 系统。C4IRS 系统是以计算机网络为核心，集指挥、控制、通信、情报、侦察、预警功能于一身，技术设备与指挥人员相结合，对部队和武器系统实施自动化指挥的作战系统。

这一系统有战略、战役、战术级别之分，下一级的 C4IRS 系统是上一级 C4IRS 系统的子系统，同级的 C4IRS 系统之间实行互联，以此达到快速反应、信息共享、协同作战的目的。自动化指挥系统能大大提升军队的指挥和管理效能，从整体上增强军队战斗力，已成为现代化军队的基本装备和重要标志。

美军的 C4IRS 系统已普遍装备到营一级部队。支撑该系统的有数以百计的军用卫星，数量可观的预警飞机，遍布全球的通信网站，对来袭的战略核导弹的反应时间仅为 5min，若总统直接下达命令给一线部队则只需 1～3min。在海湾战争中，由 44 个国家组成的多国部队 70 余万兵力、9 个航母战斗群，计 250 余艘舰艇、3500 余架飞机、数百辆坦克，从空中、海上、地面像施工作业一样有条不紊地对伊拉克军队实施暴风雨般的军事打击，在很大程度上要归功于美军的 C4IRS 系统。C4IRS 系统的情报、预警、侦察等"触角"要素正朝着多层次、全方位的方向发展，以提高捕捉地面、水下、低空、高空和外层空间信息的能力，使整个系统更加耳聪目明、灵活高效。

3. 外层空间军事装备

工业化战争的军事装备，从总体上讲只能在大气层以内部署。一些兵器，如弹道式导弹虽能短暂地冲出大气层，但无法长久地停留。航天技术的发展打破了这一局面，大量的军事航天器长年累月地高悬在外层空间，把人类的军事斗争引向广阔的宇宙。

目前，外层空间军事装备的主体是军用卫星，总量已达 2000 多颗。其种类有侦察、通信、导航、预警、测地、气象卫星等。

（1）侦察卫星通常部署在椭圆低轨道上，轨道高度在150~1000km之间。卫星侦察的优点是视点高、范围大、速度快，且不受国界、地点，甚至时间和气象条件的限制，能进行全球范围的接近实时的侦察活动。卫星携带光电探测器、无线电接收机或合成孔径雷达设备，对地面实施照相侦察或电子侦察。侦察的主要目标是导弹发射基地、海空军基地、指挥中心、弹药库、军工厂、发电厂、交通枢纽以及军队和武器装备的部署等。

（2）通信卫星通常部署在地球同步轨道上，轨道高度35786km。它实质上是天基微波中继站，将地面发出的无线电波接收放大后再发回地面。卫星通信具有覆盖范围广、通信距离远、通信容量大、传输质量高、机动性和生存能力强等优点，已成为现代军事通信的主渠道。

（3）导航卫星通常部署在椭圆高轨道上，由多颗卫星组网。每颗卫星定时发出导航基准信号，飞机、舰船、坦克等作战平台和巡航导弹、远程弹道导弹等武器系统通过自身携带的接收设备接收到这种信号后进行校定，即可确定自身的地理位置和运动速度，这是进行超远距精确打击的前提条件。目前世界上最先进的卫星导航系统是美国的"导航星全球定位系统"（GPS）。该系统从1973年开始部署，历时20年，到1993年6月26日基本部署完毕。系统内共有24颗卫星，其中21颗工作，3颗备用，分布在6条轨道上，每条轨道上4颗卫星，每颗卫星12h绕地球一周。卫星网如同一个星座高悬在空中，使全球各地的用户在任何时候至少能同时收到4颗导航卫星的信号。所以，GPS系统能连续不断地提供三维位置、三维速度和精确时间信息，定位精度可达10m，测速精度小于0.1m/s，授时精度为100ns。

如今中国人民解放军已经拥有一整套独立、先进的定位和制导工具来引导其导弹，如"北斗"导航系统和"望远"号导弹卫星跟踪测量船。中国于2000年10月开始发射"北斗"导航卫星，实施北斗卫星导航系统（英文简称COMPASS，中文音译名称BeiDou，图2.33）建设工作，将相继发射5颗静止轨道卫星和30颗非静止轨道卫星，建成覆盖全球的北斗卫星导航系统。至2012年底，中国在西昌卫星发射中心用"长征三号"运载火箭，已将16颗北斗导航卫星成功送入太空预定轨道，组成了北斗区域卫星导航系统。这标志着中国北斗卫星导航系统工程建设完成了重要一步，具备了覆盖亚太地区的服务能力。2012年12月27日，北斗系统空间信号接口控制文件正式版公布，北斗导航业务已正式对亚太地区提供无源定位、导航、授时服务。按照建设规划，我国将在2020年左右建成独立自主、开放兼容、技术先进、稳定可靠、覆盖全球的北斗导航系统。北斗导航系统将主要用于经济建设，为

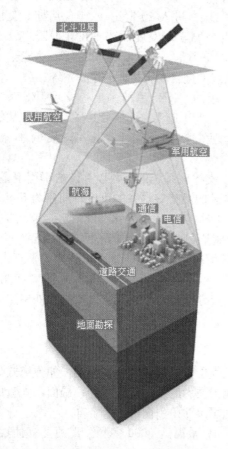

图2.33 中国北斗导航系统的服务领域

中国的交通运输、气象、石油、海洋、森林防火、灾害预报、通信、公安以及其他特殊行业提供高效的导航定位服务。

（4）预警卫星通常部署在地球同步轨道或周期约为12h的大椭圆轨道上，一般由几颗卫星组成预警网，用于监视和发现敌方发射的中远程地地导弹并发出警报。美国的预警卫星系统叫做"国防支援计划预警系统"，是C4IRS系统的组成部分。卫星采用地球同步轨道，星上装有红外望远镜、电视摄像机和核爆探测仪。红外望远镜长为3.63m，直径为0.91m，其光轴与卫星中心轴之间有5°的夹角。当卫星以5～7r/min的速度自转时，望远镜每8～12s对地球1/3的区域扫描一次。只需在地球同步轨道上等距离放置3颗卫星，就能对除两极外的地球表面进行24h监视。一旦有导弹发射，卫星上的红外望远镜在90s内就能探测到导弹尾焰产生的红外辐射信号，并立即把这一信息传输给地面站。地面站通过通信卫星或光缆把情报传给地球另一面的美军C4IRS系统，全部过程仅需3～4min。这样，对陆基洲际弹道导弹能够提供25～30min的预警时间，对潜射弹道导弹能够提供15min左右的预警时间。美国由3颗卫星组成的"国防支援计划预警系统"自运转以来，已观测到前苏联（俄罗斯）、法国、英国及我国进行的1000余次导弹发射，并在海湾战争中为"爱国者"导弹拦截"飞毛腿"导弹提供了预警信息。

（5）测地卫星是用来测定地球的形状和大小、地球重力场的分布、地面的城市、村庄和军事目标地理位置的卫星。卫星测地大大减少了地图的误差，而精确的地图是进行超视距精确打击的重要依据。

（6）气象卫星的主要任务是对地球的气象情况进行监视并做出准确的预报，为作战指挥提供气候信息。

2.2.9 测控技术在医药医疗业中的应用

在医药医疗业中测控技术主要应用于药品的生产过程控制和医学仪器的研制生产，为诊病、治病提供物理手段。随着基础医学研究的深入和高新技术及计算机在实验方法学中的应用，使药品生产工艺越来越先进，新型医学仪器不断出新。

1. 制药

药品包括化学药品原药、化学药品制剂、中药材、中成药、动物药品、生物制品。由于药品关系到生命和健康问题，其生产工艺、生产环境的检测和控制要求更为严格。现代药品生产过程基本已实现自动化。例如，在药品生产中，需要用压片机快速地将药物有效成分压制成药片的形状。在药品压制过程中，药片生产过程自动化监控和检验系统对药片压制时的压力大小、药片重量、硬度、直径和密度等参数进行检测控制，并对药片的有效药物成分进行分析。这些监控和检验装置和压片机一体化（图2.34），提高了药品的生产率，减少了药品的废品率，改善了药品生产过程的可靠性和药品的质量。

图2.34 药片压片机

2. 医学仪器

医学仪器是医学中用于诊断、治疗和研究的必要工具，是工程技术与医学结合的产物。医学仪器是测控技术的重要应用领域之一，它独立成为仪器仪表的一个分支。现代医学仪器是现代工程技术的结晶，涉及多个学科及其相关技术，如物理、化学、传感器、电子技术、计算机技术等，是人类从生理、细胞乃至分子原子层面解析生命进程和健康状态的利器。

医学仪器可以分为检验仪器、图像仪器、诊断仪器、治疗仪器、康复仪器和家庭保健与远程医疗仪器 6 大类。

1) 医学检验仪器

医学检验仪器是用于疾病诊断、疾病研究和药物分析的现代化实验室仪器。其用途是用来测量某些物质的存在性、组成、结构及特性，并给出定性或者定量的分析结果。现代医学检验仪器大多采用光机电算一体化的设计思想，将各种检验方法，如比色法、分光分析法、原子吸收、离子性选择电极、色谱法、质谱法、传感法等通过计算机实现多类别生化参数的检测。常见的检验仪器如下：

（1）临床化学检验仪器，如血气分析仪器、电解质分析仪器、电泳仪器、干化学分析仪器等。

（2）临床免疫学检验仪器，如免疫浊度测定仪器、放射免疫测定仪器、酶免疫测定仪器、免疫荧光测定仪器等。

（3）临床血液学和尿液检验仪器，如血液分析仪器、血液凝固分析仪器、血液流变分析仪器、红细胞沉降率分析仪器、尿液分析仪器等。

（4）临床分子生物学检验仪器，如核酸合成仪器、DNA 序列测定仪器、多聚酶链反应核酸扩增仪器、生物芯片和相关仪器等。

（5）临床微生物学检验仪器，如血培养检测系统、微生物鉴定和药敏分析系统、厌氧培养系统等。

2) 医学图像仪器

临床中，利用人体器官或病灶的影像，进行医学研究、临床诊断以及治疗是一种直观、准确、有效的方法。医学图像仪器是医院设备中最重要的仪器种类之一。自 1895 年伦琴发现 X 射线以来，在组织和器官层面上的医学成像技术，如 X 射线、CT、超声、核医学、光学、内窥镜等技术，已经成为当今医学技术发展的重要象征。当前成像技术的发展重点是最大限度地避免损伤、降低成本、减少患者不适感、提高分辨率、信息显示更加易于读释。医学图像仪器按照原理可以分为射线成像、磁共振成像、超声成像以及核医学成像 4 大类。

（1）射线成像仪器包括 X 射线机和 CT 机。X 射线机利用 X 射线的穿透作用、差别吸收和荧光作用可以做透视、摄影检查，如常规肠胃道、心血管、腔器造型检查；CT（computed tomography），即计算机 X 射线断层扫描技术，由 X 光断层扫描装置、计算机和电视显示装置组成，用于对人体各部进行检查，可以显示由软组织构成的器官图像，并显示出病变的影像。

（2）磁共振成像是指将人体置于特殊的磁场中，用无线电射频脉冲激发人体内氢原子核，引起氢原子核共振，并吸收能量；在停止射频脉冲后，氢原子核按特定频率发出射电信号，并将吸收的能量释放出来，被体外的接收器收录，经计算机处理后重建出人类某一层面的图像。磁共振成像主要用于头部、脊柱、四肢、盆腔、胸部、腹部等部位的检查，如图 2.35 所示。

（3）超声成像诊断仪是指利用超声波照射人体，通过接收和处理载有人体组织或结构性质特征信息的回波，获得人体组织性质与结构的可见图像。它主要有 B 型超声诊断仪（图 2.36）、M 型超声诊断仪、超声多普勒诊断仪、彩色多普勒血流显像仪。

（4）核医学成像仪器，又称同位素成像仪器。它是以放射性同位素示踪法为基础的核医学成像技术，其特点是利用放射性核素制作标记化合物注入人体，在体内感兴趣的部位形成按照某种规律分布的放射源，根据放射源放射的射线特征，在体外用探测器跟踪检测，随着时间变化，可获得放射性核素在脏器和组织中的变化图像，研究脏器功能和血流量动态测定指标等。

图 2.35　核磁共振检查设备

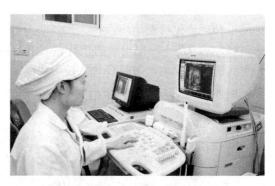

图 2.36　三维彩色 B 超诊断仪

3）医学诊断仪器

医学诊断仪器针对生物体中的物理量、化学量、特性和形态，如生物电、生物磁、压力、流量、位移、阻抗、温度、器官结构等进行测量，再将测得的信号进行处理、记录和显示，通过分析和综合判断出人体的生理状况。常见的医学诊断仪器如下：

（1）心电图仪（electro cardio graph，ECG）能将心脏活动时心肌激动产生的生物电信号，自动记录下来，是临床诊断心血管疾病的重要检查仪器，如图 2.37 所示。

（2）脑电图仪（electro encephalon graph，EEG）主要用于颅内器质性病变，如癫痫、脑炎、脑血管疾病以及颅内占位性病变等的检查。

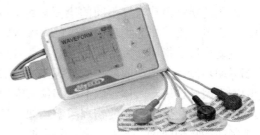

图 2.37　可携式心电图记录分析器

（3）胃电图仪（electro gastro graph，EGG）通过测量胃肌活动时产生的生物电信号，对胃的功能进行分析和诊断。

（4）肌电图仪（electromyograph，EMG）记录肌肉静止和收缩时的电活动以及应用电刺激检查神经、肌肉兴奋及传导功能的仪器，通过检查，以确定周围神经、神经元、神经肌肉接头以及肌肉本身的功能状态。

（5）诱发电位仪（evoked potential，EP）根据神经、肌肉及神经肌肉接头疾病的检查要求而设计的仪器，可检测包括肌无力、神经元损伤、肌强直、神经丛损伤等。

（6）骨密度分析仪（bone density meter，BMD）用来测定人体骨矿物质含量，以反映人体健康程度并获得各项相关数据的医疗检测仪器，诊断骨头是否发生骨质酥松症或者钙磷骨盐的减少等病症。

4）医学治疗仪器

仪器治疗包括手术治疗和非手术治疗两大类。手术治疗指用激光、高频电磁波、放射线、微波、超声等单独或配合传统手术的治疗；而非手术治疗则是用电疗、磁疗、热疗、放疗等宏观无创的方式进行治疗。常用的现代治疗仪器如下：

（1）细胞刀是利用计算机导航系统将手术定位精确到细胞水平，实施微创外科治疗的现代化诊断治疗仪器。

（2）伽马刀（γ刀）是利用伽马射线通过对病灶（肿瘤）照射已达到外科切除或者摧毁目的的一种现代化诊断治疗设备。

（3）X刀是一种用于放射治疗的设备，采用计算机三维立体定向技术在人体内定位，X射线能够准确地按照肿瘤的生长形状照射，使得肿瘤组织和正常组织之间形成整齐的边缘，就像用手术刀切除一样。

（4）高频电刀（高频手术器）是一种取代机械手术刀进行组织切割的电外科器械，通过有效电极尖端产生的高频高压电流与肌体接触时对组织进行加热，实现对肌体组织的分离和凝固，起到切割和止血的目的，如图2.38所示。

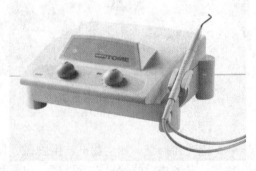

图2.38　赛特力高频电刀

（5）人工心脏起搏器按照规定程序发放电脉冲，通过导线及电极刺激心脏，使之搏动，以治疗某些严重的心律失常。

5）医学康复仪器

不同的疾病治疗需要不同的康复训练，所以康复仪器种类很多。康复的方法是应用力、光、电、磁、热等物理因素来治疗疾病的方法，包括运动疗法和物理因子疗法。

运动疗法是指用器械、徒手或者患者自身力量，通过某些运动方式，使患者全身或者局部运动功能、感觉功能恢复的训练方法。物理因子疗法简称理疗，用自然界或者人工制造的物理因子作用于人体，以治疗和预防疾病。物理因子种类很多，用于康复治疗的有两大类，一种是利用大自然的物理因素，如日光、海水、空气、温泉、矿泉等；另一种应用人工制造的物理因素，如电、光、超声波、磁、热、水、生物反馈等。

常见的康复仪器有骨质增生药物电泳治疗仪、各类磁疗仪、激光治疗仪器、红外治疗仪、多功能超声波治疗仪。

6）家庭保健仪器

随着医学知识的普及，各种医疗仪器越来越智能化、小型化、便携化，使得理疗仪器大量进入家庭，成为治疗疾病的好帮手。

常见的家庭保健仪器有疼痛按摩器、家庭保健自我检测仪、电子血压计、电子温度计、血糖仪、视力改善仪、睡眠改善仪器等。

常见的家庭康复仪器有家用颈椎腰椎牵引机、牵引椅、按摩椅、功能椅、制氧机、煎药器、助听器等。

常见的家庭护理仪器有家庭康复护理辅助器具、女性及婴儿护理产品、家庭用供氧输气装置等。

2.2.10 测控技术在农业中的应用

随着农业技术的发展，测控技术在农业生产中的应用日益广泛，主要体现在农业生产的自动化和精细农作的兴起。

1. 农业生产自动化

农业生产自动化意味着农业生产的电子化、仪表化和计算机控制化，而不仅仅是机械化(如拖拉机、收割机、插秧机等)和电气化(农村小水电站、电力灌溉等)。由于农业领域中许多复杂和不确定性因素，农业自动化比起工业自动化来说要困难得多。农业自动化主要包括耕耘、栽培、收割、运输、排灌、作物环境的自动控制和最优管理。举例如下：

(1) 植物自动嫁接机，可以自动完成植物的嫁接操作(图2.39)。嫁接是植物的人工营养繁殖方法之一，即将一种植物的枝或芽嫁接到另一种植物的茎或根上，使接在一起的两部分长成一个完整的植株。接上去的枝或芽叫做接穗，被接的植物体叫做砧木。接穗一般选用具有2～4个芽的幼苗，嫁接后成为植物体的上部或顶部，砧木在嫁接后成为植物体的根系部分。嫁接既能保持接穗品种的优良性状，又能利用砧木的有利特性，将这两种植物的优良特性继承下来，达到早结果、提高产量的目的。

在农林业生产实践中，很多植物都是使用嫁接繁殖的，如葡萄、板栗、核桃、梨、桃等。使用自动嫁接机可以大大提高嫁接速度，并且切削面光滑、平整，接穗和砧木的接口更紧密，理论上没有缝隙，从而使伤口更易于愈合，提高成活率。

(2) 温室的控制和管理是农业自动化中发展较快的领域。一般的温室控制与管理系统由传感器、计算机和相应的控制系统组成。如图2.40所示为温室控制和管理系统，它能自动调节光、水、肥、温度、湿度和二氧化碳浓度，为植物创造最优的生长环境，促进植物的光合作用和呼吸、蒸发、能量转换等生理活动。温室控制和管理系统的核心是计算机，它的主要功能是进行环境控制、温室数据和植物体响应数据识别、控制算法和设定值的决定、温室管理等。自动控制也用于蔬菜生产的工厂化和无土栽培等方面。

图2.39 植物自动嫁接机

图2.40 温室控制设备

玻璃温室具有相当高的现代化水平，在欣赏勃勃生机的植物时，可以对温室的设施及农作物的生长环境等进行调控。温室上方的活动遮阳幕在阳光过于强烈时会拉开遮在玻璃温室上。植物生长需要通风，温室中的人造风依靠风机实现。通过补光灯对植物进行补光是弥补自然光的不足或加大植物的光合作用。负压风机和水帘安装在相对的位置上，当需要降温时，通过控制系统启动负压风机将温室内的空气强制排出。另一端水流过水帘而气化，产生的水蒸气通过温室另一面的风机而被排出温室，由于水气化时带走了大量的热量，从而达到了快速降温的目的。

2. 精细农作

精细农作是综合应用地球空间信息技术、计算机辅助决策技术、农业工程技术等现代高新科技，以获得农产品"高产、优质、高级"的现代化农业生产模式和技术体系。

长期以来，农田生产都是以田块为基础，对一块田或一片区域进行统一作业管理，如利用统一的耕作、播种、灌溉、施肥、喷药等农艺措施，满足于获得农场或田块的平均产量。实际上在同一片区域，甚至同一块农田内，土壤的类型、肥力、墒情、苗情和病虫草害的分布并不均匀，有许多因素影响着作物的生长和产量，农田资源有效利用还存在着巨大的潜力。

在过去的半个世纪中，随着生物遗传育种技术的进步，耕地面积的扩大，化学肥料及农药的大量使用，世界农业取得了长足发展。但这种农业增长模式也同时带来了水土流失、生态环境恶化、水资源浪费、生物多样性遭到破坏等一系列问题。为了解决这些问题，"精细农作"的概念和技术应运而生。

随着全球定位系统(GPS)、地理信息系统(GIS)、遥感(RS)、变量处理设备(VRT)和决策支持系统(DSS)等技术的发展，基于信息高科技的精细农作成为农业可持续发展的热门领域。精细农作的核心是指实时地获取地块中每个小区土壤、农作物的信息，诊断作物的长势和产量在空间上差异的原因，并按每一个小区做出决策，准确地在每一个小区上进行灌溉、施肥、喷药，以达到最大限度地提高水、肥和杀虫剂的利用效率，增加产量，减少环境污染的目的。

"精细农作"的核心指导思想就是利用现代地球空间信息技术获取农田内影响作物的生长和产量的各种因素的时空差异，避免因对农田的盲目投入所造成的浪费和过量施肥施药造成的环境污染。具体而言，"精细农作"的技术体系就是利用卫星定位系统对采集的农田信息进行空间定位；利用遥感技术获取农田小区内作物生长环境、生长状况和空间变异的大量时空变化信息；利用地理信息系统建立农田土地管理、自然条件(土壤、地形、地貌、水分条件等)、作物产量的空间分布等的空间数据库，并对作物苗情、病虫害、墒情的发生发展趋势进行分析模拟，为分析农田内自然条件、资源有效利用状况、作物产量的时空差异性和实施调控提供处方信息；在获取上述信息的基础上，利用作物生产管理辅助决策支持系统对生产过程进行调控，合理地进行施肥、灌溉、施药、除草等耕作措施，以达到对田区内资源潜力的均衡利用和获取尽可能高的产量。

近几年来，美国、欧洲一些技术先进的农场在精细农作方面已经进入中等规模的实施阶段。有的农场将遥测传感器装置、GPS仪器、计算机以及化肥、杀虫剂等全都装在拖拉机上，拖拉机在田间行驶的同时，由传感器获取作物生长状态信息，GPS给出精确定位，计算机软件系统将事先存储在地理信息系统中与该地块的土壤、作物品种以及本生长阶段完成的耕作措施等有关的参数调出，运行快速诊断决策模型，给出灌溉、施肥、杀虫、除草配方，就地采取耕作措施。

国外精细农作的实践表明：精细农作不仅具有重要的经济效益，而且其获取的详细耕作信息有助于解决许多未知问题。精细农作的根本效益体现在降低作物的生产成本和过量使用农化产品的污染风险。进入21世纪，基于知识和信息的"精细农作"技术思想，必将扩展到大农业经营的各个领域，如设施园艺、工厂化养殖、农产品精细加工及农业系统精细经营管理等各个方面，逐步形成一个以农业生物科学、电子信息技术及工程装备为主导的"精细农作"技术体系，为建立优质、高效和可持续发展的农业系统服务。

2.2.11 测控技术在体育运动中的应用

随着测控技术的飞速发展，许多技术成果在体育领域发挥了重要作用。例如，先进的计时技术和鹰眼技术为体育竞赛的精确判定提供了可靠的技术保障。

1. 计时技术

相信许多中国人都记得2004年第28届奥运会希腊雅典奥林匹克体育场，中国选手刘翔在男子110米栏决赛中以12秒91获得金牌(图2.41)，成为第一个获得奥运田径短跑项目世界冠军的黄种人。"12秒91"，这个成绩记录精确到秒后两位数，是用何种方法记录下来的？为什么记录得如此精确？

图2.41 2004年雅典奥运会刘翔夺冠

奥运会比赛从某种程度上说就是时间的较量，因此，计时占据了头等重要的位置。自首届现代奥运会在希腊雅典举办以来，奥运计时技术一直在不断地向前发展。

1896年，第一届现代奥运会上，计时员采用手工的方式来计算比赛的时间。当时瑞士的浪琴(Longines)公司制造的手动计时怀表已经可以精确到五分之一秒，作为一种稀罕的计时装置，只用于短跑项目中的前三名计时。后面的选手则多被用"肉眼"排名，没有具体成绩。此外，这种手表的计时极限仅为30分钟，因此在长跑比赛项目中，大多数运动员只获得了名次，并无成绩。

1912年，斯德哥尔摩奥运会上，首次在百米比赛的终点安装了半电动计时表和终点照相技术，计时表的准确性可达十分之一秒，在数年后的巴黎奥运会上，计算时间精确到了百分之一秒。与此同时,终点摄影技术更是给裁判工作提供了方便,裁判根据终点照片来判定运动员的比赛名次。

1932年,洛杉矶奥运会上,"全自动电子计时"为"人工计时时代"画上了句号。现代奥运会历史上首次由私人公司(欧米茄 Omega)负责赛场上的全面计时工作,精确到百分之一秒的计时装置与终点拍照同步结合的"计时照相"被广泛使用。

1948年,伦敦奥运会上,欧米茄首次将计时装置与起跑枪连接起来(图2.42),终点摄影机(图2.43)已经可以拍摄出连贯的画面,并可根据不同赛事的需要来调节记录速度。这种摄影机与欧米茄计时装置配合使用,标志着机器开始逐渐替代人力从事更精准的计时工作。

图 2.42   1948 年伦敦奥运会,首次将计时
装置连接起跑枪

图 2.43   1948 年伦敦奥运会,计时人员为
终点摄影做准备

1952年,赫尔辛基奥运会上,欧米茄光感摄影机被应用于计时,这一设备可以显现运动员冲线时百分之一秒的画面,人们通常将此看成"石英和电子计时新纪元"的到来。

1968年,墨西哥奥运会上,观众谈论最多的话题就是游泳池里的触摸板(Touch Pads)。奥运会游泳比赛首次采用自动化电子计时,当游泳选手的手部触到触摸板时,计时就会停止。自此,泳池边的计时员"下岗",而游泳选手也不再对计时员的判罚有所异议。

2008年,北京奥运会上,全世界体育计时的突破成就包括高速照相机、新型计时、记分和抢跑探测系统。在男子100米蝶泳比赛中,迈克尔·菲尔普斯以0.01秒险胜折桂,这也是游泳比赛史上所能区分的最小的时间差距。

一百多年过去了,首届现代奥运会上计时所用的跑表如今换成了一系列高科技计时装置,如高速数码摄像机、电子触摸垫、红外光束、无线应答器等。量子计时器(图2.44)使2012伦敦奥运会的比赛时间精确到微秒,比眨一下眼睛还要快40倍(眨眼大约需要350000微秒),即便千分之一秒的毫微差距,也能决出冠军的归属。目前,在奥运会的多项比赛中,电子化计时技术成为最公平的裁判。

1) 田径计时

在诸如持续时间只有10秒的100米短跑等短距离赛跑中,准确计时至关重要。现在短跑计时技术非常先进。在起跑端,一旦选手双脚蹬在起跑器上(图2.45),做好启动准备,计时官员扣动发令枪扳机发出电流到计时台和起跑器。电流会启动计时台上的石英晶

图 2.44　量子计时器

体振荡器，与此同时，发令枪的信号传至每个选手起跑器的扬声器放大，使所有参赛选手同步听到发令枪响。而在赛道的终点端，激光发射器发出光束信号，从终点线一端发射向另一端的光传感器(也称光电管或"电子眼")。当选手穿过终点线，光束受到阻塞，电子眼立即向计时台发送信号，记录下选手的比赛用时。同时，与终点线平行安装的一台高速数码摄像机会以每秒 2000 次的惊人速度拍下每名选手跑过终点线时最先触及终点线的身体部位。

图 2.45　田径赛场上使用的起跑器

　　计时台将比赛时间发送给裁判席和电子记分板。图像则会发送给计算机，计算机使图像与时钟实现同步，令其处于水平时标的并行位置，构成一幅完整的图像。计算机还会用一个垂直指针记录下每名选手身体最先触及终点线的具体部位。随后，技术人员可以在比赛结束后在 30 秒内将这张合成图像(图 2.46)播放在视频显示器上，帮助裁判确定可能差之毫厘的冠军归属。

　　在诸如马拉松等长距离比赛项目中，计时钟同样是在电子枪响的同时开始计时。但是，由于马拉松参赛选手众多，所有选手不可能同时离开起跑线，而且有时会有数十名选手同时穿过终点线。因此，马拉松比赛便需要更为独立的计时系统——射频识别标签(RFID)。每名马拉松选手在比赛前都会在鞋带上系一只轻薄小巧的 RFID 发射机应答器，以便将其独特的射频信号发送出去。而安装在马拉松起点线上的射频地垫(图 2.47)内装有

图 2.46　田径赛场终点合成图像

铜线圈,其作用是感应每名选手的识别码和起跑时刻,同时将他们的识别码和起跑时间发送给计时台。射频地垫每隔 5 公里铺设一个,运动员沿路的行踪由此记录在案。安装在终点线的射频地垫则用于检测每名选手的到达时刻。随后,技术程序就可计算出将每名选手的比赛用时。

(a) 天线地毯产生电磁场　　　　　　　　　　　　　　　(b) 芯片发送独特的代码

图 2.47　马拉松赛场上使用的射频地垫

　　自行车、滑雪、滑冰等比赛计时和马拉松比赛计时有诸多相同之处,也有各自的特点。例如,自行车比赛将无线应答器安装在每辆自行车前轮轮胎前缘,可以随时向安装在起点线、终点线及沿途各站的天线发送识别码,这些天线将记录下每名选手的比赛时间,将其发送给计时台进行比较。

　　2) 游泳计时

　　游泳比赛的起跑器类似于短距离田径比赛,但选手在比赛折返时必须按一下泳道两端的触摸板,以记录下他们的比赛行程和时间。这种触摸板由一层薄薄的 PVC 材料制成,可以感应集中压力(如游泳选手的手的触压),而不是分散压力(如泳池的波浪)。在接力一类的比赛中，身在泳池中的选手也必须通过按游泳池壁的触摸板，才能"加标签于(tag)"下一棒的队友。触摸板将信号发送到计时计算机，记录下第一名运动员的比赛时间，同时启动第二名选手开始的时间，并报告给计时板(图2.48)。

图2.48　游泳计时设备

计时技术中还能精确判别运动员"抢跑"问题。科学家研究发现，普通人对刺激(如发令枪)的反应时间为十分之一秒。如果运动员的启动时间低于发令枪响后十分之一秒，就意味着他在发令枪响之前开始反应。为测量这种反应，田径和游泳比赛中使用的起跑器均安装有电子压力板，预备时选手的双脚蹬住起跑器，发令枪响后双脚离开，起跑器向计时台发送信号。如果选手的反应时间低于十分之一秒就算抢先启动。在游泳接力比赛中，监测反应时间不仅在比赛启动时，还在每名选手"加标签于"队友时。如果队友在前一棒选手碰到泳池触摸板后不到十分之一秒即跳离起跑器，那么后一棒选手就算抢先启动。

2. 鹰眼技术

"鹰眼"由英国人发明，它的正式名称是"即时回放系统"。这个系统由10个左右的高速摄像头、四台计算机和大屏幕组成。在比赛中运用鹰眼可以克服人类观察能力上存在的极限和盲区，帮助裁判做出精确公允的判断。

人们最早看到并了解鹰眼技术是在网球大满贯赛事上。网球赛场上，即便是女选手发球，时速最高都可以达到每小时200多公里，一场比赛可能会有多达数十次"压线"，裁判的判罚很难做到百分之百准确，经常会有选手对网球落在线内还是线外产生争议。2006年，大满贯赛事美国网球公开赛首次引进鹰眼技术，如果运动员对裁判判罚出界有异议，可以申请通过"鹰眼"加以确认。

鹰眼技术原理(图2.49)并不复杂但十分精密。其工作原理就是，运用高速摄像机拍摄网球的运行轨迹，利用计算机对信息进行处理，并通过大屏幕加以还原展现。这套系统的运行流程是：首先，技术人员将球场的相关数据录入计算机，将比赛场地内的立体空间分隔成以毫米计算的测量单位；其次，安装在球场各个角落的8~10台分辨率极高的黑白高速摄像头从不同角度同时捕捉网球飞行轨迹的基本数据；计算机对信息进行汇总处理，将这些数据生成三维图像；最后利用即时成像技术模拟出网球的运行路线和落地弹跳点，由大屏幕清晰地呈现出网球的运动图像。从数据采集到结果演示，耗时不超过10秒钟，误差不超过3毫米。

除了网球比赛最早使用鹰眼外，曲棍球、体操、羽毛球、排球、斯诺克比赛也使用了

图 2.49　鹰眼数据处理

鹰眼技术。相信很多斯诺克爱好者在观看电视转播时，经常听到这样一句话，"这颗红球是否被绿球挡住了线路，让我们换个角度来看一下"。每当此时，电视镜头就会被切到一个类似动画的三维画面上，而这套系统的原理就是鹰眼技术。

2013 年英格兰足球超级联赛第一次正式启用鹰眼技术帮助裁判判断门线附近的争议（图 2.50）。鹰眼公司在球场的两个球门各安装 7 台高速摄像机，全方位监测球的整体是否越过门线。每当一个射门过后，鹰眼设备将在一秒钟内向裁判佩戴的腕表发出一个明确的信号，示意球到底进了没有。

图 2.50　2013 年英超首轮比赛前检测鹰眼系统

2.2.12　测控技术在大众生活中的应用

随着科学技术的发展及人们生活水平的提高，大众生活用品越来越自动化、智能化，这都是测控技术的功劳。最常见的家用电器，如音响、电视机、热水器、空调机、微波炉、电饭煲、洗衣机、冰箱、照相机等都有测控技术的应用。另外，大众的居住房屋、生活环境、交通工具等更是需要测控技术的支持。测控技术的广泛应用，使大众生活越来越安全、舒适、简便。

1. 智能建筑

国家标准《智能建筑设计标准》（GB/T 50314—2006）对智能建筑的定义为："以建筑物为平台，兼备信息设施系统、信息化应用系统、建筑设备管理系统、公共安全系统等，集结构、系统、服务、管理及其优化组合为一体，向人们提供安全、高效、便捷、节能、环保、健康的建筑环境"。

智能建筑是建筑技术和信息技术相结合的产物，智能楼宇利用系统集成的方法，将智能型计算机技术、通信技术、信息技术与建筑艺术有机结合起来，通过对设备的自动监控、对信息资源的管理和对使用者的信息服务等功能的优化组合，获得适合信息社会需要，并且具有安全、高效、舒适、便利和灵活特点的建筑物。

1）智能建筑的主要特点

智能建筑的主要特点如下：

（1）舒适性。使人们在智能建筑中生活和工作时，无论心理上，还是生理上均感到舒适。为此，空调、照明、消声、绿化、自然光及其他环境条件应达到较佳或最佳条件。

（2）高效性。提高办公业务、通信、决策方面的工作效率；提高人力、时间、空间、资源、能量、费用以及建筑物所属设备系统使用管理方面的效率。

（3）适应性。在对办公组织机构的变更，办公设备、办公机器、网络功能变化和更新换代时的适应过程中，不妨碍原有系统的使用。

（4）安全性。除了保护生命、财产、建筑物安全外，还要防止信息网信息的泄露和被干扰，特别是防止信息、数据被破坏，防止被删除和篡改以及系统非法或不正确使用。

（5）方便性。除了办公机器使用方便外，还应具有高效的信息服务功能。

（6）可靠性。尽早发现系统的故障，尽快排除故障，力求故障的影响和波及面减至最小程度和最小范围。

2）智能系统的主要功能

智能建筑除了提供传统建筑物的功能外，还要体现智能功能，智能系统的功能主要体现在以下5个方面：

（1）具有高度的信息处理功能。

（2）信息通信不仅局限于建筑物内，而且与外部的信息通信系统有构成网络的可能。

（3）所有的信息通信处理功能，应随技术进步和社会需要而发展，为未来的设备和配线预留空间，具有充分的适应性和可扩性。

（4）要将电力、空调、防灾、防盗、运输设备等构成综合系统，同时要实现统一的控制，包括将来能随时扩充新添的控制项目。

（5）实现以建筑物最佳控制为中心的过程自动控制，同时还要管理系统，实现设备管理自动化。

3）智能系统的组成

智能系统主要由以下几个部分组成：

（1）综合布线。综合布线是整个智能系统的基础部分，也是跟智能建筑土建施工同时建设的。由于它是最底层的物理基础，其他智能系统都建立在这一系统之上，故布线系统的质量直接影响所有智能系统的运行，所以选择一个好的布线系统非常重要。综合布线系统作为各种功能子系统传输的基础媒介，同时也是将各功能子系统进行综合维护、统一管理的媒介和中心，为视频、语音、数据及控制信号的传输提供了一个性能优良的系统平台。

传输介质包括非屏蔽双绞线（UTP）、75Ω同轴线缆和光缆等。用户端设备包括计算机、通信设备、智能控制器、各种仪表（水表、电表、煤气表和门磁开关等）和探测器（红外线探测器、煤气探测器、烟雾探测器和紧急按钮等），所有相关数据都通过综合布线系统进行统一传输。

(2) 楼宇自控。楼宇自控是智能建筑中不可缺少的重要组成部分，在智能建筑中占有举足轻重的地位。它对建筑物内部的能源使用、环境及安全设施进行监控，它的目的是提供一个安全可靠、节能、舒适的工作或居住环境，同时大大提高大厦管理的科学性和智能化水平。楼宇自控系统以计算机控制、管理为核心，用各类传感器进行检测，利用各种相应的执行机构，对建筑物内水、暖、电、消防、保安等各类设备进行综合监控与管理。

管理者可以通过中央监控管理中心上的可视化的图形界面对所有设备进行操作、管理、报警等，同时利用计算机网络和接口技术将分散在各个子系统中不同楼层的直接数字控制器连接起来，通过联网实现各个子系统与中央监控管理级计算机之间及各子系统之间的信息通信，实时地获取各种设备运行状态的报告和运行参数，使得整座建筑各独立系统能够高度集成，做到保安、防火、设备监控三位一体，以提高物业管理的效率和综合服务功能。

如图 2.51 所示为楼宇自动控制系统。楼宇自控系统通过系统的管理控制工作站集中监控、管理各控制子系统和各现场控制器。

(3) 智能家居又称智能住宅，在国外常用 smart home 表示。与智能家居含义近似的有家庭自动化(home automation)、电子家庭(electronic home，E-home)、数字家园(digital family)、家庭网络(home Net/Networks for home)、网络家居(network home)、智能家庭/建筑(intelligent home/building)等叫法。智能家居是一个居住环境，是以住宅为平台，利用综合布线技术、网络通信技术、安全防范技术、自动控制技术、音视频技术将家居生活有关的设施集成，构建高效的住宅设施与家庭日程事务的管理系统，提升家居安全性、便利性、舒适性、艺术性，并实现环保节能的居住环境。如图 2.52 所示为某智能家居系统功能模块，其功能如下：

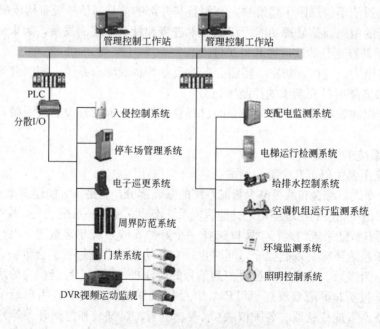

图 2.51　楼宇自动控制系统

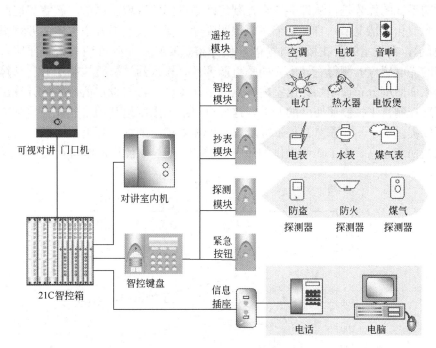

图 2.52 智能家居系统模块

① 空调、电视、音响等家用电器的遥控。

② 电灯、热水器、电饭煲等家用电器的智能控制，使之按照设定的程序或条件自动工作。

③ 电表、水表、煤气表的自动抄表。远程智能抄表系统通过现场控制器对用户水表、电表、燃气表进行数据采集，经网络传输，在物业管理中心实现数据收集、处理，实现对三表的远程自动抄收。

④ 防盗、防火和煤气泄漏报警。其中，防盗报警是在住户门窗边或院墙周边安装红外探测器，当探测到有非法侵入者时，触发报警信号并传送到住户智能控制器，控制器发出声光报警并把信号传输到智能控制中心，控制中心的显示屏上立即显示哪一栋哪一户哪间房发生哪种类型的报警，并立即通知保安员到现场处理。防火报警是在房间安装温感或烟感探头，当住户发生火灾时，探头触发报警信号并通知智能控制器和控制中心。煤气泄漏报警是在厨房安装一个煤气泄漏探测器，有煤气泄漏时，触发报警信号并自动关闭管道阀门，同时通知智能控制器和控制中心。

⑤ 电话、电视、计算机信号接口。

⑥ 紧急按钮。当有盗贼出现、家中有病人或其他需求助的时候，按动紧急求助按钮，信号传送到控制中心，控制中心立即派人赶赴现场。

⑦ 可视对讲。来访者通过门口机和室内机进行对话，确认身份后，可以在室内机上按键开门。

（4）智能照明。所谓智能照明就是根据某一区域的功能、每天不同的时间、室外光亮度或该区域的用途来自动控制照明。智能照明系统是智能家居的基础部分，特别适合于大面积住房，它使生活方便、舒适。照明控制系统分为独立式、特定房间式、大型联网系统。在联网系统中，调光设备安装在电气柜中，由传感器和控制器组成的控制网络来控制操作。联网系统的优势是可从许多点来控制房间中不同的区域。例如，教室智能照明系统可在自然光变化的情况下，自动调节室内照明强度，保持教室内各个位置的照度恒定。如图 2.53 所示，在教室的天花板上自窗侧开始分布式安装了 4 列可调式人工照明灯，在窗外侧安装的光电感应器测得室外阳光的垂直照度后，输入到计算机控制中心。计算机根据此教室的桌面照度分布模型估计出室内各点的桌面照度，再与设定值比较，计算出每排照明灯的照度控制量来控制照明灯的开关，这样可以最大限度地利用自然光，达到节能的目的，也可以提供一个不受季节与外部环境影响的相对稳定的视觉环境。一般来讲，越靠近窗，自然光照度越高，人工照明提供的照度就越低，但合成照度应维持在设定照度值。

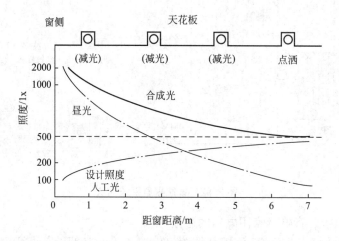

图 2.53　教室内照度控制示意

(5) 门禁系统。门禁系统可以由计算机自动控制大门的打开和关闭，允许正确的人在正确的时间、正确的门禁点出入。通常在门的旁边安装一个感应装置(图 2.54)，装置与电子门锁相连接，然后接到控制计算机上。来访者通过感应装置输入密码、识别卡片、识别指纹或者识别视网膜，如果感应装置判断其身份正确，则自动控制大门开启，也可以通过操作计算机直接控制大门开启。门禁系统还有一个用途就是通过员工刷卡进出大门的记录来统计员工的考勤信息。

图 2.54　门禁系统

(6) 监控系统。闭路电视监控系统由摄像机、云台、镜头、矩阵控制器、解码器、硬盘录像机、监视器、画面分割器、传输线缆等组成。在出入口、周界、公共通道等重要场所安装摄像机等前端设备，通过中心进行监控和录像，使管理人员能充分了解现场的动态。让控制室内值班人员通过电视墙一目了然，全面了解发生的情况。保安中心通过硬盘录像机能实时记录，以备查证，通过矩阵控制器控制云台切换操作，跟踪监察。周边环境红外线信号可作为相应区域摄像机报警输入信号，一旦报警，相应区域的摄像机会自动跟踪。

保安中心一般设置多台监视器，组成电视墙，一台轮值巡检或利用画面分割同时显示其他摄像机情况，一台专用可疑点定格、放大、编辑，其余多台显示其他重要部位。实施监控的场所包括出入口、停车场出入口、周界、主要通道、公共场所、电梯轿厢及电梯厅等。控制系统具备报警联动、夜间灯光联动功能。报警时监视系统能自动切换到相关摄像点并使录像系统转入实时录像。保安中心的管理主机能及时显示各种传感器的报警状态及性质，家庭分机有布防和撤防两种状态，主人走时，将分机设为布防状态，在布防期间，一旦有人非法入室，系统会自动报警并将信号传至管理主机。主人回家时，在延时时间内解除防盗系统，以免误报。

2. 环境监测

环境通常指人类赖以生存和发展的物质条件的综合体。环境污染有不同的类型，按照构成环境的因素可以分为大气污染、水体污染、土壤污染等；按照污染物的性质可以分为化学性污染、物理性污染、生物性污染；按照污染物的形态可以分为生活污染、废水污染、固体废弃物污染和辐射污染；按照污染物产生原因可以分为生活污染和生产污染(工业污染、农业污染、交通污染)；按照污染范围可以分为全球性污染、区域性污染和局部污染等。

环境监测(environmental monitoring)指运用现代科学技术手段对代表环境污染和影响环境质量因素的代表值的测定、监视和监控，从而科学评价环境质量(或污染程度)及其变化趋势。其基本目的是全面、及时、准确地掌握人类活动对环境影响的水平、效应和趋势。

环境监测的主要项目可分为水质监测、空气监测、土壤监测、固体废物监测、生物监测、噪声和振动监测、电磁辐射监测、放射性监测、热监测、光监测、卫生监测(病原体、病毒、寄生虫等)等。

1) 水质监测

水质监测可分为环境水体监测和水污染源监测。环境水体监测的对象包括地表水(江、河、湖、水库、海水等)和地下水；水污染源监测的对象包括生产污水、医院污水以及各种废水。水质分析仪器包括对 pH、电导、离子浓度、溶解氧、BOD (化学需氧量，反映水体受到还原性物质污染的程度)、COD(生化需氧量，1L 废水中的有机物在微生物的作用下被氧化所消耗的氧量)、余氯总氯、亚硝酸盐离子、氨氮、浊度、硬度、六价铬、金属离子和表面油含量等参数的测定仪器，既有单参数测定仪器，也有多参数测定仪器。

2) 环境空气和废气监测

环境空气重污染物种类多，成分复杂，影响范围广。环境空气监测仪器主要检测的项目有颗粒物、二氧化硫、氮氧化物、一氧化氮、碳氢化合物、硫化氢、光化学烟雾、氟化物等。

3) 固体废物监测

固体废物主要来源于人类的生产和生活消费活动，其监测包括固体废物急性毒性、易燃性、腐蚀性、反应性、遇水反应性、浸出毒性等有害特性的监测。

4) 土壤质量监测

土壤质量监测主要分为以下 4 类：

(1) 土壤质量现状监测：监测土壤质量标准要求测定的项目，如镉、总汞、总砷、铜、铅、总铬、锌、镍、六六六、滴滴涕、pH 等。判断土壤是否被污染及污染水平，并预测其发展变化趋势。

(2) 土壤污染事故监测:调查分析引起土壤污染的主要污染物,确定污染的来源、范围和程度,为行政主管部门采取对策提供科学依据。

(3) 污染物土地处理的动态监测:在进行污水、污泥土地利用,固体废弃物的土地处理过程中,对残留的污染物进行定点长期动态监测,既能充分利用土地的净化能力,又可防止土壤污染。

(4) 土壤背景值调查:要求测定土壤中各种元素的含量。

土壤质量监测分析方法常用分光光度法、原子荧光法、气相色谱法、电化学分析法及化学分析法等。

5) 生物体污染监测

生物污染监测的对象是生物体,监测的内容是生物体内所含的环境污染物。采用物理和化学的方法,通过对生物体所含环境污染物的分析,对环境质量进行监测。

6) 生态监测

生态监测是指在地球的全部或者局部范围内观察和收集生命支持能力的数据,并加以分析研究,以了解生态环境的现状和变化。为评价已开发项目对生态环境的影响和计划开发项目可能的影响提供科学依据,提供地球资源状况及其可利用数量。

7) 噪声监测

噪声对人体产生生理影响,使人烦躁,心神不定,影响休息和工作。噪声的测量仪器主要有声级计、频谱分析仪,以及与两者配合使用的自动记录仪、磁带录音机等测量仪器。

图 2.55 军队环境监测车

8) 放射性污染监测

过量的放射性物质对人体会造成危害,环境中的放射性来源有宇宙射线、天然系列放射性核素和某些人为的放射性污染。放射性污染源监测的基本方法是利用射线与物质之间相互作用所产生的各种效应,包括电离、发光、热效应、化学效应和能产生次级离子的核反应等来进行放射性物质的探测。

中国人民解放军装备的新型环境监测车和仪器设备,具有污水、废气、固废、辐射、噪声、气象等 6 类 50 多项监测分析功能,以及全球定位、无线通信和危险物品管理数据专家信息系统,可及时有效地预测污染物扩散范围和强度,提升了军队环境监测的应急机动能力和科学评估能力,为解放军环境保护与生态建设决策提供科学依据。图 2.55 为成都军区演习动用军队环境监测车参加实战。

3. 汽车

汽车是现代社会交通运输的重要工具。现代汽车技术发展的特征之一,就是越来越多的部件采用自动控制。汽车运行中各种工况信息,如温度、压力、流量、位置、速度、湿度、距离、光亮度、气体浓度等,都通过各种车用传感器转化成电信号传送给汽车计算机控制系统,计算机输出信号去控制各个装置。各类传感器各司其职,一旦某个传感器失灵,对应的装置就会工作不正常,甚至不工作。

　　汽车传感器过去集中用于发动机上，随着科技的发展，传感器在汽车上的应用不断扩大，现在已扩展到底盘、车身和灯光电气系统等各方面，它们在汽车电子稳定性控制系统（包括轮速传感器、陀螺仪以及刹车处理器）、车道偏离警告系统和盲点探测系统（包括雷达、红外线或者光学传感器）的各个方面都得到了使用（图2.56）。

图2.56　汽车传感器

　　在种类繁多的传感器中，常见的如下：

　　（1）进气压力传感器根据发动机的负荷状态测出进气管内的绝对压力，并转换成电信号和转速信号一起送入计算机，作为决定发动机喷油器基本喷油量的依据。目前广泛采用的是半导体压敏电阻式进气压力传感器。

　　（2）空气流量传感器测量发动机吸入的空气量，并转换成电信号送至电控单元，作为决定喷油的基本信号之一。根据测量原理不同，可以分为旋转翼片式空气流量传感器、卡门涡流式空气流量传感器、热线式空气流量传感器和热膜式空气流量传感器4种。前两者为体积流量型，后两者为质量流量型。

　　（3）节气门位置传感器用来检测节气门的开度。节气门位置传感器安装在节气门上，它通过杠杆机构与节气门联动，可把发动机的不同工况检测后输入电控单元，从而控制不同的喷油量。它有开关触点式节气门位置传感器、线性可变电阻式节气门位置传感器、综合型节气门位置传感器3种形式。

　　（4）曲轴位置传感器，也称曲轴转角传感器，是计算机控制的点火系统中最重要的传感器，其作用是检测曲轴转角信号和发动机转速信号，并将其输入计算机，从而使电控单元能按气缸的点火顺序发出最佳点火时刻指令。曲轴位置传感器有3种形式：电磁脉冲式曲轴位置传感器、霍尔效应式曲轴位置传感器、光电效应式曲轴位置传感器。曲轴位置传感器一般安装于曲轴皮带轮或链轮侧面，有的安装于凸轮轴前端，也有的安装于分电器。

　　（5）爆震传感器安装在发动机的缸体上，随时监测发动机的爆震情况，并提供给电控单元，根据信号调整点火提前角。

　　（6）氧传感器检测排气中的氧浓度，提供给电控单元作为计算空气密度的依据，以控制燃油/空气比在最佳值（理论值）附近。

此外，还有车速传感器、温度传感器、轴转速传感器、压力传感器、转角传感器、转矩传感器、液压传感器等，分别安装在汽车的各个部位，为电控单元提供汽车运行状态的信息。

在高档轿车中还装备有主动巡航控制系统(adaptive cruise control，ACC)，令驾驶更加轻松和安全。主动巡航控制系统主要由雷达传感器、方向角传感器、轮速传感器、制动控制器、扭矩控制器和发动机控制器等组成。主动巡航控制系统能够自动调节车速以保证与前车有足够的安全距离。在驾驶过程中，驾驶者设定所希望的车速，系统利用低功率雷达或红外线光束检测前车的确切位置(图 2.57)，如果发现前车减速，系统就会发送执行信号给发动机或制动系统来降低车速，使车辆和前车保持一个安全的行驶距离，当前方道路没车时又会加速恢复到设定的车速。当车辆在多车道公路上行驶或弯道上行驶时，系统根据方向盘转动的角度可以识别自己所在车道上的车辆和相邻车道的车辆，避免出现错误判断。

图 2.57　主动巡航雷达监测

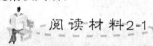 阅读材料2-1

表演捕捉技术是一种根据演员的肌体表演数据，利用计算机"运算"出虚拟角色的技术。其工作原理是通过传感器记录演员在表演时产生的动作表情信号，输入计算机后转换为数据模型，称为骨架，在上面填上 2D 或 3D 角色的"血肉"，最终合成银幕上活灵活现的角色。通俗地讲就是将真人的动态表情、肢体语言信号经过计算机的处理后，变成虚拟人物形象的表情和肢体语言。

2011 年《猩球崛起》成为第一部采用表演捕捉技术的作品，其主角恺撒是表演捕捉技术创造出来的一个虚拟猩猩，真人表演和计算机技术共同的产物。安迪·瑟金斯在片中毫无破绽地扮演了恺撒从刚出生的黑猩猩宝宝，成年，一直到"革命"领袖的过程，他的表演完全牵动了观众的心(图 2.58)。在"家人"陷入困境时爆发的狂怒，与"家人"依偎时的平静与温和，被送进收容所时的迷茫和愤怒，绝望之后的复仇眼神……这样的表演水准即使是最训练有素的猩猩也无法达到。猩猩恺撒的扮演者安迪·瑟金斯凭借出色的表演，

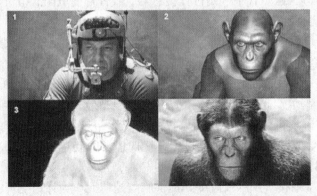

图 2.58　安迪·瑟金斯用"表演捕捉"演出恺撒的过程

成为影片的最大亮点，被誉为"表演捕捉第一人"，《时代周刊》甚至认为他的表演应当获得奥斯卡的肯定。

在表演捕捉系统下，演员不仅头上戴有各种装备，也要穿上特制的衣服，瑟金斯扮演恺撒时，在脸上贴满了"圆点"（传感器），头上还顶着一个捕捉表情用的小摄像机。越精细地捕捉表情势必要在脸上粘贴越多的"点"，演员表演也因此显得有几分搞笑。

2.3 测控技术与仪器的发展历史

测控技术始终伴随着社会生产力的发展而发展，自然科学领域的新发现、工程技术的新发明，不断充实它的内容，使它成为知识高度密集、高度综合的技术。近一百年来，测控技术无论在深度和广度上都取得了令人吃惊的发展，对人类社会产生了巨大的影响。从瓦特的蒸汽机、阿波罗登月到海湾战争，无处不显示着测控技术的威力。

2.3.1 测控技术的早期实践

从某种意义上说，从人类在地球上诞生的第一天起，为了自身的生存与发展，就开始了对大自然及其规律的观察、探索和利用，不断地发明各种认识世界和改造世界的方法和工具，相应的科学研究和科学技术已经诞生。但受知识积累和工艺条件所限，古代的仪器在很长的历史时期内大多属于定向、计时或度量衡用的简单仪器。

1. 水钟

人类在很早就发明了测量器具，这方面最有代表性的例子当属古代的计时器"水钟"。据古代楔形文字记载和从埃及古墓出土的实物可以看到，巴比伦和埃及在公元前1500年以前便已有很长的水钟使用历史了。水钟在中国叫做"刻漏"，也叫"漏壶"，有泄水型和受水型两类。早期的漏壶多为泄水型，壶的底部有一个小眼，壶内的水面随着水的缓慢漏出而下降，在壶中插入一根标杆，称为箭。箭下部用一只舟承托，浮在水面上。水流出壶时，箭下沉，指示时刻，称"泄水型漏壶"或"沉箭漏"；另一种为水流入壶中，箭上升，指示时刻，称"受水型漏壶"或"浮箭漏"。泄水壶多为一只贮水壶，即单壶（图2.59）。这在中国和埃及都有出土，在陕西兴平、河北满城和内蒙古伊克昭盟杭锦旗均发现过西汉初期的单壶。由于水量的稳定与否制约着时间的准确，到西汉末，已发展到叠加漏水壶，用上面流出的水来补充下面壶的水以提高流水稳定度。东汉张衡的漏水转浑天仪里已经使用二级漏壶。晋代时又出现三级漏壶。到唐初，已经设计出四只一套漏壶。

在中国历史博物馆中收藏有一件元代延佑三年（1316年）的漏壶，这套铜漏壶由日壶、月壶、星壶和受水壶4部分组成，通高264.4cm，依次放在阶梯式的座架上。在受水壶中央立一铜尺，上刻十二时辰，铜尺前插一木浮箭，下为浮舟，随着受水壶中水位的升高，舟浮箭升，以铜尺刻度测定时间。日壶的外侧有元代延佑三年的刻铭，并刻有工师和监造及主管官员的姓名（图2.60）。大约在公元前250年一个希腊科学家利用虹吸原理制造出了水钟的水自动循环装置。

图 2.59　单壶

图 2.60　元代漏壶

2. 司南

早在两千多年前的两汉时期(公元前 206 年—公元 220 年),中国人就发现有一种石头具有吸铁的特性,并发现一种长条的石头能指南北,人们把这种石头叫做磁石。古代的能

图 2.61　司南模型

工巧匠把磁石打磨凿雕成一个勺形,并且把它的 S 极琢磨成长柄,使重心落在圆而光滑的底部正中。用青铜制成光滑如镜的底盘,再铸上方向性的刻纹。把磁勺放在底盘的中间,用手拨动它的柄,使它转动。等到磁勺停下来,它的长柄就指向南方,勺子的口则指向北方。这就是我国发明的世界上最早的指示方向的仪器,称为司南。根据春秋战国时期的《韩非子·有度》记载和东汉时期思想家王充写的《论衡》书中的记载,经现代考古学家的考证制作的司南模型如图 2.61 所示。

3. 浑天仪

约在公元 120 年,东汉著名的科学家张衡制作出“漏水转浑天仪”,简称浑天仪(图 2.62)。漏水转浑天仪的主体用一个球体模型代表天球,球里面有一根铁轴贯穿球心,轴的方向就是天球的方向,也是地球自转轴的方向。轴和球有两个交点,一个是北极(北天极),一个是南极(南天极)。在球的外表面上刻有二十八星宿和其他恒星。在球面上还有地平圈和子午圈另外还有黄道圈和赤道圈,互成 24°的交角。在赤道和黄道上,各列有二十四节气成一浑象。为了让浑天仪能自己转动,张衡采用齿轮系统把浑象和计时用的漏壶联系起来,用漏壶滴出来的水的力量带动齿轮,齿轮带动浑象绕轴旋转,一天一周,与天球同步转动。这样,就可以准确地表示天象的变化,人在屋子里观看仪器,就可以知道某星正从东方升起,某星已到中天,某星就要从西方落下。漏水转浑天仪是有明确历史记载的世界上第一架用水力发动的天文仪器。漏水转浑天仪对中国后来的天文仪器影响很大,唐宋以后就在它的基础上发展出更复杂更完善的天象表演仪器和天文钟。

4. 地动仪

公元132年张衡研制出自动测量地震的地动仪(图2.63)。地动仪是铜铸的，形状像一

图2.62　浑天仪模型

图2.63　地动仪模型

个酒樽，四周有八个龙头，龙头对着东、南、西、北、东南、西南、东北、西北8个方向。龙嘴是活动的，各自都衔着一颗小铜球，每一个龙头下面，有一个张大了嘴的铜蛤蟆，在地动仪内部有一根倒立的、重心较高的椎体柱——"悬垂摆"，处于不稳定状态，与倒竖的啤酒瓶相似。柱周围有8条通道，称为"八道"，还有巧妙的机关。当某个地方发生地震时，仪器底座起始的运动方向指向震中，向相反方向运动。由于惯性作用，悬垂摆拨动小球通过"八道"，触动机关，使发生地震方向的龙头张开嘴，吐出铜球，落到铜蟾蜍的嘴里，发出很大的声响，这样人们就可以知道地震发生的方向。虽然地动仪只能探测地震波的主冲方向，不是现代意义上的地震仪，但张衡发明的地震仪开创了人类使用科学仪器测报地震的历史。

2.3.2　测控技术的形成和发展

科学技术发展史是人类认识自然、改造自然的历史，也是人类文明史的重要组成部分。科学技术的发展首先取决于测量技术的发展，近代自然科学是从真正意义上的测量开始的。许多杰出的科学家们都是科学仪器的发明家和新的测量方法的创立者。

1. 第一次科技革命

17~18世纪，测控技术初见端倪。欧洲的一些物理学家开始利用电流与磁场作用力的原理制成简单的检流计，利用光学透镜制成望远镜(图2.64)，从而奠定了电学和光学仪器的基础。1609年，著名的意大利科学家伽利略第一次用自制望远镜观测星球，从此人类踏上了探索宇宙的征程。400年来望远镜

图2.64　古代望远镜

从小口径到大口径，从光学望远镜到全电磁波段望远镜，从地面望远镜到空间望远镜，望远镜已经成为人类文化最伟大的奇迹之一，凝聚了人类的追求与智慧。它不仅使天文学发生了革命，而且深刻地影响了其他科学的发展，乃至整个人类社会的进步。

18世纪60年代，第一次科技革命（又称工业革命）开始于英国。资产阶级在英国确立了统治地位；海外贸易、奴隶贸易和殖民掠夺积累了大量资本；圈地运动的进一步推行造成了大批雇佣劳动力；工场手工业的发展积累了一定的生产技术；18世纪中叶英国成为世界上最大的资本主义殖民国家，国外市场急剧扩大。19世纪第一次科技革命扩展到欧洲大陆、北美和日本。一些简单的测量器具，如测量长度、温度、压力等的器具已应用于生产生活中，一系列科技发明创造了巨大的生产力。其主要标志如下：

（1）纺织机械的发明。珍妮纺纱机、水利纺纱机、骡机、水利织布机的发明，标志着纺织业从手工业作坊过渡到工厂大工业。

（2）动力机械的发明。瓦特制成的改良的蒸汽机，标志着人类进入了蒸汽时代。

（3）交通运输机械的发明。1807年美国人富尔顿造成第一艘汽船，1814年英国人史蒂芬孙发明了火车，标志着交通运输进入机械化时代。

第一次科技革命实现了工业生产的全面机械化，促进了社会经济的迅猛发展。

2. 第二次科技革命

19世纪初电磁学领域的一系列发现，引发了第二次科技革命。由于发明了测量电流的仪表，才使电磁学的研究迅速走上正轨，获得了一个又一个重大的发现。电磁学领域的许多发明，如电报、电话、发电机等在实际中得到了广泛的应用，促进了电气时代的来临。同时，其他各种用于测量和观察的仪器也不断涌现。例如，精密一等经纬仪（图2.65）使用于1891年以前，用于高程测量，利用各控制点间高程差，建立水准网，以推算控制点高程。

图 2.65　精密一等经纬仪

19世纪70年代，资本主义制度在世界范围内确立，资本积累和对殖民的肆意掠夺积累了大量资金，世界市场的出现和资本主义世界体系的形成，进一步扩大了对商品的需求。自然科学取得突破性进展，表现如下：

（1）新能源的发展和利用。19世纪70年代，电机、电力进入生产领域，把人类带入"电气时代"。石油、煤炭、电力三大能源形成霸主地位。

（2）内燃机和新交通工具的发明。德国卡尔·本茨发明内燃机，汽车、飞机试制成功。

（3）新通信手段的发明。有线电报、有线电话、无线电报试制成功。

科学技术的发展大大促进了生产力，密切了世界各地之间的联系，为经济发展提供了更加广泛的途径；使资本主义国家经济发展出现不平衡，美国和德国后来者居上，成为世界头号和二号资本国家。

3. 第三次科技革命

第二次世界大战(1939 年 9 月 1 日—1945 年 8 月 15 日)后,资本主义推行福利制度与国家垄断资本主义,政局稳定。各国对高科技迫切的需要,推动了生产技术由一般的机械化到电气化、自动化转变,科学理论研究取得一系列的重大突破。第三次科技革命表现如下:

(1) 原子能的利用。由于威尔逊云室和众多核物理探测仪器的发明,人们揭开了原子核反应神秘的面纱,逐渐展现出微观世界的真实图景,奠定了原子核物理学与日后原子能利用的基础。

(2) 计算机的诞生是近现代史上最重要的技术革命,它推动了众多技术领域的进步,进而改变了人们的生活方式。

(3) 微电子技术的发展。美国贝尔研究所的三位科学家研制成功第一个结晶体三极管,获得 1956 年诺贝尔物理学奖。晶体管、集成电路的问世,开辟了微电子技术时代,成为现代电子信息技术的直接基础。

(4) 航天技术领域取得重大突破。航天活动极大地扩展了人类知识宝库和物质资源,给人类日常生活带来了重大的影响和巨大的经济效益,有力地推动了现代科学技术和现代工农业的快速发展。

20 世纪 20 年代,以机电产品为典型代表的制造业开始产业化发展。产品大批量生产的特点是循环动作和流水作业,如果要提高产量和质量必须使循环动作和流水作业自动起来。这就要求在加工生产的每个阶段自动检测工件的位置、尺寸、形状、姿态或性能等,要求对加工过程及零部件装配、运送、包装、储存等作业按程序自动进行操作,同时还要解决不同加工机械间的传动控制问题。为此,需要大量的测控装置。1926 年美国建成第一条汽车自动生产线,将自动加工机械和辅助设备按照工艺顺序连接起来,由工件传送系统和控制系统操纵,自动完成汽车的总装流程。

另一方面,以石油为原料的化学工业开始兴起。1920 年,美国新泽西标准油公司用石油炼厂气中的丙烯合成异丙醇的方法进行工业生产。这是第一个石油化学品,它标志着石油化工业的开始,以石油化工为典型代表的液态和气态产品的生产过程开始规模化。这类生产过程大都是连续的化学反应过程,工艺条件常常具有高温、高压、腐蚀性强等特点,要求对工艺参数进行在线测量和自动控制,需要大量的测控仪表。自动化仪表开始标准化生产,按需要构成自动控制系统。

随着生产加工过程自动化程度不断提高,加工设备的自动化水平不断提高。1950 年,美国在机械手和操作机的基础上采用伺服机构和自动控制等技术,研制出有独立操作能力的工业用自动操作装置,开始有了机器人的概念。机器人主要在功能上模仿人或其他生物的动作和行为,靠测控系统实现特定的操作和运动任务。1952 年美国麻省理工学院研制出世界上第一台数字控制机床(简称数控机床,图 2.66)。数控机床是一种装有程序控制系统的自动化机床,该控制系统能够按照程序或指令的规定使机床动作并加工零件。数控机床的控制单元是数控机床的大脑,数控机床的操作和监控全部在这个数控单元中完成。与普通机床相比,数控机床自动化程度高、加工精度高、生产率高,能加工形状复杂的零件;加工零件改变时,一般只需要更改数控程序,可节省生产准备时间,从而使制造工业的机加工水平大为提高。

图 2.66　美国第一台数控机床

　　1954 年美国发明家德沃研制成功世界上第一台工业机器人样机(图 2.67),并同时申请具有记忆和重复操作功能的机器人专利。1969 年,美国通用汽车公司用 21 台工业机器人组成了焊接轿车车身的自动生产线。

　　微型计算机和人工智能技术使机器人向智能化发展变成现实。20 世纪 70 年代,美国研制出具有视觉、触觉和行走能力并具有识别和一定理解能力的智能机器人。这些进展为形成一门关于机器人的设计、制造和应用的综合技术,即机器人技术奠定了基础。机器人技术集中融合了测控技术、机械电子技术、计算机技术、材料和仿生技术。机器人种类很多,功能各异,如擦玻璃机器人、家用清洁机器人等。

　　在航空航天领域,测控技术伴随着航空航天技术的发展而发展。1961 年 4 月 12 日,前苏联载人飞船"东方"号发射成功,航天飞船在最大高度为 301km 的轨道上绕地球一周,宇航员加加林成为在太空遨游的第一人。1981 年 4 月 12 日,世界上第一架航天飞机,美国的"哥伦比亚"号航天飞机首次发射成功。1970 年 4 月 24 日,中国长征 1 号运载火箭在甘肃酒泉卫星发射中心成功地发射了第一颗人造地球卫星"东方红 1 号",迈出了中国发展航天技术的第一步。1999 年,我国成功发射第一艘不载人试验飞船"神舟"号。2005 年,我国成功发射载人飞船"神舟 6 号"(图 2.68)。

图 2.67　第一台工业机器人

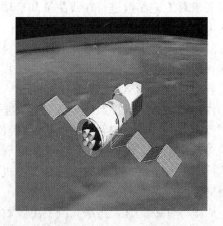

图 2.68　神舟 6 号

科学技术是第一生产力。第三次科技革命极大地提高了劳动生产率，促进了生产迅速发展，产生了一大批新兴工业。随着科学技术的不断发展，仪器仪表从只能进行简单的测量、观察开始，已成为测量、控制和实现自动化必不可少的技术工具。为了满足科学研究、工农业生产、国防科技等各个领域的发展需求，仪器仪表已从传统的化学分析、物理量检测、机械量测量、天文地理观测、工业生产流程控制、产品质量控制等传统应用领域扩展到生物医学、生态环境、生物工程等非传统应用领域。仪器仪表逐渐形成了一个专门的产业，一个品种极多、技术复杂、不断出新的产业。

当今世界已进入信息时代，仪器仪表作为信息工业的源头，是信息流中的重要一环。测控技术伴随着信息技术的发展而发展，同时又为信息技术的发展发挥着不可替代的作用。仪器仪表的任务用途、结构组成和所发挥作用等方面所凸现的信息技术属性从未像现在这样明显。进入21世纪以来，一大批当代最新技术成果，如纳米级的精密机械研究成果、分子层次的现代化学研究成果、基因层次的生物学研究成果，以及高精密超性能特种功能材料研究成果和全球网络技术推广应用成果等竞相问世，使得仪器仪表领域发生了根本性的变革，促进了高科技化、智能化的新型仪器仪表时代的来临。

2.3.3 控制理论的发展历程

虽然很早以前人类就创造了自动控制装置，但其控制方式简单，应用不广泛。随着产业革命的开始，能源的开发和动力的发展对自动控制提出了迫切要求，自动控制技术开始迅速发展。

1. 控制问题的提出

蒸汽机是将蒸汽的能量转换为机械功的往复式动力机械。蒸汽机的出现曾引起了18世纪的工业革命。直到20世纪初，它仍然是世界上最重要的原动机，后来才逐渐让位于内燃机和汽轮机等。在工业中起重要作用的第一个自动控制装置是1788年英国发明家詹姆斯·瓦特(J. Watt)在对蒸汽机进行改造时发明的离心式调速器(又称飞球调速器，见图2.69)。

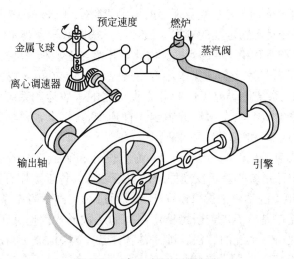

图2.69 离心式调速器模型

瓦特并不是蒸汽机的发明者,在他之前,早就出现了蒸汽机,即纽科门蒸汽机,但它的耗煤量大、效率低。瓦特对纽科门蒸汽机进行修理时,逐渐发现了这种蒸汽机的问题所在。从1765年到1790年,他进行了一系列发明改造,如分离式冷凝器、汽缸外设置绝热层、用润滑油润滑活塞、行星式齿轮、平行运动连杆机构、离心式调速器、节气阀、压力计等,使蒸汽机的效率提高到原来纽科门蒸汽机的3倍多,最终发明出了现代意义上的蒸汽机。

离心式调速器就是为解决纽科门蒸汽机的转速不稳定问题而发明的。瓦特在对蒸汽机进行改造时,给蒸汽机添加了一个节流阀,它由一个离心式"飞球调节器"操纵,利用飞球来调节蒸汽流,以保证蒸汽机引擎的恒速运行。当蒸汽机转速增加时,飞球上升,使气阀的开启度减小,反之,开启度增大。这样可以保证引擎工作时速度大致均匀,这是当时反馈调节器最成功的应用。瓦特的这项发明开创了近代自动调节装置应用的新纪元,人们开始采用自动调节装置解决工业生产中提出的控制问题。但后来发现这种反馈调节器并不完善,在某些情况下容易产生振荡,这就提出了自动控制系统的稳定性问题。英国数学与物理学家麦克斯韦(J. C. Maxwell)从微分方程角度讨论了这种调节系统可能产生的不稳定现象,开始用严谨的数学分析对反馈控制动力学问题进行理论研究。

进入20世纪后,工业生产中广泛应用各种自动调节装置,促进了对调节系统进行分析和综合的研究工作。这一时期虽然在自动调节器中已广泛应用反馈控制的结构,但从理论上研究反馈控制的原理则是从20世纪20年代开始的。1833年英国数学家C.巴贝奇在设计分析机时首先提出程序控制的原理。1939世界上第一批系统与控制的专业研究机构成立,为20世纪40年代形成经典控制理论和发展局部自动化做了理论上和组织上的准备。

2. 控制理论发展的3个阶段

1) 经典控制理论

目前公认的第一篇控制理论论文是麦克斯韦在1868年发表的《论调节器》。他在论文中提出了反馈控制的思想,导出了调节器的微分方程模型,从描述系统微分方程的解中有无限增长指数函数项解释了反馈控制不稳定现象,并提出了低阶系统稳定性的判据,从而开创了控制理论研究的先河。随后麦克斯韦的学生劳斯(E. J. Routh)在1877年发表论文,提出了一种判别高阶系统运动稳定性的判据。1895年,德国数学家赫尔维茨(A. Hurwitz)提出了另一种判别高阶系统运动稳定性的判据。由此,开始建立了有关动态稳定性的系统理论。

1892年,俄罗斯数学家、力学家李雅普诺夫(A. M. Lyapunov)发表了博士论文《运动稳定性的一般问题》,系统地研究了由微分方程描述的一般运动系统的稳定性问题,这篇论文对自动控制理论的研究具有深远的影响。直到1930年末,科学家们对自动控制系统的研究主要是解决稳定性和稳态精度问题。

第二次世界大战期间(1938—1945年),为了设计和制造飞机及船用自动驾驶仪、火炮定位系统、雷达跟踪系统等基于反馈原理的军用装备,科学家们开始重点研究系统的暂态性能问题。1938年美国学者伯德(H. W. Bode)通过对美国学者奈奎斯特(H. Nyquist)的频率响应理论的研究,提出了奈奎斯特稳定判据的对数形式。他又于1945年提出了用图解法分析和综合线性控制系统的方法,即"伯德图法",这构成了自动控制理论中的频率法或称频域法。1948年,美国学者伊万斯(W. R. Evans)提出了直观形象的根轨迹法,对用微分方程研究系统提供了一个简单有效的方法。至此,控制理论发展的第一阶段基本完成，形成了以频率法和根轨迹法为主要方法的经典控制理论。

20世纪40年代末和20世纪50年代初，频率响应法和根轨迹法被推广用于研究采样控制系统和简单的非线性控制系统，标志着经典控制理论已经成熟。经典控制理论在理论上和应用上所获得的广泛成就，促使人们试图把这些原理推广到像生物控制机理、神经系统、经济及社会过程等非常复杂的系统，其中最重要、最著名的论文为美国数学家维纳（N. Wienner）在1949年发表的《控制论——关于在动物和机器中控制和通信的科学》。

2）现代控制理论

由于经典控制理论只适用于单输入、单输出的线性定常系统，只关注系统的外部描述而无法探究系统的内部状态，因而在实际应用中有很大局限性。随着空间技术的发展，控制对象越来越复杂，控制要求越来越高。航空领域中的飞机导航和控制、人造卫星的发射和回收等，都涉及多变量动态系统的稳定问题。20世纪60年代初，在经典控制理论的基础上，以线性代数理论和状态空间分析法为基础的现代控制理论迅速发展起来。1954年贝尔曼（R. Belman）提出状态空间法和动态规划理论，解决了多输入多输出系统稳定性的整定问题；1956年庞特里雅金（L. S. Pontryagin）提出极大值原理，奠定了研究最优控制的基础；1960年卡尔曼（R. K. Kalman）提出多变量最优控制和最优滤波理论。

在数学工具、理论基础和研究方法上，现代控制理论不仅能提供系统的外部信息（输出量和输入量），而且还能提供系统内部状态变量的信息。它无论对线性系统或非线性系统，定常系统或时变系统，单变量系统或多变量系统，都是十分重要的。

从20世纪70年代开始，现代控制理论继续向深度和广度发展，出现了一些新的控制方法和理论。例如，现代频域方法以传递函数矩阵为数学模型，研究多变量线性定常系统；自适应控制方法以系统辨识和参数估计为基础，在实时辨识基础上在线确定最优控制规律；鲁棒控制方法是在保证系统稳定性的基础上，设计不变的鲁棒控制器以处理数学模型的不确定性。

3）大系统理论和智能控制

随着自动控制应用范围的扩大，控制系统从个别小系统的控制，发展到对若干个相互关联的子系统组成的大系统进行整体控制；从传统的工程控制领域推广到包括经济管理、生物工程、能源、运输、环境等大型系统以及社会科学领域，从而提出了大系统理论。大系统理论具有规模庞大、结构复杂、功能综合、目标多样、因素众多等特点，是过程控制与信息处理相结合的系统工程理论。

人工智能的出现和发展，促使自动控制向着更高层次——智能控制发展。从人工智能的角度来看，智能控制是智能科学的一个新的应用领域，从控制的角度来看，智能控制是控制科学发展的一个新的阶段，它是不需要人的干预就能够独立驱动智能机器实现其目标的自动控制。智能控制的概念和原理主要是针对被控对象、环境、控制目标或任务的复杂性提出来的，它的指导思想是依据人的思维方式和处理问题的技巧，解决那些目前需要人的智能才能解决的复杂的控制问题。智能控制的任务在于对实际环境或过程进行组织，即决策和规划，实现广义问题的求解。这些问题的求解过程与人脑的思维程度具有一定的相似性，即具有不同程度的智能。一般认为，智能控制的方法包括学习控制、模糊控制、神经元网络控制和专家控制等。

3. 控制理论发展的3部重要文献

在控制理论发展史上有3部重要文献特别值得一提。

1)《通信的数学理论》

《通信的数学理论》(*A Mathematical Theory of Communication*，1948)是被称为信息论创立者的香农(C. E. Shannon)的论文。香农在论文中用非常简洁的数学公式定义了信息时代的基本概念——熵。在此基础上，他又定义了信道容量的概念，指出了用降低传输速率来换取高保真通信的可能性。这些贡献对今天的通信工业具有革命性的影响。信息的思想方法不同于传统的经验方法，是用信息的概念作为分析和处理问题的基础，把系统的运动过程抽象为一个信息变化的过程，完全抛开了研究对象的具体运动形式。它不需要对事物结构进行解剖分析，而是从整体出发，综合考察其信息的流动过程。利用信息论的思想研究考察控制系统时，可以将环境的影响和作用视为系统的输入信号，系统的相应变化视为输出信号，通过在两者之间建立函数表达式(传递函数)来获得对系统和环境复杂整体的动态认识。这篇论文奠定了信息论的基础，它很快成为科技领域中一种全新的认识模式。

2)《控制论——关于在动物和机器中控制和通信的科学》

《控制论——关于在动物和机器中控制和通信的科学》(*Cybernetics-or Control and Communication in the Animal and the Machines*，1949)是控制论创立者维纳的经典论著。维纳把控制论看做是一门研究机器、生命社会中控制和通信的一般规律的科学，更具体地说，是研究动态系统在变化的环境条件下如何保持平衡状态或稳定状态的科学。他特意创造"Cybernetics"这个英语新词来命名这门科学。维纳在考察和研究控制系统时采用了信息理论作为出发点，认为信息是了解机器、有机体、人脑乃至人类社会运行机理的基本模式。无论是机器还是生物所构成的控制系统，其功能主要体现在信息的获取、使用、保存和传递上，而不在于物质和能量的交换。控制过程的实质就是一种通信的过程，即信息的获取、加工和使用的过程。维纳在《控制论》中对动物和机器进行类比来阐述其控制论思想："人是一个控制和通信的系统，自动机器也是一个控制和通信的系统。"《控制论》揭示了动物和机器的共性，把不同的学科统一在控制论的旗帜下。

3)《工程控制论》

《工程控制论》(*Engineering Cybernetics*，1954)是中国著名科学家钱学森的著作。钱学森在《工程控制论》中阐述了系统分析的基本方法，输入、输出和传递函数，控制系统分析，协调控制，离散控制系统，有时滞的线性系统，随机输入作用下的线性系统，非线性系统等工程控制系统，这是世界上第一部系统讲述工程控制论的著作。《工程控制论》出版以来，尽管控制论研究的范围和深度不断发展，但其中所阐述的基本理论和基本观点仍是这门学科的理论基础。

关于《工程控制论》，一位美国专栏作家评论说，工程师偏重于实践，解决具体问题，不善于上升到理论高度；数学家则擅长理论分析，却不善于从一般到个别去解决实际问题。钱学森则集中两个优势于一身，高超地将两只轮子装到一辆战车上，碾出了工程控制论研究的一条新途径。钱学森在《工程控制论》的序言中说，控制论是关于机械系统与电气系统的控制与操纵的科学，是关于怎样把机械元件与电气元件组合成稳定的并且具有特定性能的系统的科学。控制论所讨论的主要问题是一个系统的各个不同部分之间的相互作用的定性性质，以及整个系统的总的运动状态。工程控制论的目的是研究控制论这门科学中能够直接应用在工程上设计被控制系统或被操纵系统的那些部分。建立这门技术科学，能赋予人们更宽阔、更缜密的眼光去观察老问题，为解决新问题开辟意想不到的新前景。

纵观自动控制理论的发展历史，上述3部著作创立了新型的综合性基础理论：信息论，控制论和工程控制论，对社会进步有着巨大的影响。1957年，在《工程控制论》的推动下，国际自动控制联合会(IFAC)筹委会在巴黎成立。1960年9月，IFAC第一届世界代表大会在莫斯科举行。自动控制理论对整个科学技术的理论和实践作出了重要贡献，为人类社会带来了巨大利益。随着社会进步和科学技术的发展，对控制学科提出了更高的要求，一方面需要推进硬件、软件和智能结合，实现控制系统的智能化；另一方面要实现自动控制科学与计算机科学、信息科学、系统科学以及人工智能的结合，为自动控制提供新思想、新方法和新技术，推动自动控制的发展。

2.3.4 测控技术的发展思考

从测控技术和控制理论的发展历程可以看出，其发展过程是伴随着社会生产力和科学技术的发展而发展的，反映了人类从机械化时代进入电气化时代，并且走向自动化、信息化、智能化的时代。社会生产力发展历程如图2.70所示。

我们可以总结出科学发展的如下4个特点。

1. 社会发展的需要是科学发展的动力

人类对自动控制的应用可以追溯到很早的时期，但都只是自动控制的简单措施，并无理论研究。直到进入产业革命时期后，工业生产需要高效率、高产量、高质量，对自动控制产生巨大的需求，也对自动控制提出了各种要求。科学家们此时才集中智力来深入研究自动控制在应用中出现的各种问题，从而形成了自动控制理论。例如，瓦特发明了蒸汽机离心式调速器，使蒸汽机在负载变化条件下保持基本恒速。但这一装置在自动控制过程中容易产生振荡，这就提出了自动控制系统的稳定性问题，由此产生了稳定性理论。钱三强先生就曾指出："科学来源

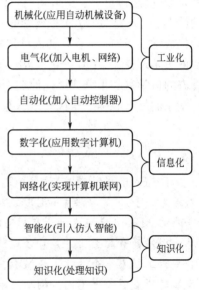

图2.70 社会生产力发展历程

于生产和对自然现象的观察，它的发展取决于生产和社会的需求。"随着社会生产力的发展和需要，自动控制理论和技术得到了不断的发展和提高。

2. 科学的进步是集体努力的结果

从麦克斯韦在1868年发表《论调节器》算起，经过劳斯、赫尔维茨、李雅普诺夫、伯德、奈奎斯特、伊万斯、香农、维纳、钱学森等许多科学家的不断努力，才使自动控制理论不断发展完善。从经典控制理论、现代控制理论、大系统理论到智能控制理论的建立与发展历程很好地说明了这一点。现代高新技术的发展更依赖于集体的智慧和科学家团队的集体协作。

3. 没有理论，实践就不能成为系统的科学，也就难以深入和系统地发展

控制技术和理论的发展还表明了这样一个道理：任何社会实践没有理论就不能成为科学，也就难以发展。自动控制装置的应用已有数千年的历史，但由于没有上升为理论，只能在低级的水平上发展。从1868年麦克斯韦发表《论调节器》以来，随着控制理论的建立，控制

理论和控制技术同时开始飞速发展,控制技术终于成为人们征服自然与改造自然的有力武器。

4. 只有具备了坚实的知识基础和持久的探索热情,才能在科学领域有所建树

科学理论的建立有赖于坚实与深厚的知识基础。有了坚实的知识基础和持久的探索热情,才能厚积薄发有所突破。自然界客观规律的本质是相通的,杰出的科学家大多是多面发展的。例如,在控制理论发展史上做出巨大贡献的科学家麦克斯韦在许多方面都有极高的造诣,他同时还是物理学中电磁理论的创立人。信息理论的创立者香农同时还是通信理论的奠基者。1938年香农在MIT(麻省理工学院)获得电气工程硕士学位,硕士论文题目是 *A Symbolic Analysis of Relay and Switching Circuits*(继电器与开关电路的符号分析)。他用布尔代数分析并优化开关电路,即把布尔代数的"真"与"假"和电路系统的"开"与"关"对应起来,并用1和0表示,这奠定了数字电路的理论基础。有学者评价这篇论文是20世纪最重要、最著名的一篇硕士论文。1940年香农在MIT获得数学博士学位,他的博士论文却是关于人类遗传学的,题目是 *An Algebra for Theoretical Genetics*(理论遗传学的代数学)。1941年香农加入贝尔实验室数学部,1948年发表了具有深远影响的论文《通信的数学理论》(*A Mathematical Theory of Communication*)奠定了通信技术的理论基础。香农的科学兴趣十分广泛,他在不同的学科方面发表过许多有影响的文章。我们应该学习科学家们好奇心强、重视实践、追求完美、永不满足的科学精神。

 阅读材料2-2

D-Beam(光学感应)技术,是利用红外线感应器(不可见光)来检测遮蔽物的移动(如演奏者的手),并转换成MIDI信息。通过此技术,可以用肢体动作控制声音的变化,当把手在D-Beam感应器上悬空挥动时,手部的动作会即时转换成所指定的MIDI信息,并从而引发声音的变化。声音合成器可以根据手和琴之间的距离发出不同的音调,可以在合成器上预置一个音效,在演奏中一挥手,音效就发出来了。手与感应器的距离不同,发出的声音音量也不同。例如,配置一对D-Beam感应器,可以指定左边控制滤波器的Resonance(共鸣度),右边控制滤波器的Cut-Off(截频点),用两只手的悬空挥动就可以让声音产生有趣的变化。另外,也可以将D-Beam感应器的功能设定成启动/停止。如此一来,就可以挥一下手让音乐启动,再挥一下手就让音乐停止,为现场演出提供全新的创意与表现力。大型音乐现场演唱会使用D-Beam技术,能有效增强音乐现场感。歌手李宇春是华人中将该项技术搬上演唱会舞台的第一人,于2009年12月26日在北京五棵松"阿么—李宇春北京演唱会"中首次使用D-Beam技术(图2.71)。

注:MIDI(musical instrument digital interface)系统是一个作曲、配器、电子模拟的演奏系统。从一个MIDI设备转送到另一个MIDI设备上去的数据就是MIDI信息。它指示MIDI设备要做什么,怎么做,如演奏哪个音符、多大音量等,能现场编辑出鼓、打击乐和贝司乐等多种乐器效果。MIDI数据不是数字的音频波形,而是音符、控制参数等指令,它们被统一表示成MIDI消息(MIDI Message)。MIDI乐器数字接口通信标准是20世纪80年代初为解决电声乐器之间的通信问题而提出的,它是由电子乐器制造商们建立起来的,用以确定计算机音乐程序、合成器和其他电子音响的设备互相交换信息与控制信号的方法。

图 2.71　李宇春演唱会 D-Beam 秀

本 章 小 结

　　本章介绍了测控技术与仪器专业的基本概况和测控技术的定义、特点及其发展历程，并通过大量实例介绍了测控技术在各个领域中的应用。测控技术是一门应用性技术，广泛用于工业、农业、交通、航海、航空、军事、电力和民用生活等各个领域。小到普通的生产过程，大到庞大的城市交通网络、供电网络、通信网络等都有测控技术的身影。

　　随着生产技术的发展需要，对测控技术不断提出新的要求。测控系统从最初的控制单个机器、设备，到控制整个过程(如化工过程、制药过程等)、控制整个系统(如交通运输系统、通信系统等)。特别是在现代科技领域的尖端技术中，测控技术起着至关重要的作用，重大成果的获得都与测控技术分不开。在科技的前沿领域，如航空航天技术、信息技术、生物技术、新材料领域等都离不开测控技术的支持。可以说如果没有测控技术，支撑现代文明的科学技术就不可能得到发展。测控技术的优势如下：

　　(1) 比人做得更快、更好。人受制于个体能力的差异和情绪的波动，工作能力有限，且工作状态是不稳定的。而由测控系统进行测量或控制，测量控制过程可以做到稳定一致，产品的产量、质量有可靠保障，从而提高了社会生产效率。

　　(2) 可以完成人无法完成的工作。对于繁重、危险或人无法胜任的工作，如高温、高压、核辐射等环境下的工作，可以用自动化设备来完成；对于狭小空间作业，可以由微型机器人完成。把人从重复、繁杂、危险的工作中解放出来，以从事更具有创造性的劳动。

 思考题

2.1 测控技术与仪器专业主要研究什么？

2.2 测控技术的定义是什么？

2.3 什么是学科？什么是专业？两者之间有什么关系？

2.4 测控专业的主干学科和相关学科有哪些？为什么说仪表技术是信息技术的源头技术？

2.5 通过本章内容的学习，对自己的专业、学科有什么了解和认识？

2.6 列出你身边的测控技术应用的例子。

第**3**章

测量基本原理

 本章教学要点

知识要点	掌握程度	相关知识
测量的基本概念	了解测量的定义、测量系统的构成；了解测量技术的分类	检测与测试含义的区别，测量方式的分类，一般测量系统的组成
传感器基本概念	了解传感器的定义、组成、分类方法及技术指标	传感器的选用原则
常见传感器	了解各种常见传感器的应用场合及典型传感器的工作原理	利用物理效应、化学效应及生物效应等把非电量转换成电量的方法
电信号的处理	了解模拟信号与数字信号的处理方式	模拟信号放大、运算、产生、显示电路及电源稳压电路，数字信号处理用的中央微处理器、数字信号处理器和专用集成电路

导入案例

在中学介绍的集总参数电路里，电压、电流和功率是表征电信号能量的 3 个基本变量。其中，电压是最基本的测量参数，电压还是测量许多物理量的基础，电子设备的许多工作特性均可视为电压的派生量。因此，电压测量是电子测量的一个重要内容。电子电压表简称为电压表，分为模拟式电压表和数字式电压表两大类。

模拟式电压表

1. 模拟式电压表

模拟式电压表即指针式电压表，它用磁电式直流电流表（俗称表头）作为指示器，有直流电压表和交流电压表之分。直流电压表用于测量直流电压，也是构成交流电压表的基础。测量交流电压时，首先利用交直流变换器将交流变成直流，再依照测量直流电压的方法进行测量。一般利用检波器来实现交直流变换，检波器按其响应特性分为均值检波器、峰值检波器和有效值检波器 3 种，交流电压表则相应分为均值电压表、峰值电压表和有效值电压表。

2. 数字式电压表

数字式电压表是利用 A/D（模/数）变换器将模拟量变换成数字量，并以十进制数字形式显示被测电压值的一种电压测量仪器。最基本的数字式电压表是直流数字式电压表。直流数字式电压表配上交直流变换器即构成交流数字式电压表。如果在直流数字式电压表的基础上，配上交流电压/直流电压（AC/DC）变换器、电流/直流电压（I/V）变换器和电阻/直流电压（R/V）变换器，就构成数字式万用表。

F8840A 数字式电压表

数字式万用表

人类社会的生产、生活中充满了大量的信息，这些信息反映了事物的性质、特征、内在规律及事物之间的相互关系。人们自己感知外部事物的能力是有限的，所以要借助测量仪器来改善、扩展或补充人的感觉观察能力。通过测量获取信息，并对其进行分析、处理，是科研、生产及社会活动的基础。

本章主要介绍测量的基本概念和传感器的基本概念，按照传感器的工作原理分别介绍几种典型传感器的传感原理，并对电子测量信号的基本处理方式进行了简要介绍。

3.1 测量的基本概念

人类对自然界的一切认识与改造均离不开对自然界信息的获取，因此获取信息的活动是人类最基本的活动之一。在日常生活中，人类可凭借感觉器官获取满足生活的大量信息，但在浩瀚的科学技术领域中，无论在获取信息的幅值上，还是时间、空间上，或在分辨信息的能力方面，人类的感觉和大脑功能是十分有限的，很难获取揭示事物内在规律的信息。因此，测量作为定量地获取事物信息的一种手段成为现代科学技术研究的一个重要领域。

3.1.1 测量的定义

测量是人们对客观事物取得数量概念的一种认识过程，是借助专门的技术和仪器装置，采用一定的方法获取某一客观事物定量数据资料的认识过程。根据国际通用计量学基本名词的定义，测量是以确定被测量值为目的的一组操作，也就是说，测量是将被测量与标准量(单位)进行比较从而确定被测量对标准量的倍数，并用数字表示这个结果。测量结果也可以表示为一条曲线，或显示成某种图形，既包含数值(大小和符号)，又包含单位。实现测量的工具一般称为测量仪器、仪表、计或具。这几种称呼没有严格的定义区别，一般体积大、功能多、精度高的称仪器。

测量包含的内容极其广阔，是一个比较大的概念。提到测量时，经常出现检测、测试这样的说法，它们和测量有什么区别呢？

1. 检测

传统的测量是被测量与标准量值的直接比对，简单、直接。人类早期在从事生产活动时，就已经对长度(距离)、面积、时间和重量进行测量，测量工具简单、功能单一。直到今天，我们仍然会使用很多简单的测量工具进行直接比对测量。

随着测量领域的不断扩大，测量方法也逐渐复杂多样。不只是直接比对就能得到结果，测量结果的表达也不只是直接读数就能满足要求，而是往往需要测量信号的输出。例如，温度的测量就需要将温度信号转换成其他便于显示的信号才能读数，如果要送往自动控制系统还需要转换成自动控制系统能识别的信号输出。这样的测量过程一般需要经过多次转换、处理(如放大、校正)，将测量信号变成易于显示和传输的物理量(如电量)进行显示和输出。

在有些测量过程中，单纯的数值测量结果有时不能满足需要。例如，用血压计测量人体血压时只给出血压值为 18kPa，或进一步给出更精确的数值(如 17.9kPa)只实现了单一目的。实际上我们还需要判断测量的血压值是"高"、"偏高"、"正常"、"偏低"还是"低"的分档描述，这可视为定性测量。这样的测量不仅需要将测量信号经过多次转换、处理，变成易于显示和传输的物理量，而且还需对信号进行分析、判断。

因此，检测一般是指将测量信号经过多次转换、处理(包括分析、判断)，最后变成易于显示和传输的物理量进行显示和输出。检测过程中，被测信号要经过不断的转换、传递和处理，测量方法比较复杂。一般的电子、光电、机电测量仪器都可称为检测仪器。

2. 测试

随着被测对象的多维性或被分析问题的复杂性，一般的检测方法有时还不能满足需要。例如，我们对一个软件的性能进行"测试"时，需要用各种信号对这个软件进行"试探"，测量它在各种可能出现的情况下，运行是否正常，数据是否正确。这样的测量不单是数值的测量、传输，它还结合了试验、判断、推理等功能。

因此，测试通常被认为是具有试验性质的测量，是测量和试验的综合，属于信息科学的范畴。测量是为了确定被测信号的量值而进行的操作过程，而试验是对未知事物探索性的试验过程。测试可以说是更加复杂的测量，为了测量需要外加激励信号，把未知的被测参数转化为可以观察的信号，并获取有用的信息。

从广义的角度来讲，测试涉及试验设计、信号的测量、加工与处理(传输、分析、处理)、系统辨识、参数估计和综合判断等内容。从狭义来讲，测试则是在选定的激励方式下，对信号的检测、变换、处理、显示、记录以及输出的一系列数据处理工作。

3.1.2 测量技术的分类

测量是依靠一定的方法、手段定量地获取对象某种信息的过程，这些测量的方法、手段统称为测量技术。自然界的各种参数复杂多样，测量的方法、手段也五花八门，测量技术按其测量结果的产生方式可分为直接、间接与联立测量3种。

1. 直接测量

将被测量与标准量值直接比对就能得到测量结果，或经检测转换后就能得到测量结果的测量方式称为直接测量。例如，用电流表测量电路的支路电流，用压力表测量锅炉压力等就为直接测量。直接测量的优点是测量过程简单而迅速，是生产生活中最常用的测量方法。

2. 间接测量

对有些参数进行测量时，不能通过直接测量的方法得到结果，只能对与被测参数有确定函数关系的其他参数进行测量。将测量值代入函数关系式，经过计算得到所需要的结果，这种测量称为间接测量。例如，对电功率的测量就无法直接测量，但是可以通过测量电压、电流值进行计算得到功率值。间接测量环节较多，但有时可以通过多种测量途径，得到较高的测量精度。

3. 联立测量

在间接测量时，若被测参数必须经过求解联立方程才能得到最后结果，则称这样的测量为联立测量(也称为组合测量)。在进行联立测量时，一般需要改变测试条件，才能获得一组联立方程所需要的数据。例如，测电阻的温度系数，就需要在不同的温度条件下，测出对应的电阻值，经过求解联立方程才能得到温度系数值。联立测量的测试过程较复杂，是一种特殊的精密测量方法，多用于科学实验或工艺试验。

3.1.3 测量系统的构成

有的测量工具很简单，如玻璃管温度计，它直接将温度变化转化为内装膨胀液体的液面高度而显示温度；而有的测量工具比较复杂，如环境噪声计(图 3.1)就需要先将环境噪声量转换为电信号，再对电信号进行处理、传输和显示。这一系列的环节就构成了测量系统，测量系统的各个环节可以在一个仪器仪表中，也可以由若干个仪器仪表或部件构成。

虽然测量方法种类繁多，原理各异，但它们仍有一定的共性。一般测量系统由传感器、中间变换器和显示记录仪 3 部分组成。如图 3.2 所示，传感器将被测物理量(如噪声)检出并转换成易于测量的物理量(如电量)，中间变换器对传感器的输出量进行分析、处理、转换成后级仪表能够接收的信号(如电压、电流)，输出给其他系统，或由显示记录仪对测量结果进行显示、记录。

图 3.1　环境噪声显示屏

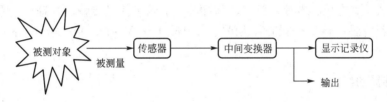

图 3.2　测量系统构成

从测量系统框图可以看出，传感器是仪器仪表实现测量的基础。传感器检测的各种参数中，大多数是非电量。非电量是指除了电量之外的其他一些参量，如压力、流量、尺寸、位移量、质量、力、速度、加速度、转速、温度、酸碱度等；而电量一般是指物理学中的电学量，如电压、电流、电阻、电容、电感等。非电量不能直接使用一般的电工仪表和电子仪器测量，因为一般的电工仪表和电子仪器只能检测电信号。由于电子器件及计算机技术发展迅速，电子仪器功能强大、性能优越，因此，大部分测量系统都是通过传感器将非电学物理量变换成电量，再用一般的电工仪表和电子仪器测量显示，这种检测方法也称为非电量的电测法。电测法具有如下特点。

(1) 利用电子技术能把信号放大数万倍，因此可测量极微弱的电信号，可十分方便地调整仪器的测量范围。

(2) 电子测量仪器的惯性极小，具有相当宽广的频域，因而既能测量缓慢变化的信号，又可测量随时间快速变化的信号。

3.2　传感器的基本概念

传感器作为测量系统的第一个环节，其任务是将需要测量的信息转换成另一种容易后续处理的信号形式。对控制系统来说，如果把计算机比作大脑，那么传感器则相当于五官，传感器的性能优劣将直接影响到系统的控制精度。可以说，没有精确可靠的传感器，就不可能实现精确可靠的测量与控制。如果没有传感器对原始数据的精确测量，无论是信号运算或者信息处理，都将成为空话。

3.2.1　传感器的定义

传感器(transducer/sensor)在我国国家标准(GB 7665—87)中的定义是："能够感受规定的被测量并按照一定规律转换成可用输出信号的器件或装置。"这一定义的含义有以下几个方面。

(1) 传感器是测量装置，能完成检测任务。

(2) 它的输入量是某一被测量，可能是物理量，也可能是化学量、生物量等。

(3) 它的输出量是某种物理量，要便于传输、转换、处理，主要是电、气、光。

(4) 输入输出有对应关系，且能保证一定的精度。

由于传感器基本上是与电子测量仪器相接，因此可以狭义地说，传感器是根据自身对某种参数敏感的特点，利用各种物理效应、化学效应以及生物效应把被测的非电量转换成电量的器件或装置。这些转换包括各种能量形式的转换，如机—电、热—电、声—电；或机—光—电、热—光—电等的转换，所以传感器还被称为检测器、换能器等。传感器的输出有不同形式，如电压、电流、频率、脉冲等，能满足信息传输、处理、记录、显示、控制等要求。若传感器输出的是标准信号，如 DC 1～5V、DC 4～20mA 等，则称其为变送器。

3.2.2　传感器的组成

传感器一般由敏感元件、转换元件、转换电路 3 部分组成，如图 3.3 所示。

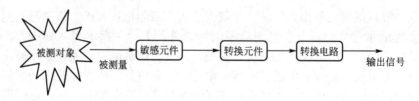

图 3.3　传感器结构

1) 敏感元件

敏感元件直接感受被测量，它自身的某一特性参数值的变化与被测量值的变化有确定的关系，并且这一特性参数易于测量输出。例如，电容式压力传感器的弹性膜片就是敏感元件，它的作用是把压力(非电量)转化成弹性膜片的形变(非电量)。

2) 转换元件

转换元件又称变换器、传感元件，它把敏感元件的输出转换成电参数。例如，电容式压力传感器的差动电容就是转换元件，它的作用是把弹性膜片的形变(非电量)转化为差动电容的电容量(电量)的变化，以便后级电路检测。

3) 转换电路

转换电路能把转换元件输出的电参数放大、转换成便于显示、记录、处理和控制的有用电信号(如电压量、电流量或者数字量)。转换电路的种类要根据传感元件的类型决定，常用的电路有电桥、放大器、振荡器、阻抗变换器等。

有些传感器的敏感元件和转换元件是合二为一的，有些传感器则将上述3个环节合为一体。

3.2.3 传感器的分类

由于各种被测量的特性不同，测量要求也不同，故传感器种类繁多、不胜枚举。传感器技术所涉及的物理、化学原理和定律很多，每种传感器都有自己独特的优势和局限性。一般一个传感器只能测量一种参数，但有的传感器可以测量多种参数，而对同一种参数，往往有不同类型的多个传感器都可以测量。因此为了便于研究，必须予以适当的科学分类。传感器的分类有很多方法，见表3-1。

表3-1 传感器的分类

分类方法	传感器的种类	说　明
按被测量分类	位移传感器、压力传感器、流量传感器、温度传感器、速度传感器等	传感器以被测量命名
按工作原理分类	电阻式、电感式、电容式、热电式、光电式、压电式、机械式等	传感器以工作原理命名
按敏感机理分类	结构型传感器	传感器依赖其结构参数变化实现信息转换
	物性型传感器	传感器依赖其敏感元件物理、化学特性的变化实现信息转换
按能量关系分类	能量控制型	由外部提供传感器能量，而由被测量来控制传感器输出的能量
	能量转换型	传感器直接将被测量的能量转换为输出量的能量
按输出信号分类	模拟式传感器	输出信号为模拟量
	数字式传感器	输出信号为数字量

1) 按被测量分类

按被测量分类就是按照传感器测量的被测量种类进行分类。例如，用来测位移的传感器称为位移传感器；用来测量压力的传感器称为压力传感器；用来测温度的传感器称为温度传感器等。这种分类方式便于使用者理解和选用。

2) 按工作原理分类

按工作原理分类就是按照传感器采用的检测转换原理来分类，如电阻式传感器、电感式传感器、电容式传感器、热电式传感器、光电式传感器、压电式传感器等，这种分类方式便于学习者理解和分析。

3) 按敏感机理分类

按敏感机理分类，传感器可分为结构型和物性型两类。

(1) 结构型传感器依靠元件的结构参数变化来实现信号变换。例如，变极距式电容传感器依靠改变电容极板间距的结构参数来实现传感功能。

(2) 物性型传感器在实现信号变换过程中传感器的结构参数基本保持不变,而仅依靠元件内部的物理、化学性质改变来实现传感功能。例如,光电传感器在受光情况下其结构参数基本不变,主要依靠光照后材料内部的电参数发生变化而产生不同的输出。

4) 按能量关系分类

按能量关系分类,传感器可分为能量控制型和能量转换型两类。

(1) 能量控制型传感器由外部提供传感器工作能量,而由被测量来控制传感器的输出信号能量。例如,电阻式温度传感器的测温电阻就需要给其通入电流,被测温度变化时测温电阻阻值变化,则其输出电压随之变化。

(2) 能量转换型传感器直接将被测量的能量转换为传感器的输出能量。例如,热电式传感器的测温元件热电偶就直接将热能转化成电势输出。

5) 按输出信号分类

由于数字技术的发展,出现了以数字信号为输出量的传感器称为数字式传感器,而传统的以连续变化信号为输出量的传感器称为模拟式传感器。

随着计算机技术的发展,近年来出现一种带有微处理器并兼有监测和信息处理功能的传感器,虽然它是在传统的传感器基础上发展起来的,但与传统传感器相比其各项性能指标要高很多,称为智能传感器。

实际应用中,常将两种或者两种以上的分类方法结合起来给传感器命名,如半导体热敏式温度传感器、热载体催化式甲烷传感器、集成温度传感器等,既表明了传感器的测量原理,又表明了传感器的用途。

3.2.4 传感器的技术指标

由于被测参数五花八门,各种传感器的结构原理、适用环境不同,其技术指标也不尽相同。但传感器是测量系统获取信息的最前沿的一个环节,对其技术性能的基本要求是一样的。从测量的角度出发,传感器应当具备如下的技术性能。

(1) 精度高。传感器将被测参数转化为电信号的准确度高。

(2) 线性度好。被测参数与传感器输出信号之间的关系应尽可能呈线性关系。

(3) 灵敏度高。传感器能够检测出被测参数的微小变化量。

(4) 稳定性好。传感器长时间工作时,其性能保持不变。

(5) 反应快。被测参数变化时,传感器能及时响应、输出准确的信号。

(6) 抗干扰能力强。传感器的工作受外界环境因素影响小。

(7) 可靠性高。传感器的平均无故障工作时间长。

由于传感器一般直接与被测对象接触,一些特殊的工作环境对传感器有特殊的要求。例如,被测介质有腐蚀性则对传感器有抗腐蚀要求;被测对象环境特殊,就需要对传感器提出如抗振、抗电磁干扰、耐高温、防水等特殊要求;在航空航天器中工作的传感器,其能耗、体积与质量都有一定的限制要求。

3.2.5 传感器的选用原则

传感器种类很多,如何根据具体的测量目的、测量对象以及测量环境合理地选用传感器,是在进行某个量的测量时首先要解决的问题。测量结果的成败,很大程度上取决于传感器的选用是否合理。传感器的选用，主要有以下几条原则。

1) 传感器的类型

对某一物理量的测量，往往有多种传感器可供选用，具体哪一种类型的传感器最为合适，这需要综合考虑多方面的因素。选择时需要考虑以下一些具体问题：被测量是否高温、高压或有腐蚀性；被测位置对传感器体型是否有限制；测量方式为接触式还是非接触式；输出信号的引出方法等。根据测量的环境条件选择合适的传感器类型。

2) 量程范围

当传感器的类型确定以后，接下来就要确定测量范围，即传感器的量程范围。每个传感器的量程范围都是有限的，首先要满足被测量变化区间的要求；其次要注意传感器的量程范围不能太大。传感器的量程范围越大，对传感器的测量精度要求越高。

3) 精度

精度是传感器的一个重要的性能指标，它是关系到整个测量系统测量精度的一个重要环节。传感器的精度越高，其价格越昂贵，因此，传感器的精度只要满足测量系统的精度要求即可，不必选得过高。如果测量目的是定性分析的，选用重复性好的传感器即可，不用对精度提很高的要求。

4) 灵敏度

通常希望传感器的灵敏度越高越好。灵敏度高时，传感器能捕捉到被测量的微小变化。但随着传感器的灵敏度的提高，与被测量无关的外界噪声也容易混入，噪声信号也会被放大，影响测量精度。因此，传感器的灵敏度与测量要求相适应即可。

5) 反应时间

传感器的反应时间快意味着传感器的频率响应范围宽，对变化较快的被测信号也能保持不失真的测量。而由于受到结构特性的影响，电子式仪器的反应时间快；机械式仪器的惯性较大，反应时间长。在动态测量中，应根据被测量变化的速度，选择合适的传感器，以免产生过大的动态误差。

6) 稳定性

传感器的稳定性有定量指标，在超过使用期后，在使用前应重新进行标定，以确定传感器的性能是否发生变化。在某些要求传感器能长期使用而又不能轻易更换或标定的场合，所选用的传感器稳定性要求更严格，要能够经受住长时间的考验。

影响传感器长期稳定性的因素除传感器本身结构外，主要是传感器的使用环境。因此，要使传感器具有良好的稳定性，传感器必须要有较强的环境适应能力。在选择传感器之前，应对其使用环境进行调查，并根据具体的使用环境选择合适的传感器，或采取适当的措施，减小环境的影响。

3.3 常见传感器的转换原理

现代测量系统基本上都是首先由传感器将被测参数转换成电量，再由电子测量电路或计算机系统进行处理、显示。传感器的种类繁多，它们都是利用各种物理效应、化学效应以及生物效应等把被测的非电量转换成电量。

3.3.1 电阻式传感器

电阻式传感器通过形变把被测量的变化转换为电阻值的变化。电阻传感器常用于测量物体的位移、受力、机械变形等参数。根据测量参数的不同，电阻元件的阻值变化有大电阻变化或微电阻变化，电阻元件的形状变化也有长距离位移或微小的应变。

1. 滑线式变阻器

滑线式变阻器又称电位器。这种传感器可以用来测量线性位移，在输入量变化时，其输出电阻可以在很大的区间内变化，属于大电阻变化式传感器。传统的滑线式变电阻器如图 3.4 所示，它将电阻材料做的导线涂上绝缘层后排绕成绕线电位器，导线的两个端点作为固定电阻的输出端，在电位器表面沿轴向磨一条去掉绝缘层的导电接触轨道。用弹性导体制成的电刷压紧在工作轨道上可以滑动，随着电刷的位移，以电刷触点为中间抽头输出的电阻值将会随之产生线性变化。

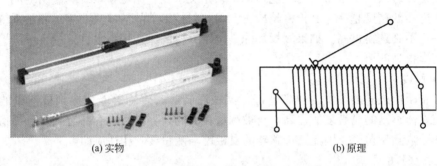

(a) 实物　　　　　　　　　　　　　　(b) 原理

图 3.4　测量直线位移的滑线式变阻器

从构造上看，绕线电位器的电阻值显然不是平滑连续变化的，因为电刷每走一个线径，电阻突变一次，电阻值呈阶梯形变化，降低了对被测参数的分辨力。从微观角度看，电刷处在两根导线之间时，会造成两圈之间的短路，这种现象也会造成电阻值的突变，使电阻值出现阶梯形变化。滑线式变阻器有很长的历史，其结构简单、性能稳定、使用方便，但分辨力低，电刷移动时有噪声。

为克服绕线电位器的电阻值呈阶梯形变化这一缺点，可以采用表面光滑型碳膜电位器、金属膜电位器或导电塑料电位计取代绕线电位器，使电阻特性呈光滑连续性变化。

2. 电阻应变式传感器

物体在外力作用下，改变原来的尺寸或者形状的现象，称为变形。如果当外力去掉之后物体又能恢复原来的尺寸和形状，那么这种变形称为弹性变形。所谓弹性元件是指用具有弹性变形特性的材料做成的敏感元件，在传感器技术中占有极其重要的地位，它能把力、力矩或压力变换成应变。应变是很微小的变形，可以引起弹性元件机械量的微小改变，进而引起电参数的微小改变，再经过适当的转换元件，可以将被测力、力矩或压力变换成电量或显示出来。

电阻应变式传感器就是将弹性金属材料做成应变片，当其受力而产生变形时电阻值发生变化，通过电路测出其电阻值变化，从而可以测量力、压力、扭矩、位移、加速度等多种物理量。电阻应变式传感器属于微电阻变化式传感器，在被测量变化时，应变片的电阻值变化范围很小，一般只有原始阻值的百分之几。例如，一个应变片的原始电阻为 120Ω，工作时其电阻变化量只在 1Ω 以下。

传统的应变片结构形式是绕线式结构。丝绕式电阻应变片是最常用的应变片，其实物和结构如图 3.5 所示。应变片用 $0.003\sim0.01mm$ 的合金电阻丝在长方形基片上绕成栅状，接线端用导线引出，上面再覆盖一层绝缘层。制造应变片常用的材料有铜镍合金、镍铬合金、镍铬铝合金、铁铬铝合金以及贵金属材料铂和铂钨合金等。

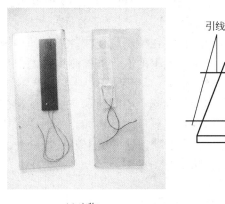
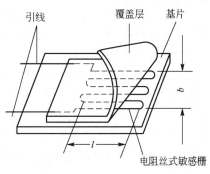

(a) 实物　　　　　　　　　　　　(b) 结构

图 3.5　丝绕式电阻应变片

20 世纪 70 年代后期引入照相光刻工艺制造出金属箔式应变片，如图 3.6 所示。照相光刻工艺制造的应变片精度高，箔面面积大，粘接可靠，稳定性好，适合批量生产。照相光刻工艺加工精细，不但可以制作传统的单轴应变片，还可以制作多轴及各种复杂形状的应变片又称应变花(图 3.6(b))。随着光刻工艺的发展，应变片不但可以同时测量两个、三个，甚至多个方向的应变，还不断有新的样式或更为微小的结构问世，以适应不同行业的需要。

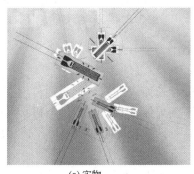

(a) 实物　　　　　　　　　　　　(b) 各种应变片

图 3.6　金属箔式应变片

电阻应变片的应用非常广泛，它的结构简单、体积小、精度高、测量范围广、寿命长、频响特性好，能在恶劣条件下工作。常用的电阻应变式传感器有应变式测力传感器、应变式压力传感器、应变式扭矩传感器、应变式位移传感器、应变式加速度传感器和测温应变计等。

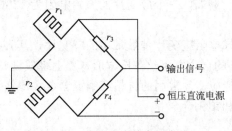

图 3.7　电阻应变片电桥电路

应变片电阻的变化可用电桥测出,如图 3.7 所示。图中 r_1、r_2 为应变片,r_3、r_4 为普通电阻。在外部作用下,被测量的变化会导致应变片发生形变,则 r_1 和 r_2 会发生变化,使桥路失去平衡,有不平衡电压 ΔU 输出。这个不平衡电压 ΔU 的大小与形变的大小成正比。通过这样的电桥,就可以把应变片电阻的变化转换成电压信号,达到测量的目的。

应变片作为传感元件使用时,一般要用胶粘接在被测应变构件上,使得被测应变构件带动应变片一起变形,使电阻发生相应的变化。电阻的变化与被测构件的应变有着确定的函数关系,从而实现了从应变到电阻的转换。例如,圆筒式压力传感器(图 3.8)就是将应变片贴在空心圆筒内壁上,被测重量压在圆筒上引起空心圆筒和应变片的形变,通过后续电路将形变转换成电信号,再经过运算处理得到被测压力。再如,生活中常用的电子秤就有电阻应变式(图 3.9),其底盘安装在悬臂梁自由端,悬臂梁上贴有应变片。物品重量使悬臂梁变形,应变片随之变形并转化为电量输出。

图 3.8　称重传感器

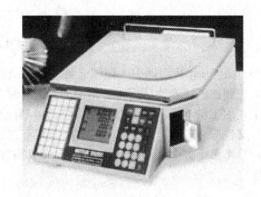

图 3.9　电子秤

3.3.2　电容式传感器

电容式传感器是将被测量(如位移、压力等)的变化转换成电容变化量的传感器,其本质就是一个可变电容器。根据物理学知识,两平行平面导体之间的电容量与极板间介质的相对介电常数成正比,与两极板的正对面积成正比,与两极板之间的距离成反比。即

$$C=\varepsilon\frac{S}{d}$$

式中,C 为电容量;ε 为极板间介质的相对介电常数;S 为两极板的正对面积;d 为两极板之间的距离。测量中只要使其中两个参数保持恒定,而另一个参数随被测量的变化而变化,此时被测量的变化与电容的变化成单值函数关系。根据这一原理改变不同参数,可做成不同类型的电容式传感器。

电容式传感器可以用于测量部件的位移、振动、厚度等机械量,可以测量压力、荷重、液位;可以根据电容极板间介质的介电常数随温度、湿度改变而改变来测量温度、湿

度；还可以转换声音、辨别指纹。

1. 电容式位移传感器

工业中，电容测量技术广泛应用于位移、角度、厚度等机械量的精密测量。

1）角位移传感器

电容式角位移传感器通过改变电容极板的遮盖面积从而改变电容量。如图3.10所示，固定极板不动，动极板随被测件转动可测量角位移。当动片与定片之间的角度θ发生变化时，引起极板正对面积S的变化，使电容C发生变化。知道C的变化，就可以知道θ的变化。

2）直线位移传感器

电容式直线位移传感器通过改变电容极板间介质的介电常数从而改变电容量。如图3.11所示，电容的两极板固定不动，极板间介质板的平行位移(x)可以改变电容极板间的介电常数从而改变电容量。监测电容的变化，就可以监测工件的位移量。

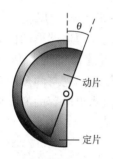

图3.10 电容式角位移传感器的测量原理

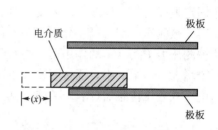

图3.11 电容式位移传感器的测量原理

3）测厚传感器

极板间介质板的厚度变化也可以改变电容极板间的介电常数从而改变电容量。如图3.12所示，轧制金属板时，让板材通过电容式测厚仪的传感电容的两极板之间，监测电容的变化，就可以实现板材厚度的在线监测。

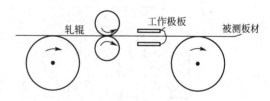

图3.12 电容式测厚仪的测量原理

2. 电容式压力传感器

电容式压力传感器属于极距变化型电容式传感器，可分为单电容式和差动电容式，可以测量压力、压差、荷重等参数。

1）压力传感器

如图3.13所示是测量压力的单电容式压力传感电容。它由圆形薄膜(可动电极)与固定电极构成。薄膜在压力F的作用下变形，使极板间距离d发生变化，引起电容C的变化，就可以知道F的变化值。其灵敏度大致与薄膜的面积和压力成正比，而与薄膜的张力和薄膜到固定电极的距离成反比。

2）荷重传感器

单电容式压力传感电容可以用于重负载的称重，如地磅秤。荷重传感电容由受力弹簧(可动电极)与固定电极构成，等距离分布在称重台内，如图3.14所示。受力弹簧在重力

F 的作用下变形，使传感电容极板间距离 d 发生变化，引起电容 C 的变化，就可以知道 F 的值。

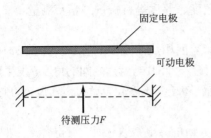

图 3.13　电容式压力传感器的测量原理

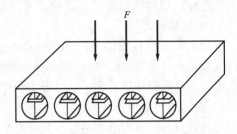

图 3.14　电容式荷重传感器的测量原理

3）差压传感器

电容式差压传感器的传感部件结构如图 3.15 所示，是将弹性金属膜片作为动电极夹在两个固定电极之间，构成一对差动电容。两个固定电极是在两边球形凹面玻璃杯体上的金属镀膜。被测压力 P_L、P_H 分别于左右两侧引入，通过过滤器将压力传送到测量膜片。在两边被测压力 P_L、P_H 的作用下，中心测量膜片向一边鼓起，它与两个固定电极间的电容量一个增大，一个减小，通过引出线将这两个电容引出，测出电容的变化便可知差压的数值。电容式差压传感器（图 3.16）是工业中常用的测压仪表。

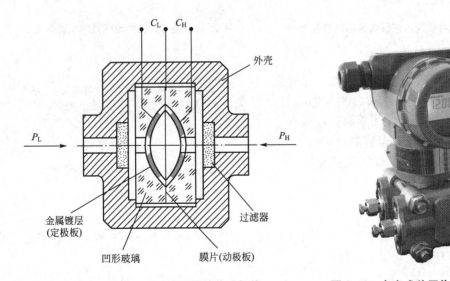

图 3.15　电容式差压传感器的传感部件　　　图 3.16　电容式差压传感器实物

4）传声器

电容式传声器（microphone，俗称话筒）是利用电容式压力传感器的原理将声音信号转换为电信号输出，图 3.17 为大膜片电容传声器实物。其内部结构如图 3.18 所示，话筒表面的膜片（动电极）和里面的背极（固定电极）构成可变电容，声音产生的压力使膜片振动，使电容两极板间的距离随振动而变化，电容量也随之变化。后级电路将电容量变化信号检出，送到放大器放大后，再通过喇叭还原成声音。

图 3.17　膜片电容传声器

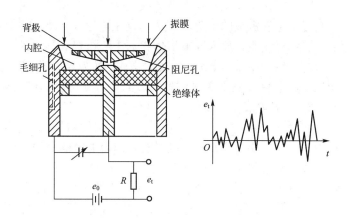

图 3.18　电容式传声器原理

3. 电容式振动传感器

电容式振动传感器也属于极距变化型电容式传感器，可以测量振动加速度、振幅等参数。

1）振动加速度传感器

电容式加速度传感器的传感部件结构如图 3.19 所示，它是将质量块作为动电极用弹簧悬挂在上下两个固定电极之间，构成一对差动电容。在外壳加速度作用下，质量块在两固定电极间振动，从而改变电容 C_1、C_2 的值。监测电容的变化，就可以监测工件的振动加速度。

2）振动振幅传感器

电容式振动传感器还可以测量振动的振幅等参数。如图 3.20 所示是旋转轴旋转振幅测试仪的传感原理，沿旋转轴轴向和径向各安装一个极板和旋转轴分别构成两个电容，旋转轴旋转时，轴向和径向的摆幅分别引起两个电容的变化，监测电容的变化，就可以监测旋转轴轴向和径向的摆幅。

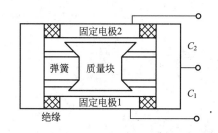

图 3.19　电容式振动加速度仪的传感部件

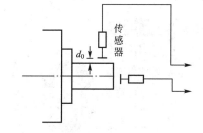

图 3.20　电容式旋转振幅测试仪的传感原理

4. 电容式液位传感器

电容式液位传感器是利用改变电容极板的遮盖面积从而改变电容量，或者利用改变电容极板间的介电常数从而改变电容量。可以测量液位、料位、界位参数等。

1) 导电液位传感器

电容式传感器测量导电液体液位时,是利用导电液体作为电容的一个极板,液位变化时改变了电容极板的遮盖面积从而改变电容量。如图 3.21(a)所示,在中心电极的外面涂上一层绝缘物质,放入导电液体中,中心电极和导电液体构成电容器的两个极,中心电极外面的绝缘物质就是电介质。液面高度 H 发生变化时,引起两电容极板的正对面积发生变化,使电容 C 发生变化,测出 C 的值,就可以知道液面高度 H 的值。

2) 非导电液位传感器

在测量非导电液体液位时,电容式传感器的传感电容由内外两个电极构成,内电极直径为 d,外电极直径为 D,被测液体作为电容的介质,液位变化时改变了电容的介电常数从而改变电容量。如图 3.21(b)所示,在外电极的表面开许多小孔,放入被测液体中,被测液体进入电容器的两个极板之间。液面高度 H 发生变化时,引起两电容极板的正对面积发生变化,使电容 C 发生变化,测出 C 的值,就可以知道液面高度 H 的值。

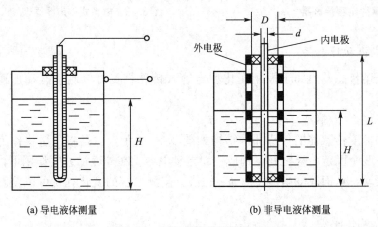

(a) 导电液体测量　　　　　　　　　　(b) 非导电液体测量

图 3.21　电容式液位测量的原理

5. 电容式湿度传感器

电容极板间介质的相对湿度变化可以改变介质介电常数从而改变电容量。利用这一机理可以测量环境空气的相对湿度,还可以测量谷物的含水量,如图 3.22 所示。

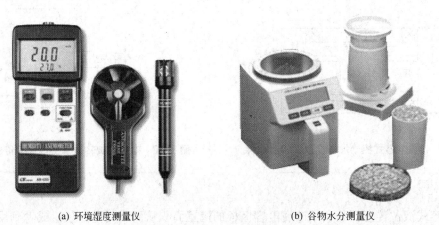

(a) 环境湿度测量仪　　　　　　　　　　(b) 谷物水分测量仪

图 3.22　电容式湿度测量仪

6. 电容式指纹传感器

目前指纹识别常用的是电容式传感器，也被称为第二代指纹识别系统。指纹识别原理如图 3.23 所示，所用的电容传感器是一个包含数万个金属导体的阵列，上面覆盖一层绝缘表面。当用户的手指放在上面时，金属导体阵列、绝缘物与皮肤就构成了相应的电容器阵列。它们的电容值随着指纹的脊和沟与金属导体之间的距离不同而变化。

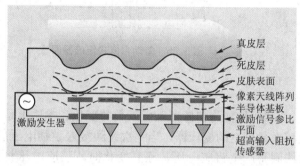

真皮层
死皮层
皮肤表面
像素天线阵列
半导体基板
激励信号参比平面
超高输入阻抗传感器

激励发生器

(a) 指纹识别原理   (b) 指纹识别的电脑

图 3.23　电容式指纹识别技术

指纹识别广泛应用在考勤、门禁、保险箱柜、计算机、家居等领域。很多电子产品都使用了指纹识别技术，可以有效地实现个人身份的确认和权限的认定。如图 3.23(b)所示，IBM-ThinkpadT42/T43 使用了指纹识别技术。

3.3.3　电感式传感器

电感式传感器建立在电磁感应基础上，利用线圈电感或互感的改变来实现对非电量的测量，可以进行位移、振动、压力、流量、比重等参数的测量。电感式传感器的主要特征是具有电感线圈，被测量如位移、力等参数的变化引起线圈自感或互感系数的变化，从而导致线圈电感量变化，再经过后续电路转换成电压或电流的变化，从而实现测量。其主要类型有自感式(变磁阻式)、互感式(变压器式)和涡流式等。

1. 自感式传感器

自感式传感器由线圈、铁心和衔铁 3 部分组成，如图 3.24 所示。缠绕在铁心上的线圈通过交变电流 i 产生磁通 Φ_{m}，形成磁通回路。在衔铁和铁心之间存在厚度为 δ 的气隙。传感器的衔铁通过连杆和运动部件相连。当被测运动部件移动时带动传感器的衔铁位移，引起气隙的磁阻发生变化，从而导致线圈电感量的变化。自感式传感器常见的有两种类型，改变气隙厚度或者改变导磁面积，这两种传感器都可以用来测量直线位移。

为了提高自感传感元件的精度和灵敏度，增大特性的线性段，实际上有许多的自感传感器都做成差动式的，如图 3.25 所示，其机械部分相当于两个变气隙式电感传感元件的组合。后续电路采用交流电桥，将两个电感传感元件分别接在交流电桥的相邻桥臂上，电桥电路输出信号与衔铁的位移 x 成正比。

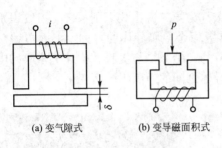

(a) 变气隙式   (b) 变导磁面积式

图 3.24　自感式传感器原理

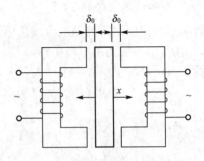

图 3.25　差动自感式传感器原理

2. 互感式传感器

互感式传感器把被测物理量如力、位移等转换为传感器互感系数的变化,本质上是一

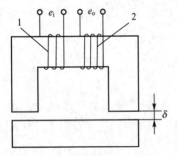

图 3.26　互感式传感器原理

个互感系数可变的变压器,当一次线圈接入激励电压后,二次线圈将产生感应电压,互感变化时,感应电压将相应变化,其原理图如图 3.26 所示。

互感系数反映了两个线圈的耦合紧密程度,它是初级线圈及次级线圈的匝数、长度、相互位置以及整个磁路磁阻各因素的函数,改变其中任意参数都会影响互感大小,从而改变感应电动势的大小。测出感应电动势的变化就可以测出被测参数的变化,而且,线圈的感应电动势直接为电压输出,使后级电路较为简单、方便。

次级线圈采用单线圈有一个明显特点,就是当被测物理量没有发生改变的情况下,次级线圈仍然具有感应电势。如果要使零位参数输出为零,可以采取差动式互感结构的电感传感器,即差动变压器。

图 3.27 为利用互感式传感器测量直线位移的差动变压器原理图,它具有一个初级线圈和两个相互对称的次级线圈。测量时,传感器的铁心随着被测物体沿 x 方向移动,使变

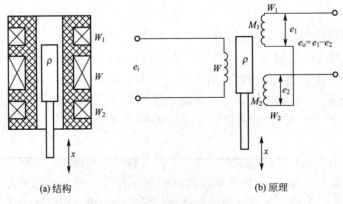

(a)结构   (b) 原理

图 3.27　差动变压器

压器线圈的互感系数变化，输出的感应电压e_0将相应变化。图 3.28 为轴向式差动变压器式传感器，可测量直线位移行程为 100mm，线性度为 0.15%。

3. 电涡流式传感器

把成块的金属放在变化着的磁场中，或者金属在固定的磁场中运动，金属体内就会产生感应电流，此电流的流线在金属体内是闭合的，呈漩

图 3.28 轴向式差动变压器式传感器实物

涡状，被称为涡流，这种现象称为涡流效应，其本质是互感作用。电涡流传感器就是利用涡流效应，实现对位移、厚度、振动、表面温度、速度、温度、应力、电解质浓度等参数的测量。

电涡流传感器的最大特点就是能对一些参数进行非接触的连续测量，加之灵敏度高、对工作条件要求低等优点，使它在工业中广泛应用。电涡流传感器主要分为高频反射式涡流传感器和低频透射式涡流传感器两大类。

1) 反射式涡流传感器

反射式涡流传感器原理如图 3.29(a)所示，在一块金属导体上方设置一个线圈，当线圈中通有交变电流 $\dot{i}_1$ 时，线圈周围就产生交变磁场 H_1。置于这一磁场中的金属导体内就产生电涡流 $\dot{i}_2$ 及磁场 H_2，H_2 与 H_1 方向相反，因而抵消部分 H_1 磁场，使通电线圈的有效阻抗发生变化。线圈的阻抗变化与金属导体的几何形状、电导率、磁导率、线圈的几何参数、激励电流的频率及线圈到被测金属导体的距离等参数有关。

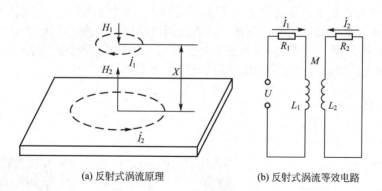

(a) 反射式涡流原理　　　　(b) 反射式涡流等效电路

图 3.29　电涡流传感器

若将被测导体上形成的电涡流等效成一个短路环，就可得到如图 3.29(b)所示的电感等效电路。当其他条件一定时，线圈的阻抗 R_1 是被测距离的单值函数。即通过线圈的交变电流 $\dot{i}_1$ 一定时，测出线圈两端电压 U，即得被测距离 x。此方法可测位移、振幅、转速及无损探伤等。例如：

(1) 可以在转动轴的上方安装涡流传感器探头，测量转动轴的振幅。如图 3.30 所示，在转动轴旋转时，如果存在振动现象，那么探头的输出电压就会随着振动而变化，电压变化的幅值与振动幅值成定值关系。

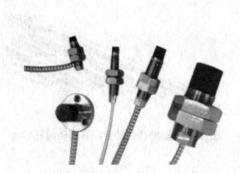

(a) 涡流传感器探头实物

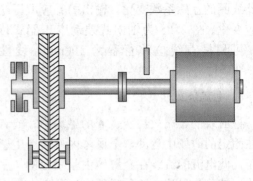

(b) 涡流传感器测量旋转轴振幅

图 3.30 涡流传感器

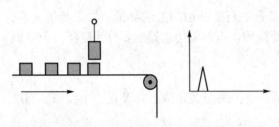

图 3.31 涡流传感器零件计数原理

（2）可以在零件传送带的上方安装涡流探头，对传送带上通过的金属零件进行计数。如图 3.31 所示，当探头下方正对金属零件时涡流加强，探头的输出电压就会增大；当探头下方无金属零件时涡流减弱，探头的输出电压就会降低。于是，经过一个金属零件，探头就会产生一个脉冲，送入计数器就能累积出零件数量。

2）低频透射式电涡流传感器

低频透射式电涡流传感器采用低频激励，因而有较大的贯穿深度。如图 3.32 所示，在导电薄板（厚度为 δ）的上、下方分别设置发射线圈 L_1 和接收线圈 L_2。发射线圈两端加激励电压 U_1 时产生的磁场穿过导电薄板，接收线圈两端将产生感应电压 U_2。两线圈间的被测导体越薄，则 L_1 的磁力穿过 L_2 就越多，在 L_2 上产生的感应电压 U_2 越大。因此，用低频透射式电涡流传感器可以测量金属材料的厚度，如图 3.33 所示。

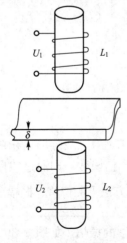

图 3.32 低频透射式
涡流传感原理

图 3.33 低频透射式涡流传感器测板材厚度

3.3.4 磁电式传感器

磁电式传感器又称感应式传感器，也称电动式传感器。它不需要辅助电源，就能把被测对象的机械能转换成易于测量的电信号，是一种有源传感器。根据电磁感应定律，对一个匝数为 N 的线圈，当穿过它的磁通量 Φ 发生变化时，线圈产生的感应电动势 e 取决于穿过线圈的磁通量 Φ 的变化率，即

$$e = -N\frac{\mathrm{d}\Phi}{\mathrm{d}t}$$

这种磁通变化率与磁场强度、磁阻、线圈运动速度有关，改变其中一个因素，都会改变线圈的感应电动势。但磁电式传感器只适合进行动态测量，如振动、速度、扭矩等参数的测量，如果在其测量电路中接入积分电路或微分电路，那么还可以用来测量位移或加速度。

1. 动圈式传感器

磁电式传感器用来测速度时，其传感部件是一个置于固定磁场中的线圈。线圈运动时，穿过它的磁通量发生变化，线圈就会产生感应电动势。动圈式传感器能直接测量线速度或角速度。

1）测量线速度

如图 3.34(a)所示，线圈和弹簧膜片固定在一起，并处于固定磁场中。当弹簧膜片在外力作用下振动时，带动线圈随之振动，穿过线圈的磁通量发生变化，线圈产生的感应电动势与振动速度成正比。

2）测量角速度

如图 3.34(b)所示，线圈沿转动轴径向绕制，并处于固定磁场中。当转动轴在外力带动下转动时，带动线圈随之转动，穿过线圈的磁通量发生变化，线圈产生的感应电动势与转动速度成正比。

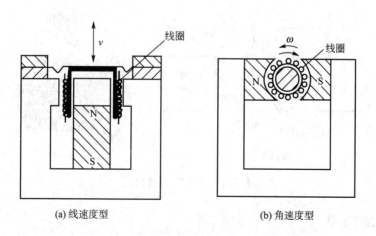

(a) 线速度型　　　　　　　　　　　(b) 角速度型

图 3.34　动圈式磁电传感器工作原理

直流电机转速控制中使用的测速电机就是动圈式传感器。如图 3.35 所示，在普通直流电机的尾部安装测速电机，可以将直流电机的转速转换成电压，并反馈给直流电源，从

而达到控制直流电机转速的目的。

2. 磁阻式传感器

磁阻式传感器,又称为变磁通式传感器或变气隙式传感器,常用来测量旋转物体的转速。如图 3.36 所示,磁铁外绕线圈固定在旋转物体旁边,旋转物体用导磁材料制成,并制有齿口。物体旋转时,每到齿口处就改变一次磁路的磁阻,即改变了贯穿线圈的磁通量,从而使线圈产生感应电动势。

图 3.35　安装在直流电机
尾部的测速电机

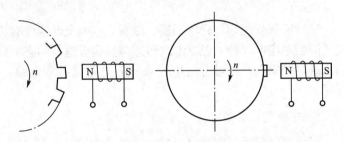

图 3.36　变磁通式测速传感器

3. 电磁流量传感器

当被测流体介质是具有导电性的液体介质时,可以用电磁感应的方法来测量流量的大小。电磁流量传感器的工作原理如图 3.37(a)所示,在测量管道两侧安放磁铁,管道内流过流量为 Q 的导电液体(气体导电能力太弱)。流动的液体当做切割磁力线的导体,产生的感应电动势与流体的流速成正比关系。当磁感应强度 B 不变、管道直径一定时,流体切割磁力线而产生的感应电势 E 的大小仅与流体的流速 v 有关。实际的电磁流量传感器是用贴在测量管外侧的交流励磁线圈励磁,实物如图 3.37(b)所示。

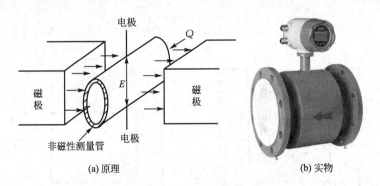

(a) 原理　　　　　　　　　　　　　(b) 实物

图 3.37　电磁流量传感器

3.3.5　压电式传感器

某些晶体电介质材料,如石英晶体,在沿一定方向上受到外力的作用而变形时,其内部会产生极化现象,同时它的两个相对表面上会出现正负相反的电荷;当外力去掉后,它又会恢复到不带电的状态,这种现象称为正压电效应。相反,当在电介质的极化方向上施加电场时，这些电介质也会发生变形，电场去掉后，电介质的变形随之消失，这种现象称为逆压电效应。具有压电效应的材料称为压电材料，压电材料有天然的单晶体，如石英（二氧化硅），还有压电陶瓷，即人工制造的多晶体，如钛酸钡、锆钛酸铅等。天然晶体性能稳定，机械性能很好；压电陶瓷烧制方便、易成型、耐湿、耐高温且灵敏度较高，因而得到广泛应用。压电陶瓷片的结构和实物如图3.38所示。

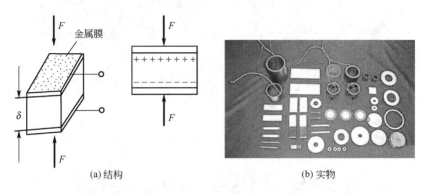

(a) 结构　　　　　　　　　　　　　　　　(b) 实物

图3.38　压电陶瓷片

1. 压电式压力传感器

压电式压力传感器是利用压电材料做敏感元件，依据电介质的正压电效应研制的一类传感器。压电材料受力后表面产生电荷，此电荷经测量电路放大和变换后就成为正比于所受外力的电量输出。所以，压电式压力传感器用于测量力和能变换为力的非电物理量，如压力、液位、振动、加速度、声音等；它还可以做成压电换能器，发出超声波来探查物体内部组织结构。20世纪60年代后发现了同时具有半导体特性和压电特性的晶体，如硫化锌、氧化锌、硫化钙等，利用这种材料可以制成集敏感元件和电子线路于一体的新型压电传感器，这种传感器体积更小、性能更优越。

1) 压力传感器

压电式压力传感器外形多样（图3.39），既可以用来测量很大的压力，也可以用来测量微小的压力。在工业生产控制中，压电式压力传感器常用于测量压力、液位，如可以用于发动机内部燃烧压力与真空度的测量。军事工业中，用压电式压力传感器测量枪炮子弹在枪膛中击发瞬间的膛压变化和炮口的冲击压力。此外，压电式传感器还广泛应用在生物医学测量中，如心室导管式微音器就是由压电传感器制成的。

图3.39　各种压电式压力传感器

2) 加速度传感器

压电式加速度传感器是一种常用的加速度计（图3.40），它具有结构简单、体积小、重量轻、使用寿命长等优点。压电式加速度传感器在飞机、汽车、轮船、桥梁和建筑的振动与冲击测量中已经得到了广泛的应用，特别是航空航天领域中更有它的特殊地位。如

图3.41所示为工程师在对飞机进行模态分析时，使用多通道数据采集系统和加速度计测量飞机机翼的振动。

图3.40　各种压电式加速度传感器

图3.41　飞机模态分析

压电式传感器的优点是频带宽、灵敏度高、信噪比高、结构简单、工作可靠和重量轻等；缺点是某些压电材料需要防潮措施，而且压电传感器不能用于静态测量，因为经过外力作用后产生的电荷，只有在测量回路具有无限大的输入阻抗时才能保存，而实际电路的输入阻抗都是有限的，这就决定了压电传感器只能够测量动态的应力，而且需要采用高输入阻抗电路或电荷放大器来克服这一缺陷。

2. 超声波传感器

超声波传感器是以超声波作为探测信号，利用压电材料的压电效应研制的一类传感器，它也可以归类为压电式传感器。给压电材料的极化方向上施加高频交变电压，压电材料发生振动、发出超声波，超声波碰到阻碍物形成反射回波，压电材料接收到回波后又会产生感应电荷，完成这种发射、接收功能的装置称为超声换能器，或称超声探头（图3.42）。超声探头的核心是其塑料外壳或者金属外壳中的一块压电晶片，通过压电晶片发射超声波和接收超声波来实现被测对象的检测。

声波通常分为超声波、声波、次声波三大类。其中次声波是振动频率低于 16Hz 的机械波；声波是振动频率在 16Hz～20kHz 之间的机械波；超声波是振动频率高于 20kHz 的机械波，它具有频率高、波长短、绕射现象小、方向性好、能够成为射线而定向传播等特点。超声波对液体、固体的穿透本领很大，尤其是在不透阳光的固体中，它可穿透几十米的深度。超声波碰到杂质或分界面会产生显著反射形成反射回波，碰到活动物体能产生多普勒效应。因此超声波检测广泛应用在工业、国防、生物医学等方面。

图 3.42　超声波传感器

1）B 型超声诊断仪

超声波传感技术已经成为现代临床医学中不可缺少的诊断方法。B 型超声诊断仪（简称 B 超，见图 3.43）就是利用脉冲回波成像技术来进行诊断的，它的基本构成由探头、发射电路、接收电路和显示系统组成。B 超用于诊断的依据是断层图像的特征，主要有图像形态、辉度、内部结构、边界回声、回声总体、脏器后方情况以及周围组织表现等，它在临床医学方面应用十分广泛。

B 超诊断仪工作时由超声探头发射声束，在人体组织的不同器官的界面上产生反射的回波信号。回波信号的大小取决于三个因素：组织衰减、反射体的后散射和多重反射。当超声波在人体组织中传播遇到两层声阻抗不同的介质界面时，在该界面就产生反射回声。B 超诊断仪的接收电路和显示系统将超声回声信号转换成显示屏发光点的明暗，回声信号强，光点就亮，回声信号弱，光点就暗，由点到线到面一同构成被扫描部位组织或脏器的二维断层图像，根据被检查部位的超声图像与正常解剖组织的超声图像的差异，可以诊断心脏、呼吸、消化、泌尿生殖、神经等系统的疾病。

2）超声波探伤仪

在工业方面，超声波的典型应用是对金属的无损探伤（图 3.44）。超声波探伤仪的种类

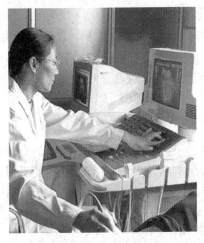

图 3.43　人体 B 超诊断

图 3.44　超声波无损探伤

繁多,其中脉冲反射式超声波探伤仪应用最为广泛。在均匀的材料中,缺陷的存在将造成材料组织的不连续,这种不连续往往又造成声阻抗的不一致。脉冲反射式超声波探伤仪就是根据超声波在两种不同的声阻抗介质的交界面上发生反射,反射回来的能量的大小与交界面两边介质声阻抗的差异和交界面的取向、大小有关这个原理设计的。过去,许多技术因为无法探测到物体组织内部而受到阻碍,超声波传感技术的出现改变了这种状况。超声波传感器可以安装在物体不同的装置上,"悄无声息"地探测人们所需要的信号。

3.3.6 热电式传感器

热电式传感器是一种将温度变化转换为电量的装置,它是利用金属材料和半导体材料的电特性随温度变化的特性来进行测量的。例如,将温度变化转换为电阻、热电动势、热膨胀、磁导率等的变化,再通过适当的测量电路达到检测温度的目的。热电式传感器主要用于对温度的检测,广泛应用于冶金、锻造、化工、电子、环境监测等温控领域。

1. 热电偶传感器

热电偶是以热电效应为基础来测温的,普通热电偶结构如图 3.45(a)所示。将两根不同材料的金属丝一端焊接(作为热端),另一端引出(作为冷端)连接成闭合回路时,若两个端点温度不同,回路中会产生热电势。热电势的大小与热端温度和冷端温度有关,如果固定冷端温度,热电势只是热端温度的单值函数。将热电势引出,经转换电路处理后,便可显示或输出,其实物如图 3.45(b)所示。

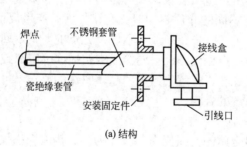

(a) 结构   (b) 实物

图 3.45 普通热电偶

热电偶是科技、生产领域中应用很广泛的一种测温传感元件,尤其在 600~1800℃间的中高温测量中占有重要地位。热电偶元件所采用的材料是标准化成系列的,有着不同的测温范围,其优点是寿命长、抗干扰能力强、测温范围宽;缺点是热电势与温度变化呈非线性、体积大、信号小。

2. 热电阻传感器

大多数金属电阻的阻值随温度升高而增大,具有正温度系数,用来测温的金属电阻称为热电阻。普通热电阻结构如图 3.46(a)所示,将金属丝绕制成一个电阻体置于保护套管中,其阻值通过引线引出,由后接电路测量。热电阻实物如图 3.46(b)所示。

热电阻在中低温区测温精度很高。铂电阻的电阻 R_t 与温度 t 的关系为

$$R_t = \begin{cases} R_0[1+At+Bt^2+C(t-100)t^3] & (-200\sim0℃) \\ R_0(1+At+Bt^2) & (0\sim850℃) \end{cases}$$

式中，A、B、C均为温度系数，虽然B、C的值很小，但它们的存在使铂电阻值与温度的关系呈非线性。铂材料容易提纯，其化学、物理性能稳定，测温复现性好、精度高，被国际电工委员会规定为$-259\sim+630\text{℃}$间的基准器。

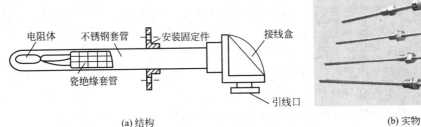

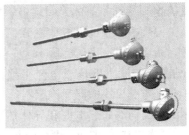

(a) 结构   (b) 实物

图 3.46　普通热电阻

热电阻也是科技、生产领域中应用很广泛的一种测温传感元件，适合在$0\sim800\text{℃}$间的中低温测量。热电阻元件所采用的材料也是标准化成系列的，有着不同的测温范围，其优点是电阻温度系数大、灵敏度高、结构简单；缺点是常用热电阻的阻值与温度变化呈非线性、体积大。

3. **热敏电阻传感器**

热敏电阻通常是用铁、镍、铝、钛、镁、铜等一些金属氧化物制成，或用单晶半导体材料制成。热敏电阻阻值很大，灵敏度很高，有正温度系数、负温度系数和临界温度系数三种。用于检测温度的热敏电阻主要用负温度系数材料制成。由于电阻率很大，热敏电阻不需要拉丝绕制，可以直接做成薄膜状、珠状、片状、杆状(图3.47)。目前，最小的珠状热敏电阻直径仅为0.2mm。

热敏电阻阻值与温度的关系非线性较严重，可用于测温的区间大约在$-50\sim300\text{℃}$之间，由于材料成分及结构的细微差异都会引起阻值的差异，因此热敏电阻温度特性分散，互换性较差。

热敏电阻阻值一般在$1\sim10\text{M}\Omega$之间，可不必考虑线路引线电阻的影响。由于其结构简单、体积小、功耗小、热响应快、价格便宜，因此在汽车家电等领域有广泛应用。

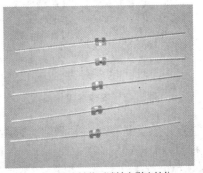

(a) 环氧树脂封装单端引出结构   (b) 玻璃封装两端轴向引出结构

图 3.47　热敏电阻

4. 集成温度传感器

集成温度传感器是以温敏晶体管为感温元件,将其与外围电路集成在一个芯片上的集成化温度传感器(图3.48)。温敏晶体管的基本原理可以归结于半导体PN结特性随温度而变化的物理特性。晶体管的基极—发射极电压在恒定集电极电流条件下基本与温度呈线性关系,温度升高PN结电压下降,但不是严格的线性关系,加之半导体温度特性关系严重分散,所以集成温度传感器中的感温电路都是用两个温敏晶体管结成对管差分形式构成,使PN结温度与输出电压或电流呈线性关系,常称为PTAT(proportional to absolute temperature)核心电路。集成温度传感器具有体积小、反应快、线性较好和价廉等优点,但耐热特性和测温范围仍不如热电偶和导体热电阻。它的测温范围为-50~150℃,适用于常温测量,如家用电器的热保护和温度显示与控制,而在工业过程控制中主要用于温度补偿。

目前广泛使用的集成温度传感器按输出量不同可分为电压型和电流型两大类,此外已开发出数字输出型器件。电压输出型的优点是直接输出电压,且输出阻抗低,易于读出或控制电路接口。电流输出型和数字输出型的优点是输出阻抗极高,可以简单地使用双股绞线进行数百米远的信号传输而不必考虑信号损失和干扰问题。

5. 红外温度传感器

自然界一切温度高于绝对零度(-273.15℃)的物体,由于分子的热运动,都在不停地向周围空间辐射包括红外波段在内的电磁波。辐射能量的大小直接与该物体的温度有关,其辐射能量密度与物体本身的温度关系符合普朗克(Plank)定律。

如图3.49所示,红外温度传感器顶部开有窗口。红外测温的原理就是根据普朗克原理,被测物体的辐射能经过窗口和光阑聚焦在接收元件(热电堆)的受热片上,受热片上有多只串联的热电偶,每只热电偶的热端在受热片的中央部位围成一圈,焊接在一起,从引线就可以得到所有电偶的热电势之和。

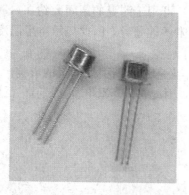

图3.48　集成温度传感器

图3.49　红外温度传感器

红外温度传感器具有非接触测温、远距离测温、快速测温等特点,因而在很多领域有应用,也有各种类型和规格。

1) 红外辐射体温计

红外辐射体温计如图3.50所示,在人流密度大的公共场合,常用其快速检测人体温度。其原理是通过体温计的光学组件将人体表面发射和反射的能量汇集到传感器上,传感器将此能量转换成电信号，经过放大处理，然后根据人体表面的温度与体温的关系得到人体的实际体温信号。显示组件将此信息转化成温度读数并显示在显示面板上，当温度读数超过高温报警值时，体温计会发出报警声，同时红色报警灯点亮。

2）红外成像仪

红外成像仪如图 3.51 所示，主要是检测波长范围在 0.9～14mm 内的红外电磁频谱区的辐射量。与点式红外测温传感器不同，红外成像仪是采用面式测温方式，通过红外探器对物体整个表面的热辐射进行探测，将物体热辐射的功率信号转换成电信号，再经电子系统处理，就可以得到与物体表面热分布相对应的温度分布信号，即温度场。通过热图像技术，给出热辐射体的温度值及温度场分布图，并转换成可见的热像图。运用这一方法，便能实现对目标进行远距离热成像和测温，将对象的温度场的分布以图像形式直观地显示出来，并进行分析判断，以满足温度场监视的需要。

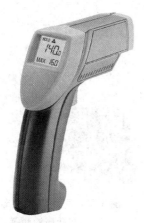

图 3.50　红外辐射体温计　　　　图 3.51　红外成像仪

红外辐射特性测量在空间武器研究、空间目标跟踪与实时监控等领域起着越来越重要的作用。红外辐射特性测量是导弹预警和识别的主要手段，红外焦平面探测器广泛用于被测目标的辐射特性测量。目前，世界上最先进的红外成像仪的温度灵敏度可高达 0.03℃。

随着便携式红外传感器的体积越来越小，价格逐渐降低，在食品、采暖空调和汽车等领域也有了新的应用。例如，在食品烘烤机上用红外传感器检测温度是否过热，以便系统决定是否进行下一步操作，如停止加热，或是将食品从烤箱中自动取出。美国食品及药物管理局规定，餐饮业经营者需要对食品进行温度监督和记录，而且食品不能被污染；1997年，欧洲也在食品行业颁布了同样的规定。基于这样的要求，红外温度传感器很自然地在此领域得到了广泛应用。

3.3.7　光电式传感器

光电式传感器是各种光电检测系统中实现光电转换的关键元件，它是把光信号转变成为电信号的器件，其工作原理是基于一些物质的光电效应。

1. 外光电效应

在光照作用下，物体内的电子从物体表面逸出的现象称为外光电效应。外光电效应可以把光信号转变成电信号，光电管就是利用外光电效应的一种传感器。

1) 光电管

光电管的典型结构如图 3.52(a)所示,将球形玻璃壳抽成真空,在内半球面上涂一层光电材料作为阴极 K,球心放置小球形或小环形金属作为阳极 A。使用时按图 3.52(b)所示连接电路。当光照到阴极 K 时,阴极发射光电子,光电子在电场的作用下飞向阳极,形成电流,光越强,电流越大;停止光照,电流消失。

光电管可以用在自动控制的机械中,由光照控制电路的接通和断开。如美国 Weber 公司设计的 Foto Captor 热金属检测器(图 3.53),就是基于光电管实现的一种红外开关。其工作原理是透镜将红外线辐射传送到红外检测器,当辐射量达到触发点时,电子开关输出线路就被触发。红外开关特别适合在轧钢厂、焦炉(监视淬火、剪切压下装置、炉内排气火焰和传送装置等)、锻压铸造(监视浇筑过程、位置控制等)、垃圾焚化炉(监视传送带)等恶劣的环境中使用。

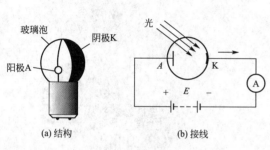

图 3.52 光电管

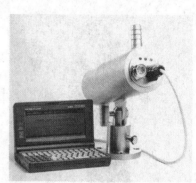

图 3.53 可编程版 Foto Captor 热金属检测器

2) 光电倍增管

光电倍增管(图 3.54)是基于外光电效应和二次电子发射效应的电子真空器件。它利用二次电子发射使逸出的光电子倍增,获得远高于光电管的灵敏度,以测量微弱的光信号。光电倍增管内除光电阴极和阳极外,两极间还放置多个瓦形倍增电极。使用时相邻两倍增电极间均加有电压用来加速电子。光电阴极受光照后释放出光电子,在电场作用下射向第一倍增电极,引起电子的二次发射,激发出更多的电子,然后在电场作用下飞向下一个倍增电极,又激发出更多的电子。如此电子数不断倍增,阳极最后收集到的电子可增加 $10^4 \sim 10^8$

图 3.54 光电倍增管

倍，这使光电倍增管的灵敏度比普通光电管要高得多，可用来检测微弱光信号。

光电倍增管高灵敏度和噪声低的特点使它在光测量方面获得广泛应用。由于光电倍增管增益高和响应时间短，所以它被广泛使用在天体光度测量和天体分光光度测量中，其优点是测量精度高，可以测量比较暗弱的天体，还可以测量天体光度的快速变化。

2. 光电导效应

光照变化引起半导体材料电导变化的现象称光电导效应。光电导效应是光照射到某些物体上后，引起其电性能改变现象的总称。当光照射到半导体材料上时，材料吸收光子的能量，使非传导态电子变为传导态电子，引起载流子浓度增大，因而导致材料电导率增大。基于这种效应工作器件有光敏电阻(光电导型)和反向工作的光敏二极管、光敏三极管(光电导结型)。

1) 光敏电阻

光敏电阻是一种电阻元件，是利用半导体的光电效应制成的一种电阻值随入射光的强弱而改变的电阻器。用于制造光敏电阻的材料主要是金属的硫化物、硒化物和碲化物等半导体。通常采用涂敷、喷涂、烧结等方法在绝缘衬底上制作很薄的光敏电阻体及梳状欧姆电极，然后接出引线，封装在具有透光镜的密封壳体内，如图3.55所示。在黑暗环境里，光敏电阻的电阻值很高，当受到光照时，光照愈强，阻值愈低。入射光消失后，由光子激发产生的电子-空穴对将逐渐复合，光敏电阻的阻值也就逐渐恢复原值。通常光敏电阻器都制成薄片结构，以便吸收更多的光能。根据光谱特性，光敏电阻可分为紫外光敏电阻器、红外光敏电阻器、可见光光敏电阻器三种。

紫外光敏电阻器主要有硫化镉、硒化镉光敏电阻器等，对紫外线较灵敏，用于探测紫外线。红外光敏电阻器主要有硫化铅、碲化铅、硒化铅、锑化铟等光敏电阻器，广泛用于导弹制导、天文探测、人体病变探测、红外光谱、红外通信等。可见光光敏电阻主要有硒、硫化镉、硒化镉、碲化镉、砷化镓、硅、锗、硫化锌光敏电阻器等，主要用于各种光电控制系统，如自动给水和自动停水装置、机械上的自动保护装置、极薄零件的厚度检测器、照相机自动曝光装置、光电计数器、烟雾报警器、光电跟踪系统等方面。

例如，在生活中，可见光光敏光敏电阻做成的亮度检测器(图3.56)，用来实现对路灯、自动门及其他照明系统的自动控制。其原理是通过检测周围环境的亮度与内部设定值相比较来控制调整光源的亮度和分布，或自动门的开启。

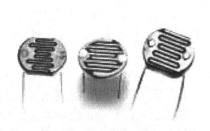

图3.55　光敏电阻

图3.56　亮度检测器

2) 光敏二极管

光敏二极管也叫光电二极管。光敏二极管与半导体二极管在结构上是类似的。其管芯是一个具有光敏特征的 PN 结,具有单向导电性,因此工作时需加上反向电压。无光照时,光敏二极管截止,只有很小的饱和反向漏电流,即暗电流。当光线照射 PN 结时,PN 结中产生电子—空穴对,使少数载流子的密度增加。这些载流子在反向电压下漂移,使反向电流增加,形成光电流,它随入射光强度的变化而变化,因此可以利用光照强弱来改变电路中的电流。

3) 光敏三极管

光敏三极管和普通三极管相似,也有电流放大作用,只是它的集电极电流不只是受基极电路和电流控制,同时也受光辐射的控制。光敏三极管的基极管通常不引出,有些光敏三极管的基极有引出,是用于温度补偿和附加控制等作用。当具有光敏特性的 PN 结受到光辐射时,形成光电流,由此产生的光生电流由基极进入发射极,从而在集电极回路中得到一个放大了 β 倍的信号电流。不同材料制成的光敏三极管具有不同的光谱特性,与光敏二极管相比,光敏三极管具有光电流放大作用,即灵敏度很高。在实际应用中,光敏三极管经常与发光二极管配合使用作为信号接收装置。例如,光电鼠标就是利用 LED 与光敏晶体管组合来测量位移的。

4) 图像传感器

CCD(charge coupled device,电荷耦合器件)与 CMOS(complementary metal - oxide semiconductor,互补性氧化金属半导体)传感器是当前被普遍采用的两种图像传感器(图 3.57),两者都是利用感光二极管进行光电转换,将图像转换为数字数据。

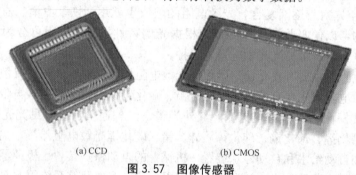

(a) CCD   (b) CMOS

图 3.57 图像传感器

(1) CCD 是用一种高感光度的半导体材料制成,感光面由许多感光单位组成,通常以百万像素为单位。当 CCD 表面受到光线照射时,每个感光单位会将电荷反映在组件上,能把光线转变成电荷,CCD 传感器中每一行中每一个像素的电荷数据都会依次传送到下一个像素中,由最底端部分输出,再经由传感器边缘的放大器进行放大输出。所有的感光单位所产生的信号加在一起,就构成了一幅完整的画面。通过模数转换器芯片转换成数字信号,数字信号经过压缩以后由相机内部的闪速存储器或内置硬盘卡保存,因而可以轻而易举地把数据传输给计算机,并可借助于计算机处理图像。

(2) CMOS 和 CCD 一样同为可记录光线变化的半导体。由于 CMOS 传感器采用一般半导体电路最常用的 CMOS 工艺,可以轻易地将周边电路集成到传感器芯片中,因此可以节省外围芯片的成本。在 CMOS 传感器中,每个像素都会连接一个放大器及 A/D 转换电路,感光二极管所产生的电荷会直接由晶体管放大输出,功耗低。CMOS 传感器的图像采集方式为主动式,用类似内存电路的方式将数据输出。由于 CMOS 传感器的每个像素由四个晶体管与一个感光二极管构成(含放大器与 A/D 转换电路),使得每个像素的感光区域远小于像素本身的表面积,因此在像素尺寸相同的情况下,CMOS 传感器的灵敏度要低于 CCD 传感器。

CCD 和 CMOS 图像传感器在 PC 摄像机、手机、数码相机、摄像机等领域获得了广泛应用。

3. 光生伏特效应

光生伏特效应是指半导体在受到光照射时产生电动势的现象。当 P 型和 N 型半导体结合在一起时,在两种半导体的交界面区域里会形成一个特殊的薄层,界面的 P 型一侧带负电,N 型一侧带正电。这是由于 P 型半导体多空穴,N 型半导体多自由电子,出现了浓度差。当光照射到 PN 结的一个面,如 P 型面时,若光子能量大于半导体材料的禁带宽度,那么 P 型区每吸收一个光子就产生一对自由电子和空穴,电子-空穴对从表面向内迅速扩散,在结电场的作用下,最后建立一个与光照强度有关的电动势。

1)光电池

光电池的工作原理就是基于光生伏特效应。它实质上是一个大面积的 PN 结,能将光能转化为电能。光电池的种类很多,常用的有硒光电池、硅光电池和硫化铊、硫化银光电池等。有的光电池能将可见光转化为直流电;有的光电池能将红外光和紫外光转化为直流电;有的光电池可以直接把太阳能转变为电能,这种光电池又叫太阳能电池(图 3.58)。光电池主要用于自动化仪表、遥测和遥控设备的能源供给,还可以做成太阳能充电器。目前,世界上很多国家都在大力鼓励太阳能光电产业的发展。

2)照度计

照度计(或称勒克斯计)是一种专门测量光度、亮度的仪表。光照强度(照度)是物体被照明的程度,即物体表面所得到的光通量与被照面积之比。照度计通常是由硒光电池或硅光电池和微安表组成。当光线射到硒光电池表面时,入射光透过金属薄膜到达半导体硒层和金属薄膜的分界面上,在界面上产生光电效应。产生电位差的大小与光电池受光表面上的照度有一定的比例关系。这时如果接上外电路,就会有电流通过,光电流的大小取决于入射光的强弱,电流值从以勒克斯(Lx)为刻度的微安表上指示出来(图 3.59)。

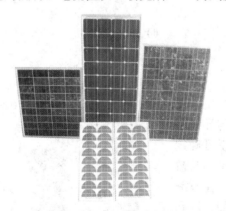

图 3.58 太阳能电池

图 3.59 照度计

3.3.8 霍尔式传感器

霍尔式传感器是基于霍尔效应工作的。将一导体或半导体材料制成的薄片(称霍尔片)置于磁场 B 中,当沿垂直于磁场方向通过电流 I 时,电子在霍尔片中的运动方向会发生偏

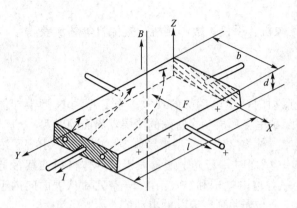

图 3.60　霍尔效应

转,从而在垂直于电流方向产生霍尔电势,如图3.60所示。半导体中的霍尔效应比金属箔片中更为明显,而铁磁金属在居里温度以下将呈现极强的霍尔效应。利用霍尔效应的磁传感器产品得到了广泛应用,许多测量仪器和传感器产品都是基于霍尔效应,如转速表、计数器、磁强计、压力传感器、电流传感器、接近开关等。

1. 霍尔速度传感器

如果把一组霍尔传感器按预定位置有规律地布置在轨道上,当装在运动物体上的永磁体经过时,霍尔传感器便发出脉冲信号,根据脉冲信号列的分布可以测出该运动物体的位移;若测出单位时间内发出的脉冲数,则可以确定其运动速度。如果在非磁性材料的圆盘边上粘一块磁钢,霍尔传感器放在靠近圆盘边缘处(图3.61(a)),圆盘旋转一周,霍尔传感器就输出一个脉冲,若接入计数器就可测出转数;若接入频率计就可测出转速。也可将工作磁体固定在霍尔器件背面(图3.61(b)),当被检的铁磁物体(如钢齿轮)从霍尔器件近旁通过时,检测出物体上的特殊标志(如齿、凸缘、缺口等),得出物体的运动参数。

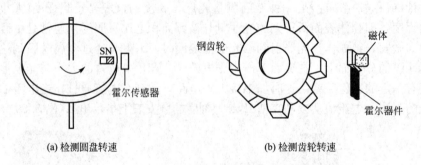

(a) 检测圆盘转速　　　　　　　　　　(b) 检测齿轮转速

图 3.61　霍尔传感器

2. 霍尔电流传感器

由于通电导线周围存在磁场,其大小与导线中的电流成正比,故用霍尔元件测出磁场,就可确定导线电流的大小。霍尔电流传感器的优点是不与被测电路发生电接触,不影响被测电路,不消耗被测电源的功率,特别适合于大电流测量。例如,可利用这一原理制成钳形电流表,进行非接触的电流测量(图3.62),当电流流过导线时,将在导线周围产生磁场,磁场大小与流过导线的电流大小成正比,这一磁场通过环形软磁材料来聚集,用霍尔片进行检测。

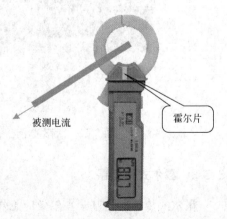

图 3.62　钳形电流表检测电流

3. 磁强计

若把霍尔元件置于电磁场中,通入恒定电流,则霍尔元件上产生的霍尔电势与该电磁场的磁场强度成正比,利用这种方法可以制成磁强计或探伤仪。如图 3.63 所示,将霍尔元件安装在管道上,通过检测磁场强度是否改变来实现对管道裂纹的测试。

4. 霍尔接近开关

霍尔接近开关是建立在霍尔开关元件基础上的非接触式传感器(图 3.64)。当磁性物件移近霍尔开关时,开关检测面上的霍尔元件因产生霍尔效应而使开关内部电路状态发生变化,由此识别附近有磁性物体存在,进而控制开关的通或断。这种接近开关的检测对象必须是磁性物体,它被广泛应用在点火系统、保安系统、转速、里程测定、机械设备的限位开关、按钮开关、电流的测定与控制、位置及角度的检测等领域。其特点是使用寿命长、无触点磨损、无火花干扰、无转换抖动、工作频率高、温度特性好、能适应恶劣环境等。

图 3.63 管道裂纹测试

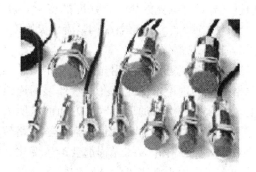

图 3.64 霍尔接近开关

3.3.9 光纤传感器

光纤是一种传输光信号的传输媒介。光纤的结构如图 3.65 所示,处于光纤最内层的纤芯是一种横截面积很小、质地脆、易断裂的光导纤维,制造这种纤维的材料可以是玻璃也可以是塑料。纤芯的外层裹有一个包层,它由折射率比纤芯小的材料制成。正是由于在纤芯与包层之间存在着折射率的差异,光信号才得以通过全反射在纤芯中不断向前传播。在光纤的最外层则是起保护作用的外套。通常都是将多根光纤扎成束并裹以保护层制成多芯光缆。

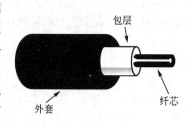

图 3.65 光纤的结构

光纤具有很多优异的性能,如抗电磁干扰和原子辐射的性能;径细、质软、重量轻的机械性能;绝缘、无感应的电气性能;耐水、耐高温、耐腐蚀的化学性能等。光纤传感器用光作为敏感信息的载体,用光纤作为传递敏感信息的媒质。其基本工作原理是将来自光源的光经过光纤送入调制器,使待测参数与进入调制区的光相互作用后,导致光的光学性质(如光的强度、波长、频率、相位、偏正态等)发生变化,称为被调制的信号光,再经过光纤送入光探测器,经解调后获得被测参数。可以实现对磁、声、压力、温度、加速度、陀螺、位移、液面、转矩、光声、电流和应变等物理量的测量。

光纤传感器有很多优点，如灵敏度高；可以制成任意的形状；可以在狭小的空间里，在强电磁干扰的环境里，或高温、高电压等恶劣环境里完成测量任务；很容易实现对被测信号的远距离监控。光纤中光传输的相位受外界影响的灵敏度很高，利用干涉技术能够检测出 10^{-4} 弧度的微小相位变化所对应的物理量。利用光纤的可绕性和低损耗，能够将很长的光纤盘成直径很小的光纤圈，以增加利用长度，获得更高的灵敏度。

光纤传感器是近年来快速发展的新技术，在很多方面都显示出了独特的能力。目前光纤传感器已经有 70 多种，大致上分为两大类，一类是功能型(传感型)传感器；另一类是非功能型(传光型)传感器。

1. 功能型传感器

功能型传感器是把光纤作为敏感元件，被测参数引起光导纤维本身传输特性变化，即改变光导纤维环境如应变、压力、温度等，从而改变光导纤维中光传播的相位和强度，这时测量通过光导纤维的光的相位或强度的变化，就可知道被测参数的变化。光纤不仅是导光媒质，也是敏感元件，传感器结构紧凑、灵敏度高。典型产品有光纤陀螺仪、光纤水听器等。

1) 光纤陀螺仪

光纤陀螺仪是一种利用光纤自身作为敏感元件的传感器。光纤陀螺仪的工作原理是根据塞格尼克的理论，即光束在一个环形的通道中前进时，如果环形通道本身具有一个转动速度，那么光线沿着通道转动的方向前进所需要的时间要比沿着这个通道转动相反的方向前进所需要的时间多。也就是说当光学环路转动时，在不同的前进方向上，光学环路的光程相对于环路在静止时的光程都会产生变化。利用这种光程的变化，如果使不同方向上前进的光之间产生干涉来测量环路的转动速度，这样就可以制造出干涉式光纤陀螺仪。其基本光学系统如图 3.66(a)所示，以激光器为光源，BS_1、BS_2 是两个半透镜，激光透过 BS_1 在 BS_2 被分为两路，各自通过聚光透镜分别沿着单模光导纤维环向左右两个方向进行。当两路光重新抵达 BS_2 之后，便被导入同轴光路并在 F_1 上产生干涉；两路光在 BS_1 也被导入同轴光路，在 F_2 上也产生干涉。通过对干涉的测量来计算环面在惯性空间的转速。如果利用环路光程的变化来实现在环路中不断循环的光之间的干涉，通过测量光纤环路的光

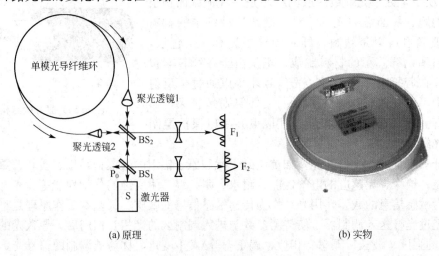

(a) 原理   (b) 实物

图 3.66　光纤陀螺仪

的谐振频率来计算环路的转动速度，就可以制造出谐振式的光纤陀螺仪。

光纤陀螺仪(图 3.66(b))具有精度高、响应快、坚固可靠及不受电磁、震动影响等特点，能精确地确定运动物体的方位，是现代飞机、舰船、导弹等航空、航海、航天和国防工业中广泛使用的一种惯性导航仪器。

2) 光纤水听器

光纤水听器是利用光纤技术探测水下声波的器件，也是一种利用光纤自身作为敏感元件的传感器。声音是一种机械波，它对光纤的作用使光纤受力并产生弯曲，使其传光的能力发生很大变化。光纤对于声波信号有很高的敏感度，水中声波造成感测光纤形变，使得感测光纤中的导光相对于参考光纤产生相位差，利用解调系统检测出干涉信号，经过信号处理，将相位差转换为电信号。

光纤水听器可用于海洋石油物理勘探、海洋地震勘探的信号采集(图 3.67)，它与传统的压电水听器相比，除了用光代替电所带来的诸多好处外，最为关键的是该系统不再需要额外的传感头，因为它是通过光纤本身绕成的光纤圈来感应外部变化的，可以降低系统的重量和成本，同时也大大提高了声纳阵列的使用寿命。光纤水听器具有极高的灵敏度、足够大的动态范围、很好的抗电磁干扰能力、无阻抗匹配要求、系统"湿端"质量轻和结构的任意性等优势，因此足以应付来自潜艇静噪技术不断提高的挑战，适应了各发达国家反潜战略的要求，被视为国防技术重点开发项目之一。美国目前已开发了全光纤水听器拖曳阵列、潜艇和水面舰船共行水听器阵列等各种不同反潜应用类型的水听系统。英国也开发了全光纤水听器拖曳阵列、海底声监视系统等各种不同反潜应用的水听系统。

2. 非功能型传感器

非功能型传感器是以激光器或发光二极管为光源，用光导纤维作为光传输通道，再与敏感元件配合而构成传感器。光纤仅作为信息的传输介质，把光信号载送入或载送出敏感元件，利用敏感元件感受被测量的变化。其工作原理为：敏感元件位于光纤端部并与被测物接触，通过光纤将光传输到敏感元件上，敏感元件在被测量的作用下改变光的相位或者振幅，再通过光纤将光传输到探测器中。这种光纤传输的传感器适用范围广，无需特殊光纤及其他特殊技术，比较容易实现，成本低，但是精度比利用光纤自身作为敏感元件的传感器稍低。目前实用化的大都是非功能型的光纤传感器。

如图 3.68 所示的光纤光栅位移传感器，就是通过光纤光栅反射光的中心波长相对变

图 3.67　海洋勘探船

图 3.68　光纤光栅位移传感器

化量来检测探杆的相对位移量,温度自补偿,可直接通过光纤进行信号远程传输(超过40km),监测现场无需供电。位移传感器精度高、寿命长、性能稳定,可以广泛应用于对大坝、船闸、边坡、隧道等岩土工程、地下工程及高速公路进行深层变位监测。

3.3.10 磁栅式传感器

磁栅式传感器是利用磁栅与磁头的磁作用进行测量的位移传感器。磁栅上录有等间距的磁信号,它是利用磁带录音的原理将等节距的周期变化的电信号(正弦波或矩形波)用录磁的方法记录在磁性尺子或圆盘上而制成的。装有磁栅传感器的仪器或装置工作时,磁头相对于磁栅有一定的相对位置,在这个过程中,磁头把磁栅上的磁信号读出来,这样就可以把被测位置或位移转换成电信号。

磁栅式传感器工作原理如图3.69所示。磁栅是在不导磁材料制成的栅基上镀一层均匀的磁膜,并录上间距相等、极性正负交错的磁信号栅条制成,图中 N|N 和 S|S 分别为正负极性的栅条。磁栅上的磁信号由读取磁头读出,按读取信号方式的不同,磁头可分为动态磁头与静态磁头两种。动态磁头有一个输出绕组,只有在磁头和磁栅产生相对运动时才有信号输出。

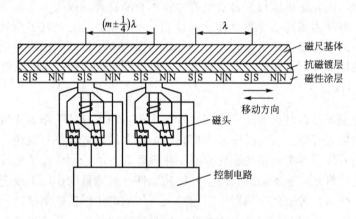

图 3.69   磁栅式传感器原理

如图3.69所示,静态磁头是用铁镍合金片叠成的有效截面不等的多间隙铁心,有激磁和输出两个绕组,它与磁栅相对静止时也能有信号输出。激磁绕组的作用相当于一个磁开关,当对它加以交流电时,铁心截面较小的那一段磁路每周两次被激励而产生磁饱和,使磁栅所产生的磁力线不能通过铁心。只有当激磁电流每周两次过零时,铁心不被饱和,磁栅的磁力线才能通过铁心。此时输出绕组才有感应电势输出。其频率为激磁电流频率的两倍,输出电压的幅度与进入铁心的磁通量成正比,即与磁头相对于磁栅的位置有关。静态磁头总是成对使用,其间距为$(m\pm1/4)\lambda$,其中 m 为正整数,λ 为磁栅栅条的间距。两磁头的激励电流或相位相同,或相差 $\pi/4$。输出信号通过鉴相电路或鉴幅电路处理后可获得正比于被测位移的数字输出。

磁栅式传感器作为数字式传感器,广泛应用于各种机床上位移的检测,成本较低且便于安装和使用。当需要改变技术参数时,可将原来的磁信号(磁栅)抹去,重新录制。还可以安装在机床上后再录制磁信号,有利于消除安装误差和机床本身的几何误差,提高测量精度。

3.3.11 谐振式传感器

谐振式传感器是利用谐振元件把被测参量转换为频率信号的传感器，又称频率式传感器。当被测参量发生变化时，振动元件的固有振动频率随之改变，通过相应的测量电路，就可得到与被测参量成一定关系的电信号。按谐振元件的不同，谐振式传感器可分为振弦式、振筒式、振梁式、振膜式和压电谐振式等。谐振式传感器的工作原理如图 3.70 所示，由 6 个环节组成。

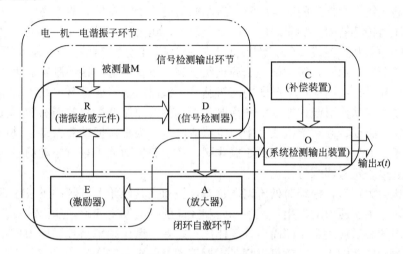

图 3.70　谐振式传感器工作原理

图 3.70 中，R 为谐振敏感元件又称谐振子，是传感器的核心元件。谐振子工作时以其自身固有的振动频率持续振动，其振动特性直接影响谐振式传感器的性能。谐振子有谐振梁、复合音叉、谐振筒等。D、E 分别为信号检测器和激励器，实现机电转换，提供闭环自激的条件。激励方式有电磁、静电、(逆)压电效应等；检测方式有磁电、电容、（正）压电效应、光电检测等。A 是放大器，用于调节信号的幅值和相位，使系统可靠稳定地工作于闭环自激状态。O 是系统检测输出装置。用于检测周期信号的频率、幅值或相位。C 是补偿装置，主要对温度误差进行补偿。

谐振式传感器种类很多，主要用于测量压力，也用于测量转矩、密度、加速度和温度等。常见的有谐振筒、谐振梁、谐振膜、谐振弯管以及以硅和石英为基底的微结构谐振式传感器等。谐振式传感器的优点是体积小、重量轻、分辨率高、精度高。

振动筒压力传感器就是一种典型的谐振式传感器，利用振动筒的固有频率来测量压力，其结构如图 3.71 所示。振动筒是传感器的敏感元件，是一个壁厚仅为 0.08mm 左右的薄壁圆筒。圆筒壁

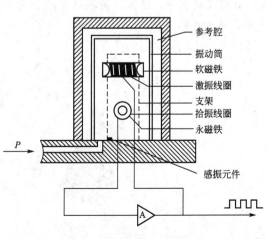

图 3.71　振动筒压力传感器结构

厚不同,其压力测量范围不同,测压灵敏度亦不相同,输出特性也存在差异。圆筒的上端密闭,为自由端,下端固定在底座上。圆筒的材料是能够构成闭环磁回路的磁性材料,并且具有很低的弹性温度系数,使其温度误差尽可能小。振动筒内设激振线圈和拾振线圈。这两只线圈在振动筒内相隔一定距离并成空间十字形交叉排列,以防止或尽量减少两只线圈间的电磁耦合作用。在激振线圈骨架中心装有一根导磁棒,在拾振线圈中心有一根永磁棒。线圈组件和振动筒安装在底座上,底座上开有通入被测压力的进气孔,并装有感温二极管。振动筒与外套的保护筒(外壳)之间的空腔抽成真空,作为压力参考标准。当被测压力传入振动筒与线圈组件之间的空腔时,振动筒就能感受绝对压力的大小。

振动筒压力传感器配上相应的电路,就可以测量压力了。激励放大器与振动筒内的激振线圈(励磁线圈)和拾振线圈(测量线圈)组成一个满足自激振荡的正反馈闭环系统。其工作原理是:电源未接通时,振动筒处于静止状态。一旦直流电源接通激励放大器,放大器的固有噪声便在激振线圈中产生微弱的随机脉冲。该阶跃信号通过激振线圈时引起磁场改变,形成脉动力,从而引起内振动筒的筒壁变形,使圆筒以低振幅的谐振频率振动。筒壁位移被拾振线圈感受,并在拾振线圈中产生感应电势。为维持振动筒振动,外电路将拾振线圈输出的感应电势放大后再反馈到激振线圈,产生激振力,于是,振动筒迅速进入大幅振荡状态,并以一定振幅维持振荡。

当被测压力为零时,振动筒处于谐振状态,振筒在其原始固有频率下发生振动。被测压力不为零时,由于压力的作用,圆筒轴向和径向的刚度发生变化,从而改变振动筒的谐振频率。频率的高低应决定于圆筒内外气体压力之差,谐振频率与被测压力成单值函数关系。测量出振动频率的大小,就可以测量出振筒内外的压力差。

在飞机上,为了获得飞行的高度、速度等大气数据,通常需要测量压力。早期,飞机上对压力的测量都是由膜片式传感器来完成的,但这种类型的传感器测量精度比较低。随着飞机装备的日益现代化,振动筒压力传感器已逐渐取代了膜片式传感器而被广泛应用。

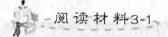
阅读材料3-1

iPhone(图3.72)是结合照相、手机、个人数码助理、媒体播放器以及无线通信设备的掌上智能手机。通过iPhone的多点触摸(Multi-Touch)技术,手指轻点就能拨打电话,调用应用程序,还可以直接从网站复制粘贴文字和图片,它是世界上第一台批量生产商业用途的智能手机。其中用到的主要传感器简介如下:

图3.72 iPhone手机拆开图

1）影像传感器

iPhone 的影像传感器一代、二代为 200 万像素，3GS 为 320 万像素，支持自动对焦，4 代提升到背照式 500 万像素，而 2011 年发布的 4S 提升到 800 万像素（并且采用 2.4f 大光圈）。2012 年 9 月发布的 iPhone4S 及 iPhone5 更是加入了一个全新的拍照模式——全景模式，在该模式下可以用 iPhone 4S 及 iPhone5 拍摄全景照片，全景照片可达 2800 万像素。凭借先进的机背照度传感器，即使在弱光环境下也能捕捉动人影像。内置的 LED 闪光灯可履行双重职责。当你拍照时，它可以用作闪光灯，在摄像时，又可以持续开启来照亮拍摄场景。前置的摄像头最适合用于 FaceTime 功能和自拍。

2）多点触摸(Multi-Touch)传感器(图 3.73)

iPhone 5 拥有宽大的 Multi-Touch 显示屏和创新软件，让你仅用手指就可以操控一切。一层覆盖到玻璃上的薄面板利用电场来感应手指的触控，可以用于任何触摸手势的检测，是一种基于互电容的检测方式。当手指触摸时，互电容减小，从而感知触摸点的位置。电信号从触摸屏幕传输到处理器，处理器利用软件分析数据并判断触摸的特征，可以一次记录多点触控，以支持双指开合缩放画面、双指轻点等更多复杂的手势操作。处理器利用姿势特征翻译软件判断使用了什么样的动作姿势去触碰屏幕，从而实现各种操作功能，如图片放大、缩小，翻页等。

图 3.73 多点触摸(Multi-Touch)传感器

3）声波传感器

声波传感器俗名麦克风。iPhone 为了强化声音质量，使用 2 组麦克风与相关运算来达到降噪(降低噪声)的效果，这种技术称为数组麦克风(ArrayMIC)。使用一个以上的麦克风，麦克风的体积缩小需求就更迫切，麦克风也牵涉到机械振动(声波会使微型机械振动)，并将机械振动转换成电子信号，因此微型化的麦克风是个不折不扣的 MEMS 传感器。iPhone 5 主麦克风位于机身底部(图 3.74)，扬声器的旁边，可用于接打电话，具有 FaceTime、语音命令和备忘录功能。第二个麦克风内置于机身顶部，靠近耳机插孔，可以使接打电话和视频通话的效果更理想。它可与主麦克风配合工作，来抑制多余的背景杂音，如音乐声和喧闹的对话声。双麦克风噪声抑制功能有助于令每一次对话清静地进行。

图 3.74　iPhone5 麦克风

4）角加速度传感器

角加速度传感器又称陀螺仪。一般的加速度传感器能感测平移运动，但对于物体围绕轴心进行角度性的移动，其感应效果不如陀螺仪好，所以许多应用场合是将加速度传感器与陀螺仪结合使用。iPhone 5 是第一款内置三轴陀螺仪的手机，该技术与方向感应器配合使用，就使 iPhone 5 具备了用户加速度、角速度和旋转速度等运动传感能力，能够根据手机在空间的摆放角度进行切换，以实现更多的动作手势和更高的精确性感应，带来各种酷炫有趣的游戏体验（图 3.75）。

图 3.75　使用陀螺仪玩游戏

5）光照度传感器

光照度传感器并不是一个创新产品。几十年前，人们就开始利用光敏电阻和光电二极管来实现对环境光的检测。但随着这些年人们对绿色节能以及产品智能化的关注，光照度传感器获得了越来越多的应用。光照度传感器在 iPhone 中起到两个作用：一方面，它可以根据周围光线情况自动调节显示器背光亮度，降低产品的功耗。另一方面，光照度传感器有助于显示器提供柔和的画面。当环境亮度较高时，使用环境光传感器的液晶显示器会自动调成高亮度。当外界环境较暗时，显示器就会调成低亮度。

6）加速度传感器

加速度传感器可以测量手机在 X、Y、Z 三个轴上的加速度。在手机下落的时候，可以关闭某些应用从而保护手机，实现手机翻转的同时画面自动翻转适应屏幕。此外，拍照时可以检测手部的抖动并进行补偿，以改善画面效果。

3.4 电信号的处理

绝大部分的传感器将非电量转换成电量,因此,后续的信号处理大都是电信号的处理技术,即电子技术。所谓电子技术,是指含有电子的、数据的、磁性的、光学的、电磁的或者类似性能的相关技术。电子技术可以分为模拟电子技术、数字电子技术两大部分。模拟电子技术是整个电子技术的基础,在信号放大、功率放大、整流稳压、模拟量反馈、混频、调制解调等领域具有无法替代的作用。数字电子技术是在模拟电子技术的基础上发展起来的,数字电路具有精度高、稳定性好、抗干扰能力强、程序软件控制等一系列优点。计算机技术的飞速发展使数字电路的功能越来越强大、优势越来越明显。

3.4.1 模拟信号处理

模拟电子信号的处理主要运用模拟电子技术。模拟电子技术是一门研究对仿真信号进行处理的模拟电路的学科。它以半导体二极管、半导体三极管和场效应管为关键电子器件,通过信号放大电路、信号运算与处理电路、信号产生电路、信号显示电路及电源稳压电路等技术手段对信号进行处理。

1. 信号放大电路

信号放大电路是增加电信号幅度或功率的电子电路。放大作用的实质是把电源的能量转移给输出信号,输入信号的作用是控制这种转移,就是用能量比较小的输入信号来控制另一个能源,使放大器输出信号的变化重复或反映输入信号的变化,这种能量的可控制的转移使输出端的负载上得到能量比较大的信号。放大的对象是信号的变化量,放大的前提是传输不失真。放大电路包括运算放大电路、反馈放大电路、功率放大电路等电路类型。

应用放大电路实现信号放大的装置称为放大器。它的核心是电子有源器件,如电子管、晶体管等。为了实现放大,必须给放大器提供能量,常用的能源是直流电源,有的放大器也用高频电源作为泵浦源。现代电子系统中,电信号的产生、发送、接收、变换和处理,几乎都以放大电路为基础。20世纪初,真空三极管的发明和电信号放大的实现,标志着电子学发展到一个新的阶段。20世纪40年代末晶体管的问世,特别是20世纪60年代集成电路的问世,加速了电子放大器以至电子系统小型化和微型化的进程。放大电路的基本形式有3种:共发射极放大电路、共基极放大电路和共集电极放大电路。在构成多级放大器时,这几种电路常常需要相互组合使用。

现代使用最广的是以晶体管(双极型晶体管或场效应晶体管)放大电路为基础的集成放大器。大功率放大以及高频、微波的低噪声放大,常用分立晶体管放大器。高频和微波的大功率放大主要靠特殊类型的真空管,如功率三极管或四极管、磁控管、速调管、行波管以及正交场放大管等。

2. 信号运算与处理电路

信号运算与处理电路的任务主要是对信号进行数学运算和滤波处理,将测量信号转换成易于传输的信号输出,或进行显示、记录。

1) 数学运算

最基本的信号运算电路是比例运算电路,其他运算电路都是在比例电路的基础上演变得到的。测量仪器仪表中常用的信号运算电路有加法电路、减法电路、积分电路、微分电路、乘法电路、除法电路、对数和指数运算电路等。在测量仪器中运算电路的应用很广，如对测量信号进行环境温度、压力等影响因数的补偿计算，对测量信号进行量值单位的标度运算，对非线性测量信号进行线性化计算等。

2）滤波处理

滤波电路是一种能使有用频率信号通过而同时抑制或衰减无用频率信号的电路，分别有低通、高通、带通和带阻滤波电路。低通滤波电路让输入信号中的低频信号通过，而将高频信号阻隔掉。高通滤波电路让输入信号中的高频成分通过，而将低频成分阻隔掉。带通滤波电路让输入信号中某一频段信号通过，而将该频段以外的频率成分滤掉。带阻滤波电路的功能与带通滤波电路的功能正好相反，是阻止输入信号中某一频段信号通过。

滤波电路分无源滤波和有源滤波两类。RC滤波电路、LC滤波电路、陶瓷滤波电路等属于无源滤波电路；使用集成运算放大器组成的滤波电路属于有源滤波电路，相对于传统的无源滤波电路而言，有源滤波电路具有体积小、负载能力强、滤波效果好等优点，并兼有放大作用。

3. 信号产生电路

信号产生电路能产生某些特定的周期性时间函数波形（如正弦波、方波、三角波、锯齿波和脉冲波等）信号，频率范围可从几微赫到几十兆赫。

正弦波发生电路能产生正弦波，是各类波形发生器和信号源的核心电路。正弦波发生电路是在放大电路的基础上加正反馈而形成的，由放大电路、反馈网络、选频网络和稳幅环节四部分组成。正弦波发生电路也称为正弦波振荡电路，有RC正弦波振荡电路、LC振荡电路和石英晶体振荡电路三种类型。RC与LC分别是低频振荡和高频振荡正弦波发生电路，前者由RC串并联网络（文氏桥式）组成选频网络，后者由LC并联回路组成选频网络。石英晶体振荡电路是利用石英晶片的压电效应代替LC谐振回路组成选频网络。石英晶体振荡器中，正逆压电效应同时存在、互为因果。当晶体上有外加电场时，晶片发生形变，形变又引起电荷和电场的产生，由于晶体的机械限制，最后达到稳定的平衡状态。

信号产生电路在通信、仪表和电路实验和设备检测中具有十分广泛的用途。例如，在通信、广播、电视系统中，都需要射频（高频）发射，这里的射频波就是载波，把音频（低频）、视频信号或脉冲信号运载出去，就需要能够产生高频的振荡器。

4. 信号显示电路

信号显示电路在仪表中的作用是显示被测参数的量值或图形。模拟信号显示电路能实现数据的显示和记录。

1）数据显示

模拟式仪表的显示方式是指针式指示（图3.76）。大部分指针式仪表的基础是动圈驱动机构，利用通电线圈在磁场中受到力矩作用产生偏转的原理，将信号电流通入动圈，带动装在动圈上的指针移动，就能指示出被测参数。动圈式仪表本质上是一个磁电式毫安表。

2）数据记录

模拟式仪表的记录方式是笔式记录（图3.77）。通过信号的放大、驱动记录机构带动笔移动，配合走纸机构在记录纸上画出数据曲线。

图 3.76　动圈式指示仪

图 3.77　模拟式记录仪

3.4.2　数字信号处理

数字信号处理是运用数字电子技术将信号以数字方式处理并表示的方式。在仪器仪表领域中，数字信号处理电路主要用于被测信号的运算与滤波处理。模拟信号处理存在着种种缺点，如难以做到高精度，受环境影响较大，可靠性差，且不灵活等。与模拟电路相比，数字电路具有精度高、体积小、功耗低、稳定性好、可靠性高、灵活性大、抗干扰能力强、易于大规模集成、可进行二维与多维处理等一系列优点。从目前的发展趋势来看，除一些特殊领域外，以前一些模拟电路的应用场合，大有逐步被数字电路所取代的趋势。

数字信号处理的核心算法是离散傅里叶变换(discrete fourier transform，DFT)，DFT使信号在数字域和频域都实现了离散化，从而可以用通用计算机处理离散信号。而使数字信号处理从理论走向实用的是快速傅里叶变换(fast fourier transform，FFT)，FFT的出现大大减少了DFT的运算量，使实时的数字信号处理成为可能，极大促进了该学科的发展。数字信号处理的算法需要利用计算机或专用处理设备如中央微处理器(central processing unit，CPU)、数字信号处理器(digital signal processor，DSP)和专用集成电路等。

中央微处理器是指计算机内部对数据进行处理并对过程进行控制的部件，伴随着大规模集成电路技术的迅速发展，芯片集成密度越来越高，CPU可以集成在一个半导体芯片上，这种具有中央处理器功能的大规模集成电路器件，被统称为"微处理器"。今天，微处理器已经无处不在，无论是录像机、智能洗衣机、移动电话等家电产品，还是汽车引擎控制，以及数控机床、导弹精确制导等都要嵌入各类不同的微处理器。微处理器不仅是微型计算机的核心部件，也是各种数字化智能设备的关键部件。国际上的超高速巨型计算机、大型计算机等高端计算系统也都采用大量的通用高性能微处理器建造。

DSP是进行数字信号处理的专用芯片，是伴随着微电子学、数字信号处理技术、计算机技术的发展而产生的新器件。利用DSP可以快速地实现对信号的采集、变换、滤波、估值、增强、压缩、识别等处理，以得到符合人们需要的信号形式。

由于传感器和其他控制系统所用的器件、装置的输入输出信号大都为模拟量，因此在进行数字信号处理之前经常需要将信号从模拟域转换到数字域，而数字信号处理的输出要从数字域转换到模拟域，这通常通过模数转换器或数模转换器实现。

数字式仪表的数字信号处理大都通过程序软件完成，因此，数字式仪表的功能强大、计算精度高、灵活性大。数字式仪表的显示方式可以用数字显示(图 3.78)、光柱显示、曲线显示、图像显示等方式;而其数据记录方式可以用笔式有纸记录,也可以储存在仪器中随时调取查看或打印(图 3.79)。随着大规模集成电路以及计算机技术的飞速发展,加之数字信号处理理论和技术的成熟和完善,用数字方法来处理信号,即数字信号处理,已逐渐取代模拟信号处理。

图 3.78 数字式指示仪

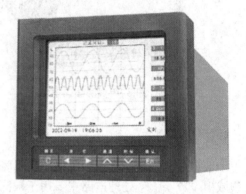

图 3.79 无纸记录仪

 阅读材料3-2

现代汽车已经越来越接近于"自动车"、"智能车",汽车传感器也必然成为这些先进系统的"神经末梢",为中央处理器提供必需的感知信息,如外部环境的各种物理信号和参数等。可以说,没有各式各样的传感器就实现不了机械设备的智能化。只要有新的汽车应用系统出现,就将催生新的汽车传感器与之配套。在各汽车厂商以构建最高级别的安全驾乘环境为最终目标的技术竞赛中,各种新兴的安全系统解决方案争奇斗艳、层出不穷,目前,正在被导入高档轿车的智能传感器及系统如下:

酒精检测 MEMS 系统:如意法半导体的新型信号处理电路集成酒精传感器,该酒精传感器采用二氧化锡 MEMS 元件,可根据环境中的氧气浓度吸附氧气并使得电阻值改变的特性。正常状况下,元件在吸附空气中的氧气后会保持某个电阻值不发生变化,而一旦空气中含有酒精,元件表面的氧元素便会与酒精发生反应,使电阻值下降。通过测定电阻值,便可检测出呼气中含有的酒精浓度。可将酒精检测 MEMS 传感器植入直径 8mm 的密封外壳内,连同信号处理电路等一起嵌入方向盘内,一旦检测出驾驶员呼出的气体含有酒精,便发出安全警报。

自动雨刷系统(图 3.80):以发光二极管对前挡风玻璃发出光束,当雨滴打在感应区的玻璃上时,光束所反射的光线强度,会因玻璃上的雨量或湿气含量而有所

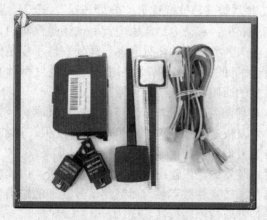

图 3.80 自动雨刮感应器

变化，改变雨刷的刷动频率；或透过红外线电子雨量传感器感应雨量的多寡，并随车速的变化自动调整雨刷速度，增进驾驶人的驾驶方便性，让驾驶更有安全性。

电子式自动照明系统：电子式感应头灯可透过车外的光线明暗感应器自动监测外界的光线，在天色有变化或是进入山洞时，电子式感应器将头灯自动打开，减少驾驶人操作的时间，增加行车安全性。

胎压监测系统：在每个轮胎上安装高灵敏度的传感器，于行车状态下随时监测轮胎状况，并透过传感器以无线方式发射到接收器，让驾驶人能随时掌握漏气与温度升高等轮胎状况，以确保汽车行驶中的安全，并延长轮胎的使用寿命与降低燃油的消耗。最先进的直接轮胎压力监测解决方案的特点包括高级预警系统和压力、温度、电压和动作探测等。

安全气囊触发系统：如飞思卡尔推出的卫星加速度传感器，可扩展到整个汽车周围以探测碰撞。通过加速度传感器与 Smart MOS 技术集成，专门用于探测碰撞和触发汽车正面和侧面的安全气囊。一个集成式器件提供加速度探测、电压调节、MCU 功能和有线通信协议。飞思卡尔提供种类众多的加速度传感器，从 $1.5g$ 到 $250g$，覆盖 X、XY、XYZ 和 Z 轴方向。

汽车动态控制（VDC）系统：也被称作"电子稳定控制（ESC）系统"，目前这种系统是高档汽车的一个标准配置，并将继续向更多的车款扩散。稳定控制系统尤其令 SUV 运动休闲车受益，因为这种车重心较高，更容易发生侧翻。

此外，随着图像传感和处理技术的发展，还有更多的用于道路分离报警和引导、司机睡意探测、道路障碍传感、智能气囊部署、盲点探测等的基于传感器的智能系统将逐渐进入新一代的汽车应用中。最先进的智能传感系统将使汽车拥有像人类"第六感"一样的高度智慧，从而将汽车的安全性能提高到一个前所未有的高度。

本 章 小 结

本章主要介绍了测量的基本概念，测量是人们对客观事物取得数量概念的一种认识过程，是借助于专门的技术和仪器装置，采用一定的方法获取某一客观事物定量数据资料的认识过程，实现测量的工具一般称为测量仪器、仪表、计或具。一般测量系统由传感器、中间变换器和显示记录仪三部分组成。传感器作为测量系统的第一个环节，其任务是将需要测量的信息转换成另一种容易后续处理的信号形式。按照传感器的工作原理分有电阻式传感器、电感式传感器、电容式传感器、热电式传感器、光电式传感器、压电式传感器等。测量信号的处理技术主要运用模拟电子技术和数字电子技术，数字电路具有精度高、稳定性好、抗干扰能力强、程序软件控制等一系列优点。计算机技术的飞速发展使数字式仪表逐渐成为主流。

 思考题

3.1　说明测量的概念，列出你身边测试技术的几个应用实例。

3.2　什么是传感器？并简要说明传感器的组成结构。

3.3　检测系统通常由哪几部分组成？自动检测系统的结构形式通常可分成哪几类？

3.4　常用的测量方法分为哪几类？说明各类测量方法的原理及特点。

3.5　什么是接触式传感器和非接触式传感器？

3.6　举出几种你所熟悉的传感器，并说明它们的特点。

3.7　试通过网络或者借阅图书了解一些主要测试仪器生产厂商及其主要产品有哪些。

3.8　你认为仪器仪表技术中难点是什么？

第 **4** 章
自动控制基本原理

 本章教学要点

知识要点	掌握程度	相关知识
自动控制基本概念	了解自动控制的定义和自动控制系统的定义、构成	人工控制、自动控制、自动控制系统
自动控制的基本特性	了解自动控制系统建模方法；熟悉控制系统的性能指标	建立系统的数学模型的方法及控制系统的稳定性、快速性、准确性的要求
基本控制理论	熟悉控制理论体系；了解经典控制理论、现代控制理论、智能控制理论、大系统理论的特点	频率响应法、根轨迹法、状态空间法、能控性、能观测性、稳定性
典型控制方法	了解典型的控制方法	位式控制、PID 控制、最优控制、人工智能、递阶控制、分散控制

导入案例

风力发电机是将风能转换为机械能的动力机械，又称风车。广义地说，它是一种以太阳为热源，以大气为工作介质的热能利用发动机。风力发电的原理，是利用风力带动风车叶片旋转，再通过增速机将旋转的速度提升，来促使发电机发电。依据目前的风车技术，大约每秒三公尺的微风速度(微风的程度)便可以开始发电。

风力发电控制系统的组成主要包括各种传感器、变距系统、运行主控制器、功率输出单元、无功补偿单元、并网控制单元、安全保护单元、通信接口电路及监控单元。具体控制内容有：信号的数据采集、处理，变桨控制、转速控制、自动最大功率点跟踪控制、功率因数控制、偏航控制、自动解缆、并网和解列控制、停机制动控制、安全保护系统、就地监控、远程监控。当然不同类型的风力发电机，控制单元也会有所不同。

控制技术贯穿于风力发电系统的每个环节，相当于风电系统的神经。控制系统的好坏直接关系到风力发电机的工作状态、发电量的多少以及设备的安全。这是因为自然风速的大小和方向是随机变化的，风力发电机组的并网和退出电网、输入功率的限制、风轮的主动对风以及对运行过程中故障的检测和保护必须能够自动控制。同时，风力资源丰富的地区通常都是边远地区或是海上，分散布置的风力发电机组通常要求能够无人值班运行和远程监控，风力发电机组的控制系统不仅要监视电网、风况和机组运行参数，对机组运行进行控制，而且还要根据风速与风向的变化，对机组进行优化控制，以提高机组的运行效率和发电量。

风力发电控制系统的基本目标分为三个层次：保证风力发电机组安全可靠运行，获取最大能量，提供良好的电力质量。目前的控制方法是：当风速变化时通过调节发电机电磁力矩或风力机桨距角使叶尖速比保持最佳值，实现风能的最大捕获。控制方法基于线性化模型实现最佳叶尖速比的跟踪，利用风速测量值进行反馈控制，或电功率反馈控制。但在随机扰动大、不确定因素多、非线性严重的风电系统，传统的控制方法会产生较大误差。因此近些年来，一些新的控制理论开始应用于风电机组控制系统，如采用模糊逻辑控制、神经网络智能控制、鲁棒控制等，使风机控制向更加智能的方向发展。

风力发电机

自动控制是一门理论性及工程实践性均较强的技术学科，常常称为"控制工程"，把实现这种技术的基础理论叫做"自动控制理论"。在工程和科学的发展过程中，自动控制起着越来越重要的作用，它已成为现代工业生产过程中十分重要的、且不可缺少的组成部分。

自动控制理论是研究自动控制共同规律的基础科学，早期的自动控制是以反馈理论为基础的自动调节，由于在军事和航空中的成功应用，第二次世界大战后形成了完整的经典控制理论体系。20世纪60年代，在现代应用数学和计算机技术的推动下，形成了现代控制理论体系。目前，自动控制理论已进入大系统理论和智能控制理论的新阶段。自动控制理论具有理论概念性强、工程背景深厚、强调方法论教育的特点。

本章将主要介绍自动控制的基本概念和自动控制的基本特性，以及经典控制理论、现代控制理论、大系统理论和智能控制理论的基本概念和基本方法等。

4.1 自动控制的基本概念

人类社会进入工业化时代后，生产规模越来越大，生产工艺越来越复杂，人工控制已完全不能适应生产的要求，自动控制应运而生。自动控制是随着人们不断解决在生产实践和科学试验中提出的"控制"问题而发展起来的，所以，首先必须了解什么是控制。什么是控制？什么是自动控制？为了说明这两个经常遇到的概念，我们通过人工控制和自动控制的实例来进行说明。

4.1.1 人工控制

按《现代汉语词典》的解释，控制是掌握住对象不使其任意活动或超出范围，或使其

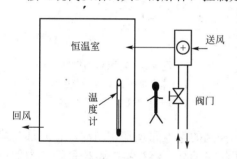

图 4.1 室温人工控制示意

按控制者的意愿活动。控制由人来操作，即人工控制。在生产生活中有很多需要控制的事物，如图 4.1 所示为人工控制室温的过程。在冬季，送风经加热器加热后送往恒温室。为保证恒温室温度符合要求，操作人员要随时观察温度计的读数指示值，并随时判断、决定如何操作加热阀门，然后动手调节加热阀门的开度，以满足室内温度恒定。在此控制过程中，操作者的工作可分解为三步：

（1）测量：观看温度计检测的房间温度值。

（2）比较：判断当前房间温度实际测量值和理想温度值是否相等，思考是否需要进行阀门操作及如何操作。

（3）执行：根据思考结果进行阀门操作。

在这个控制过程中可以看到，人工控制室温的目的，就是通过操纵阀门的开度，使得室内的温度保持恒定。在这里，室内温度是"被控变量"，加热器的热水流量是"操纵变量"。人用眼睛看到温度计显示的温度测量值，输入大脑与给定的理想温度进行比较形成偏差信号，再根据偏差的大小判断需要增大阀门开度还是减小阀门开度，做出决定后输出控制信号，用手来操纵调节阀门以提高送风的温度或者降低送风的温度，从而使室内温度接近给定值。控制过程如图 4.2 所示。

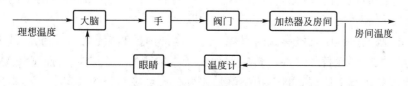

图 4.2 室温人工控制信号流动过程

通过上述实例讨论可以进一步看到，所谓控制就是指"某个主体使其他对象按照一定的目的来动作"。在上面的例子中，主体就是操作者，对象就是加热器及房间，目的就是使得室内温度符合理想温度。整个控制过程实际就是"测量偏差，纠正偏差"的过程，并且通过人的眼睛、大脑、手臂以及阀门等构成一个人机结合的控制系统。

4.1.2　自动控制

由于人的能力差异和局限，人工控制不精确、不稳定。在控制过程中，如果要求控制的精度高、速度快，由人工控制很难满足这些要求。这时候就需要一套"控制装置"来代替人工控制，以完成对控制对象的高精度、快速、稳定的控制作用。

图 4.1 所示的室温人工控制过程，可以用图 4.3 所示的室温自动控制系统实现。该系统由热水加热器、传感器、控制器、执行器构成。其中，温度器 TT 作为测量仪表可以将实际的室内温度值转换为控制器可接受的标准信号，实现了人工控制中的"测量"功能；控制器 TC 将TT 送来的温度实测值和设定的理想温度值进行比较，根据偏差信号的大小按照控制规律计算得到控制信号，实现了人工控制中的"控制"功能；最后，自动控制阀 M 作为执行机构，按照控制器传来的信号的大小自动改变阀门开度，改变了热水流量的大小，从而改变送风温度，以使室温符合要求值，实现了人工控制中的"执行"功能。

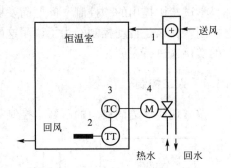

图 4.3　室温自动控制
1—热水加热器；2—传感器；
3—控制器；4—执行器

比较上述两个例子可以看出，自动控制和人工控制的基本原理是相同的，它们都是建立在"测量偏差，纠正偏差"的基础上，并且为了纠正偏差而将被控变量传送给控制器形成一种闭环控制模式。在自动控制过程中，控制信号的流动以及相互关系如图 4.4 所示。

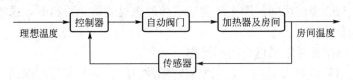

图 4.4　室温自动控制信号流动

从上面的实例可知，无论是人工控制还是自动控制，它们都具备这样的基本特征：一是要对输出量进行测量；二是要把测量的系统输出量和预先给定的输入量进行比较，从而获得偏差；三是要按偏差产生控制指令，进而消除或者减小偏差。控制的目的是使被控对象的输出能够按照预定的规律运行，并且达到预期的目标。这两种控制的不同在于自动控制利用自动化仪表及装置实现了对人工控制的取代。

在自动控制的过程中，没有人的直接参与，全部由控制装置自动完成。其中，控制器代替了人脑，执行器代替了人手，传感器代替了人的感官。总之，用控制装置代替了人，完成了对温度的控制。所以，自动控制就是在没有人直接参与的情况下，利用控制装置使被控对象自动地按照预定规律运动的一种控制。由被控对象及自动控制装置构成的、能够自动地按照预定要求运行的整体，称为自动控制系统。

4.1.3 反馈控制

在通常的自动控制系统中，大都是用传感器测量得到控制系统的输出量，然后将其反馈到输入端，和给定输入值进行比较产生偏差信号，然后根据偏差进行控制。从信号的流动过程可以看出，这一过程形成了信息的闭合回路。这种将系统的输出信息反馈送到输入端的方式称为反馈。反馈有负反馈和正反馈之分。

1. 负反馈

如果系统的反馈信号（即传送到输入端的实测值）的极性与给定输入信号的极性相反，在计算反馈偏差信号时，需要进行减法运算，这种反馈控制被称为负反馈控制。如果采取负反馈控制，当系统的输出量向某个方向偏离了给定值，控制器就能获得反向偏差信号，并输出与系统的输出量变化方向相反的控制信号，使系统的输出量朝着减小偏差的方向移动，直至恢复到给定值。"测量偏差，纠正偏差"的工作原理，称为反馈控制原理。

2. 正反馈

如果系统的反馈信号的极性与给定输入信号的极性相同，则这种控制方式为正反馈控制。如果在控制系统中采用正反馈，则当因某种原因造成系统的输出量向某个方向偏离了给定值时，由于反馈信号的极性和给定值的极性相同，反馈产生了同向相加信号，控制器输出与系统的输出量变化方向相同的控制信号，在控制器作用下，系统的输出量会继续向着偏离给定值方向移动，最终使得系统的输出超出了安全工作范围，破坏了系统的正常运行，使得系统无法工作。因此，一般情况下控制系统绝不能简单地采用正反馈。

所谓负反馈控制是指控制系统的输出值被负反馈送到控制系统输入端的闭环反馈控制系统。在工业中，自动控制系统的主要任务是对生产过程中的有关参数（温度、压力、流量、物位、成分、湿度、物性等）或运动过程中的有关参数（速度、方向、距离等）进行稳定性控制，使其保持恒定或按一定规律变化。因此，负反馈自动控制系统是最常用的控制系统。

4.1.4 自动控制系统的组成

所谓自动控制系统，就是为实现对某个参数的自动控制，由相互联系、制约的一些仪表、装置、设备等构成的一个整体。如图4.3所示的室温控制系统是由房间、加热器、温度传感器、控制器和电动调节阀组成。

在讨论控制系统工作原理时，为清楚地表示自动控制系统各组成部分的作用及相互关系，一般用原理框图来表示控制系统。对于最简单的闭环控制系统，无论其被控对象的设备和被控变量如何不同，系统的结构和组成基本上都可以采用如图4.5所示的框图来表示。

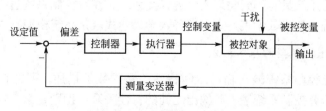

图4.5 闭环控制系统原理

系统原理框图反映了系统中信息传递的基本关系。信号线和箭头表明信号传递方向；方框表示信号发生变换的环节，如控制器、执行器、被控对象、测量变送器、信号综合点等。各环节的功能如下：

（1）控制器是控制系统的核心环节，它根据被控变量与设定值的偏差信号或者系统的其他输入信号进行一定的控制运算，产生相应的控制输出信号。

（2）执行器根据控制器提供的控制信号，对被控对象的某个能够影响被控变量的控制变量（操纵变量）进行直接的操作。

（3）被控对象是控制系统所控制和操作的对象，它的输出量是控制系统的被控变量。

（4）测量变送器或传感器用来测量被控对象的实际参数（如被控变量、干扰量等），经过信号处理，转换成为控制器能接收的信号或输出显示。

（5）信号综合点表示信号的综合方式（如进行信号的相加或者相减）。在反馈控制系统中，测量变送器将被控变量的测量值反馈到控制器的输入端和给定值相比较（相减功能），比较后得到偏差信号，进行控制运算。

4.2 自动控制的基本特性

控制系统是为了完成一定控制目标所设计的，由各种测量、控制、执行、反馈等环节构成的系统。为了得到理想的控制效果，必须了解控制系统的特性。自动控制理论主要从三个方面对自动控制系统进行研究和阐述。

（1）系统的模型：表述控制系统各输入输出之间的关系。

（2）系统的分析：分析影响控制系统性能的各个因素。

（3）系统的综合：通过对控制系统的综合研究，确定最佳控制方案和控制规则。

4.2.1 自动控制系统的模型

控制系统往往是多种多样的。被控对象可以是机床、加热炉、反应釜，也可以是车辆、船舶、飞行器等。被控变量可以是机器的运转速度，反应过程的物质温度、成分，也可以是飞机、导弹、船舶的航向、速度、加速度等。总之，控制系统存在于各个不同的领域，被控制的变量可以具有不同的物理属性。但不同物理系统的变化规律存在着相似性，也就是说，如果列出许多不同物理属性的数学表达式（如微分方程），这些数学表达式中存在着对应相似的情况。例如，串联电容经闭合回路放电与热物体的自然冷却都遵从衰减规律，可以用相同形式的微分方程描述。

因此，在研究控制系统时，可以抛开系统的物理属性，只对其数学表达式进行研究，研究所得的结论适用于具有不同物理属性的各类系统。在对控制系统进行理论分析时，首先要将具体的系统抽象成数学表达式，这种数学表达式就是系统模型。

1. 自动控制系统模型的基本形式

系统模型是指控制系统输入输出之间特性关系的数学描述。研究控制系统的基本特性，实际上就是研究控制系统输入和输出之间的特性关系，特别是系统输入输出变量之间的动态关系。要得到系统模型，首先要得到环节模型。

1）环节模型

环节是指构成系统的各个物理实体，有仪表、装置、设备等。无论环节的内部性能如何，它对输入信号的响应（输出）都是有规律可循的，这个规律的表述就是环节模型。环节可以是测控系统的某一个具体组成环节，如传感器、执行器，甚至可以对应一个简单的弹

图 4.6　环节框图

性元件，也可以是由多个部件组成的一个子系统。在动态过程中环节的输入变化与输出变化之比一般是随时间变化的函数关系。如图 4.6 所示的环节，其动态特性为

$$\frac{输入增量}{输出增量} = f(t) \tag{4-1}$$

式中，$f(t)$ 是描述输入和输出关系的函数。

2）系统模型

在经典控制理论中，常见的描述自动控制系统的基本模型有单变量的线性定常微分方程、差分方程、传递函数、脉冲传递函数和动态结构图等。对于复杂、多变的控制对象，无法采用简单的单输入单输出变量的线性定常模型来描述，要用复杂的数学模型表达。例如，对于参数大范围变化或非线性严重的对象，其数学模型应为变参数微分方程；对于多变量系统，其数学模型将是大维数的状态方程；如果对象的参数是分布的，其特性要用偏微分方程来描述。

2. 自动控制系统的建模方法

在具体的控制系统的分析和设计中，建立系统的数学模型是一件非常重要的工作。通常建模的方法有两类，即解析法和实验法。

1）解析法建模

解析法建模是根据系统和环节所遵循的有关定律来建立数学模型。例如，根据欧姆定律和基尔霍夫定律来建立电路网络的数学模型；根据牛顿三定律来建立机械系统的数学模型；根据流体力学的有关定律来建立液压系统的数学模型。解析法建模适用于非线性不严重或者线性定常系统的数学模型的建立。

用时间函数描述的动态关系最直观，易推导。如图 4.7 所示为一个简单的 RC 电路，如果我们想得到 RC 电路输入电压 $u_r(t)$ 和输出电压 $u_c(t)$ 之间的动态关系，可以运用电路的定律对其充电过程分析求解。

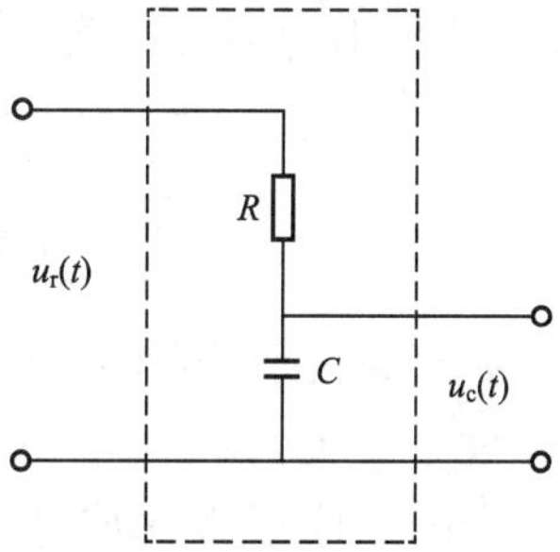

根据基尔霍夫电压定律可以列出

图 4.7　RC 电路

$$u_R(t) + u_c(t) = u_r(t) \tag{4-2}$$

根据元件自身的伏安关系可得

$$i_c(t) = C\frac{\mathrm{d}u_c(t)}{\mathrm{d}t} \tag{4-3}$$

联立式（4-2）与式（4-3），可得

$$RC\frac{\mathrm{d}u_c(t)}{\mathrm{d}t} + u_c(t) = u_r(t) \tag{4-4}$$

令 $T=RC$，式（4-4）可整理为

$$T \frac{\mathrm{d}u_\mathrm{c}(t)}{\mathrm{d}t} + u_\mathrm{c}(t) = u_\mathrm{r}(t) \tag{4-5}$$

可见，描述 RC 电路的物理方程式是一个一阶微分方程。根据数学知识，式(4-5)无法解出通解，只有特解。如当 $u_\mathrm{r}(t)$ 是幅值为 U 的阶跃信号时，$u_\mathrm{c}(t)$ 的响应如图 4.8 所示。系统的输出特性为

$$u_\mathrm{c}(t) = U(1 - \mathrm{e}^{-t/RC}) \tag{4-6}$$

2) 实验法建模

理论上各种物理对象只要知道其工作机理，都可以求出其特性。但在许多情况下，实际的系统或环节结构比较复杂，加上变量之间存在着非线性关系，很难采用解析法建立数学模型，因此多采用实验法建立其数学模型。实验法是通过实验来识别对象的数学模型，又称辨识建模，在统计系统输入和输出数据(信号)的基础上，由规定的一类模型处理方法来确认其模型，即根据系统对典型输入信号的响应过程和实验数据来建立数学模型，使之与被测对象等价。

在采用实验法建模时，需要选择特定的输入信号，最常采用的输入信号是阶跃信号及正弦信号。阶跃信号如图 4.9 所示，时域表达式为

$$f(t) = \begin{cases} A, & t \geqslant t_\mathrm{o} \\ 0, & t < t_\mathrm{o} \end{cases} \tag{4-7}$$

式中，A 为阶跃幅值。

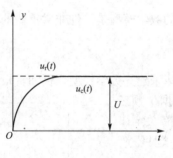

图 4.8　RC 电路阶跃响应

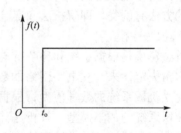

图 4.9　阶跃信号

控制系统或环节对阶跃信号的响应过程能充分展现系统或环节的特性，并且实验、分析都方便、直观。如图 4.8 所示的 RC 电路的阶跃响应曲线的特征非常明显，如果对一个未知的对象做出相似的阶跃响应曲线，我们可以断定其输入输出之间的特性关系是一阶微分方程。

在实际应用中，无论用分析法还是实验法建立的数学模型，都存在着模型精度和复杂性之间的矛盾，即系统的数学模型越准确，它的复杂性越高，使系统的分析与设计越困难。所以，在工程上总希望在满足一定的精度要求的前提下，尽量使数学模型简单。为此，在建立数学模型时，常做许多假设和简化，最后得到的是有一定精度的近似数学模型。

3. 拉普拉斯变换与传递函数

用解析法建模通常得到的是描述系统的微分方程。要进一步分析计算系统的动态性能，最直接的方法就是求出微分方程的时域解，即对于给定的输入作用，求出相应输出的时间函数。但高阶系统中直接求解系统的时域解较为困难，需要采用拉普拉斯变换这一数学工具进行变量转换，以降低运算难度，减小运算量。

1）拉普拉斯变换

拉普拉斯变换（简称拉氏变换）是一种积分变换，将时域函数变换为 s 域函数。在 s 域中，微分方程和积分方程都转化为代数方程，便可方便地解出输入输出关系式，而且还能方便地逆变换为时域响应函数。因此，在自控原理分析中通常用拉氏变换式表示环节的特性。

拉氏变换的定义为：如果一个以时间 t 为自变量的函数 $f(t)$，它的定义域是 $t>0$ 时，其拉氏变换为

$$F(s) = \int_0^\infty f(t)\mathrm{e}^{-st}\,\mathrm{d}t \qquad (4-8)$$

式中，s 为 s 域变量，$f(t)$ 被称为原函数，$F(s)$ 被称为象函数。通常将拉氏变换式简写成

$$F(s) = L[f(t)] \qquad (4-9)$$

例如，对于图 4.7 所示的 RC 电路，其充电特性为

$$RC\frac{\mathrm{d}u_\mathrm{c}(t)}{\mathrm{d}t} + u_\mathrm{c}(t) = u_\mathrm{r}(t)$$

对上式进行拉氏变换为

$$RCU_\mathrm{c}(s) + U_\mathrm{c}(s) = U_\mathrm{r}(s) \qquad (4-10)$$

则输入输出关系式可以写成

$$W(s) = \frac{U_\mathrm{c}(s)}{U_\mathrm{r}(s)} = \frac{1}{RCs+1} \qquad (4-11)$$

拉氏变换能够把微分、积分运算转换成代数运算，可以清楚地表达系统的特性，并且有现成的变换表可查，是一种简便的工程数学处理方法，是控制理论中分析研究系统特性的主要方法之一。

2）传递函数

如前所述，对于线性定常系统，可以采用常系数线性微分方程来描述。当输入信号确定后，可以通过求解微分方程得出系统的输出响应，还可以根据输出响应的数学表达式画出时间响应曲线，直观地反映出系统工作的动态过程。但这种求解方法过程比较复杂，输入输出表达式不清晰，难以分析判断系统的动态性能。在控制理论中，并不通过直接求解系统微分方程来分析设计控制系统，而是采用传递函数这种与微分方程等价的数学模型来研究控制系统的性能。

在表达系统或环节的数学模型时，把用拉氏变换式表示的输入输出关系式称为传递函数。其定义为：线性定常系统在输入、输出初始值均为零的情况下，输出的拉氏变换和输入的拉氏变换之比。在控制理论研究中传递函数是表示输入输出关系的最常用方式。

例如，图 4.10 所示是一个水槽，水经过阀门 1 不断地流入，又通过阀门 2 不断流出。工艺上要求控制水槽的液位 h，于是水槽就是被控对象，液位 h 就是被控变量。若想通过调节阀门 1 来控制液位，就应了解水槽进水流量 Q_1 和液位 h 之间的特性关系。经过机理分析可导出水槽对象的进水流量 Q_1 和液位 h 之间的传递函数为

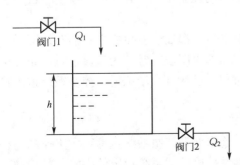

图 4.10　水位特性推导

$$W(s) = \frac{H(s)}{Q_1(s)} = \frac{K}{Ts+1} \qquad (4-12)$$

当进水流量 Q_1 阶跃变化时

$$Q_1(s) = \frac{\Delta Q_1}{s} \qquad (4-13)$$

$$H(s) = W(s) \cdot Q_1(s) = \frac{K}{Ts+1} \cdot \frac{\Delta Q_1}{s} \qquad (4-14)$$

通过逆变换,得到时域表达式为

$$\Delta h(t) = K \Delta Q_1 (1-e^{-\frac{t}{T}}) \qquad (4-15)$$

其阶跃响应(飞升)曲线如图 4.11 所示。

控制系统的特性由组成系统的各环节的传递函数综合而得。要知道控制系统的特性,首先要求得控制系统中各环节的传递函数,如被控对象传递函数、执行器传递函数、控制器传递函数、传感器传递函数等。当掌握了控制系统各环节的特性和系统的结构原理后,运用等效变换法就可以求出控制系统的传递函数。知道控制系统的传递函数,就能分析控制系统的性能,就能求出被控变量在干扰作用下的响应曲线。

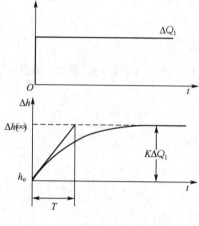

图 4.11　水槽液位系统阶跃响应

4.2.2　自动控制系统的特性

自动控制系统的特性在时域中的展现是:当被控过程的输入变量(操纵变量或扰动)发生变化时,其输出变量(被控变量)随时间变化的规律,又称为控制系统的时间响应。特别是自动控制系统的阶跃响应是研究自动控制系统性能的典型样本。

1. 对控制系统的性能要求

对于任何一个控制系统的要求都可以概括为稳定性(稳)、快速性(快)、准确性(准)三个方面。"稳"与"快"是说明系统的动态品质,"准"是说明系统的稳态品质。

1) 时域性能描述

控制系统的时间响应从时间顺序上讲,可以大致划分为稳态和动态两个过程。研究系统的时间响应必须对动态和稳态两个过程的特点和性能加以讨论。

(1) 控制系统的稳态是指控制系统的输入、输出信号都处于稳定状态。稳态过程是指控制系统的输出稳定不变化的时间段。正常工作的自动控制系统,在没有干扰的情况下应当处于稳态。

(2) 控制系统的动态是指控制系统的输入、输出信号都处于变化之中。动态过程是指控制系统从系统开始变化,到变化结束进入稳态之前的时间段,常称为过渡过程。正常工作的自动控制系统对干扰进行控制的过程是过渡过程,过渡过程结束后,控制系统进入稳态过程。

2) 稳定性分析

控制系统要正常工作,必须是稳定的。因此,稳定性是控制系统能够正常工作的前提条件,也是最重要的条件。如何分析系统的稳定性并提出保证系统稳定的措施,是控制理论的基本任务之一。

稀定性的概念可以通过如图 4.12 所示的例子加以简单说明。考察置于水平面上的圆锥体，其底部朝下放置时稳定性好。若将圆锥体稍微倾斜，外作用力撤消后，经过若干次摆动，它仍会返回到原来状态。而当圆锥体尖部朝下放置时稳定性极差，只有一点能使圆锥体保持平衡，在受到任何极微小的扰动后就会倾倒，如果没有外力作用，就再也不能回到原来的状态了。

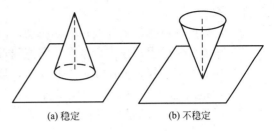

(a) 稳定   (b) 不稳定

图 4.12　圆锥体的稳定性

系统稳定性的定义为：系统在受到外作用力后，偏离了正常工作点，而当外作用力消失后，如果系统能够以一定精度返回到原来的工作点，则称系统是稳定的；否则系统就是不稳定的。线性系统稳定的充分必要条件是它的传递函数的所有特征根均为负实数，或具有负的实数部分(所有特征根均位于左半 s 平面)。

对于一个稳定的控制系统，要求被控变量在给定输入或扰动作用下，由原来的平衡状态变到新的平衡状态的过渡过程既快速又平稳。系统在过渡过程中和结束后，被控变量达到的稳态值与系统期望的给定值之间的误差反映了控制系统的准确性。

2. 反馈控制系统的过渡响应

一个控制系统原来处于稳态，且被控变量等于给定值。如果某时刻输入发生变化(如干扰出现)，破坏了这种平衡，被控变量就会发生变化，而控制器、控制阀等自动化装置就要产生控制作用来抵消干扰的影响。自动控制系统的任务就是消除干扰的影响，使被控变量重新稳定在给定值上，这一段动态过程就是过渡过程。控制系统性能的好坏主要看它的过渡过程。系统的过渡过程既取决于系统自身的特性，又受到来自外部的信号的影响。在系统的输入信号一定的情况下，被控变量随时间的变化规律取决于系统特性。

控制系统对阶跃信号的响应过程就是过渡过程，称阶跃响应。阶跃响应是分析系统特性的重要依据，反馈控制系统的阶跃响应有四种形式，如图 4.13 所示。

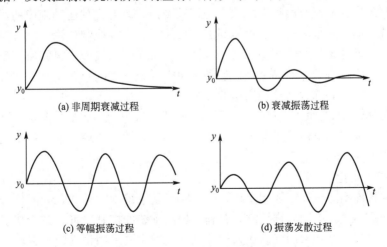

(a) 非周期衰减过程   (b) 衰减振荡过程

(c) 等幅振荡过程   (d) 振荡发散过程

图 4.13　反馈控制系统阶跃响应

（1）非周期衰减过程，被控变量在给定值的某一侧缓慢变化，没有来回波动，最后稳定在某一数值上。

（2）衰减振荡过程，被控变量上下波动，但幅度逐渐减少，最后稳定在某一数值上。

（3）等幅振荡过程，被控变量在给定值附近来回波动，且波动幅度保持不变。

（4）发散振荡过程，被控变量来回波动，且波动幅度逐渐变大，离给定值越来越远。

这四种过渡过程中，（1）和（2）都是衰减的，逐渐趋向原来的或新的平衡状态，称为稳定的过渡过程。其中（2）是常用的控制过程。

4.3　基本的控制理论

从 20 世纪 40 年代自动控制理论形成开始，几十年来，随着人们对自动控制方式的不断研究、试验，自动控制理论逐渐成熟、丰富，并形成了不同特色的理论体系。目前，公认的控制理论体系分为经典控制理论、现代控制理论、大系统理论和智能控制理论。

4.3.1　经典控制理论

经典控制理论以拉普拉斯变换和 Z 变换为数学工具，以单输入-单输出的线性定常系统为主要的研究对象。通过拉普拉斯变换或者 Z 变换将描述系统的微分方程或差分方程变换到复数域中，得到系统的传递函数。并以传递函数为基础，以根轨迹法和频率法为研究手段，重点分析反馈控制系统的稳定性和稳态精度。

1. 经典控制理论的内容

经典控制理论主要研究系统运动的稳定性、时间域和频率域中系统的运动特性、控制系统的设计原理和校正方法。经典控制理论的数学基础是拉普拉斯氏变换，占主导地位的分析和综合方法是频率域方法。经典控制理论包括线性控制理论、采样控制理论、非线性控制理论三个部分。

1）线性控制理论

线性控制理论主要研究线性系统状态的运动规律和改变这种运动规律的可能方法，建立和揭示系统结构、参数、行为和性能间的定量关系。线性控制理论以拉普拉斯变换为主要工具，建立合理的系统数学模型。对于线性系统，常用的模型有时间域模型和频率域模型。时间域模型比较直观，而频率域模型则是研究系统性能的重要工具。在分析系统数学模型基础上，加入控制部分来达到期望的性能。

线性控制理论在 20 世纪 50 年代业已成熟。后来，一些新的数学工具相继得到了运用，先进的计算机技术也被使用起来，这些都推动了线性系统理论的进一步发展和在实际中的广泛运用。

2）采样控制理论

采样控制系统不同于连续控制系统，它的特点是系统中一处或几处的信号具有脉冲序列或数字序列的形式。应用采样控制，有利于提高系统的控制精度和抗干扰能力，也有利于提高控制器的利用率和通用性。在采样控制理论中主要采用频率域方法，它以 Z 变换为数学基础，又称 Z 变换法。通过引入 Z 变换，在连续控制系统研究中所采用的许多基本概念(如传递函数、频率响应等)和分析设计法(如稳定性和过渡过程的分析方法、控制系统校正方法等),都可经过适当的修正而推广应用于采样控制系统。随着微型计算机的普及,采样控制更显示出其优越性。

3) 非线性控制理论

随着科学技术的不断发展,人们对实际生产过程的分析日益精密。各种较为精确的分析和科学实验的结果表明,任何一个实际的物理系统都是非线性的。所谓线性只是对非线性的一种简化或近似,或者说是非线性的一种特例。非线性系统的分析方法大致可分为两类。

(1) 运用相平面法通过计算机仿真可以求得非线性系统的数值解,进而分析非线性系统的性能,但是相平面法只适用于一阶、二阶系统。

(2) 运用谐波平衡法对非线性系统进行函数描述,是分析非线性系统的简便而实用的方法。但只能做出定性分析,不能求得数值解。

对非线性控制系统的研究从 20 世纪 40 年代开始进展明显,目前仍处于发展阶段,远非完善,很多问题都还有待研究解决。

2. 经典控制理论的特点

经典控制理论的特点是以输入输出特性为系统数学模型,采用频率响应法和根轨迹法分析系统性能和设计控制装置。经典控制理论的控制技术通常是采用负反馈控制,构成所谓闭环控制系统。经典控制技术有以下两个重要前提:

(1) 被控变量具有独立性,即各个变量之间没有耦合。因此每一个变量都可以用一个独立的调节回路来控制,其余变量对它的耦合效应相对较弱,可以忽略或作为干扰处理。

(2) 被控变量和控制作用之间存在线性关系,或至少能在一定的范围内做线性化的近似。

工业控制中应用的各种设备、器件、仪表等,大部分都可以满足以上两点要求,这也是经典控制理论在工业中广泛使用的原因。从 20 世纪 50 年代开始,为了满足生产过程大型化、工艺要求复杂、控制精度要求高的实际需求,反馈控制技术发展了串级控制、比值控制、前馈控制、均匀控制、Smith 预估控制和选择性控制等控制策略与算法,统称为多回路控制。这些控制策略和算法满足了复杂生产过程控制的实际需要,其理论基础仍然是经典控制理论。这些控制策略和算法现在仍在广泛应用,并在不断地改进、完善与发展。反馈控制理论不仅在工程技术领域,而且在经济管理和日常生活中都有着重要的应用价值。

3. 经典控制理论的局限性

经典控制理论技术简单、适应面广,但存在着如下局限性:

(1) 只适用于分析和设计单输入单输出的单变量系统。对于多输入多输出系统,经典控制理论分析很粗糙,不精确。实际上,大多数工程对象都是多输入多输出系统。尽管人们做了很多尝试,但是,用经典控制理论设计这类系统都没有得到满意的结果。

(2) 只适用于分析和设计线性定常系统,难以分析复杂的非线性或时变系统。

(3) 只能用外部描述的方法讨论系统的输入和输出之间的关系,这就从本质上忽略了系统的内在特性,不能描述系统内部的状态信息等对实际控制的影响。

(4) 设计方法不严密,工程分析基本依靠经验方法。即根据经验选用合适的、工程上易于实现的控制器，然后对系统进行调试，直至找到满意的结果为止。虽然这种设计方法具有诸如实用等很多优点，但是，在理论分析上却不能令人满意。

（5）控制过程中动态偏差不可避免，控制效果也不是最佳的。

经典控制理论的局限性使其难以有效地应用于时变系统、多变量系统，也难以揭示系统更为深刻的特性。

4.3.2 现代控制理论

对于某些特殊的设备，当对其控制性能要求较高的时候，往往不能回避生产过程本身存在的非线性、时变性、不确定性、控制变量间的耦合性等问题。在经典控制理论中，对于多变量和非线性问题的研究只取得了一些局部的成果，这类问题的彻底解决需要新的理论和新的方法。

20世纪50年代，在蓬勃兴起的航空航天技术的推动和计算机技术的支持下，控制理论在1960年前后有了重大的突破和创新，研究对象从单输入单输出的线性定常系统，发展到多输入多输出线性系统，其中特别重要的是对描述控制系统本质的基本理论的建立，如能控性、能观性、实现理论、典范型、分解理论等，开辟了控制理论的新领域。一套以状态空间法、极大值原理、动态规划、卡尔曼-布什滤波为基础的分析和设计控制系统的新的原理和方法已经确立，这标志着现代控制理论的形成。

1. 现代控制理论的内容

现代控制理论以线性代数和微分方程为主要的数学工具，以状态空间法为基础，主要研究多输入多输出系统的建模方法；分析控制系统的能控性、能观测性、稳定性等品质；寻找综合最优控制方法。状态空间法本质上是一种时域的方法，它不仅描述了系统的外部特性，而且描述和揭示了系统的内部状态和性能。现代控制理论比经典控制理论所能处理的控制问题要广泛得多，包括线性系统和非线性系统，定常系统和时变系统，单变量系统和多变量系统。状态空间法对揭示和认识控制系统的许多重要特性具有关键的作用。其中能控性和能观性尤为重要，它们是控制理论两个最基本的概念。现代控制理论所包含的主要内容有线性系统理论、最优控制理论和自适应控制理论。

1）线性系统理论

线性系统理论以状态空间法为主要工具，是研究多变量线性系统的理论。20世纪50年代以后，随着航天等技术的发展和控制理论应用范围的扩大，经典线性控制理论的局限性日趋明显，它既不能满足实际需要，也不能解决理论本身提出的一些问题，这就推动了线性系统的研究，美国学者 R. E. 卡尔曼首先把状态空间法应用于多变量线性系统的研究，提出了能控性和能观性两个基本概念。20世纪60年代以后，现代线性系统理论又有了新发展，出现了线性系统几何理论、线性系统代数理论和多变量频域方法等研究多变量系统的新理论和新方法。

与经典线性控制理论相比，现代线性系统的主要特点是：研究对象一般是多变量线性系统；数学模型中除输入和输出变量外，还存在描述系统内部状态的变量；在分析和综合方面以时域方法为主。

2）最优控制理论

最优控制理论是设计最优控制系统的理论基础，是现代控制理论的一个主要分支，着重于研究使控制系统的性能指标实现最优化的基本条件和综合方法，是研究和解决从一切可能的控制方案中寻找最优解的一门学科。在最优控制理论中，用于综合最优控制系统的主要方法有极大值原理和动态规划。最优控制问题广泛存在于技术领域或社会问题中。例如，确定一个最优控制方式使空间飞行器由一个轨道转换到另一轨道过程中燃料消耗最少，选择一个温度的调节规律和相应的原料配比使化工反应过程的产量最多，制定一项最合理的人口政策使人口发展过程中老化指数、抚养指数和劳动力指数最优等，这些都是一些典型的最优控制问题。最优控制理论的研究范围正在不断扩大，诸如大系统的最优控制、分布参数系统的最优控制等。

3）自适应控制理论

自适应控制理论是在模仿生物适应能力的思想基础上，研究在受控对象的动态特性变化时，控制系统如何自动调整自身特性的控制方法。自适应控制的研究对象是具有一定程度不确定性的系统，这里所谓的"不确定性"是指描述被控对象及其环境的数学模型不是完全确定的，其中包含一些未知因素和随机因素。

自适应控制理论的研究通常可归结为如下三个基本问题：

（1）识别受控对象的动态特性。

（2）在识别对象的基础上选择决策。

（3）在决策的基础上做出反应或动作。

自适应控制与常规的反馈控制和最优控制一样，也是一种基于数学模型的控制方法，所不同的只是自适应控制所依据的关于模型和扰动的先验知识比较少，需要在系统的运行过程中去不断提取有关模型的信息，使模型逐步完善。自适应控制系统具有一定的自适应能力。例如，系统在设计阶段，由于对象特性的初始信息比较缺乏，在刚开始投入运行时可能性能不理想，但是只要经过一段时间的运行，通过在线辨识和控制以后，控制系统逐渐适应，最终会将自身调整到一个满意的工作状态。再比如，某些控制对象，其特性可能在运行过程中发生较大变化，这时通过在线辨识和改变控制器参数，系统能逐渐适应。

自适应控制方法包括：自校正控制、模型参考自适应控制、非线性自适应控制、神经网络自适应控制和模糊自适应控制。自适应控制理论的研究目标是，在揭示系统内在规律的基础上，实现系统在一定意义下的最优化。

2. 现代控制理论的特点

现代控制理论的研究对象非常广泛，既可以是单变量的、线性的、定常的、连续的，也可以是多变量的、非线性的、时变的、离散的。和经典控制理论相比，现代控制理论具有以下特点：

（1）控制对象结构由简单的单回路模式向多回路模式转变，即从单输入单输出向多输入多输出转变。它可以处理极为复杂的工业生产过程的优化和控制问题。

（2）研究工具从积分变换法变为矩阵理论、几何方法，研究的方法由频域法变为状态空间的时域法；随着计算机技术发展，由手工计算转向计算机计算。

（3）建模手段由机理建模向统计建模转变，开始采用参数估计和系统辨识的统计建模方法。

3. 现代控制理论的发展

控制理论的发展同其他学科一样，依赖于工业、科学、技术提出的越来越高的要求。

现代控制理论的研究已在以下两方面取得了一定的进展。

1) 非线性系统理论的研究

非线性系统理论是研究非线性系统的运动规律和分析方法的一个分支学科。它反映出非线性系统运动本质的一类现象，不能采用线性系统的理论来解释，主要原因是非线性现象有频率对振幅的依赖性、多值响应和跳跃谐振、分谐波振荡、自激振荡、频率插足、异步抑制、分岔和混沌等。非线性系统最重要的问题之一就是确定模型的结构，如果对系统的运动有足够的知识，则可以按照系统运动规律给出它的数据模型。一般来说，这样的模型是由非线性微分方程和非线性差分方程给出的，对这类模型的辨别可以采用线性化、展开成特殊函数等方法。

近年来出现的微分几何及微分代数理论，为非线性系统控制的深入研究提供了新的工具。由微分几何理论得出的一些方法对分析某些非线性系统提供了有力的理论工具。但非线性系统的分析和综合理论尚不完善，研究领域主要还限于系统的运动稳定性、双线性系统的控制和观测问题、非线性反馈问题等，更一般的非线性系统理论还有待建立。非线性系统理论的研究将是旷日持久的，也是十分艰巨的。

2) 随机控制理论的研究

随机控制理论是把随机过程与控制理论结合起来，研究随机系统的控制方法。随机系统指含有内部随机参数、外部随机干扰和观测噪声等随机变量的系统。飞机或导弹在飞行中遇到的阵风、生产过程中工艺条件的变化、测量电路中出现的噪声等都是随机干扰的典型例子。随机变量不能用已知的时间函数描述，而只能了解它的某些统计特性。严格地说，任何实际的系统都含有随机因素，但在很多情况下可以忽略这些因素。当这些因素不能忽略时，按确定性控制理论设计的控制系统的行为就会偏离预定的设计要求，产生随机偏差量。

随机控制理论研究的课题包括随机系统的结构特性和运动特性的分析，随机系统状态的估计，以及随机控制系统的综合设计。维纳滤波理论和卡尔曼-布什滤波理论是随机控制理论的基础之一。随机最优控制的问题是随机控制理论研究的一个重要方向，对于最优控制的存在性条件和闭环最优控制的研究，在实际中有着广泛的应用，如生产决策问题和最优投资组合问题。

4.3.3　智能控制理论

随着科学技术的飞速发展，工业过程更加复杂多变，严重的非线性和不确定性使许多系统无法用数学模型精确描述。这样建立在精确数学模型基础上的经典控制和现代控制方法都面临困难。解决这类系统的控制问题，必须跳出固定的数学模型的框架。面对系统的实际情况，提出新的概念和模型，探索新的方法和手段。

1. 智能控制的定义

智能控制是应用人工智能理论和运筹学的优化方法，研究人类智能活动及其控制与信息传递的规律，并将其同控制理论相结合，仿效人的智能(感知、观测、学习、逻辑判断等能力)，设计具有某些仿人智能的工程控制和信息处理系统，实现对复杂、多变、未知对象的控制。

智能控制的理论结构明显地具有多学科交叉的特点，按照傅京孙教授(K. S. Fu, 模式识别与机器智能专家，美国工程科学院院士)提出的观点，可以把智能控制看做是人工智能、自动控制和运筹学三个主要学科相结合的产物，称之为三元结构(图 4.14)。

1) 人工智能

人工智能是研究模仿人的知识处理系统，具有记忆、学习、信息处理、形式语言、启发式推理等功能。

2) 自动控制

自动控制指研究控制对象的各种方法，如负反馈控制、补偿控制、自适应控制等。

3) 运筹学

运筹学指研究定量优化的方法，如线性规划、网络规划、调度、管理、优化决策和多目标优化等。

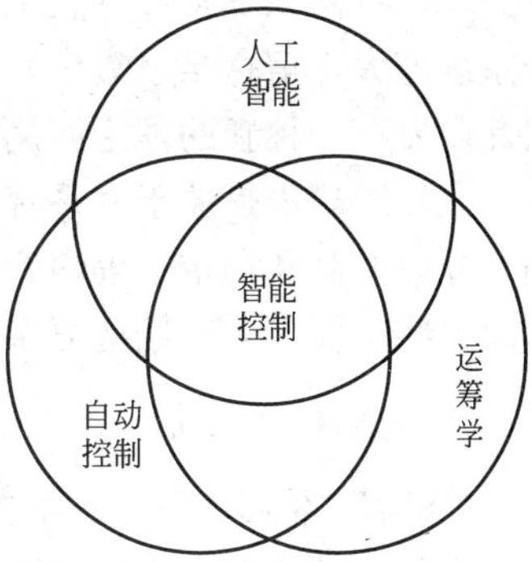

图 4.14 三元结构

2. 智能控制的研究方向

对许多复杂的系统，难以建立有效的数学模型和用常规的控制理论去进行定量计算和分析，而必须采用定量方法与定性方法相结合的控制方式。定量方法与定性方法相结合的目的是，要由机器用类似于人的智慧和经验来引导求解过程。因此，在研究和设计智能系统时，主要注意力不放在数学公式的表达、计算和处理方面，而是放在对任务和现实模型的描述、符号和环境的识别以及知识库和推理机的开发上，即智能控制的关键问题不是设计常规控制器，而是研制智能机器的模型。

此外，智能控制的核心在高层控制，即组织控制。高层控制是对实际环境或过程进行组织、决策和规划，以实现问题求解。为了完成这些任务，需要采用符号信息处理、启发式程序设计、知识表示、自动推理和决策等有关技术。这些问题求解过程与人脑的思维过程有一定的相似性，即具有一定程度的"智能"。

自 20 世纪 80 年代以来，智能控制的研究进展很快，国际上已认识到采用智能控制是解决复杂系统控制问题的主要途径。近年来，以专家系统、模糊逻辑、神经网络、遗传算法等为主要途径的基于智能控制理论的方法已经用于解决那些采用传统控制效果差，甚至无法控制的复杂过程的控制问题。

智能控制与传统的或常规的控制有密切的关系，不是相互排斥的。常规控制往往包含在智能控制之中，智能控制也利用常规控制的方法来解决"较简单"的控制问题，力图扩充常规控制方法，并建立一系列新的理论与方法来解决更具有挑战性的复杂控制问题。目前，现代控制理论向智能化发展的研究越来越多，如带有智能功能的自适应控制、基于传感器的智能反馈控制、学习控制和循环控制、故障诊断及容错控制，以及控制系统的智能化设计等。

4.3.4 大系统理论

随着生产的发展和科学技术的进步，出现了许多大系统，如电力系统、城市交通网、数字通信网、柔性制造系统、生态系统、水资源系统、社会经济系统等。这类系统的特点是规模庞大，结构复杂，而且地理位置分散，因此造成系统内部各部分之间通信困难，提高了通信的成本，降低了系统的可靠性。原有的控制理论，不论是经典控制理论，还是现代控制理论，都是建立在集中控制的基础上，即认为整个系统的信息能集中到某一点，经过处理，再向系统各部分发出控制信号。这种理论应用到大系统时遇到了困难，这不仅由于系统庞大，信息难以集中，也由于系统过于复杂，集中处理的信息量太大，难以实现。因此需要有一种新的理论，用以弥补原有控制理论的不足。

大系统理论是关于大系统分析和设计的理论，包括大系统的建模、模型降阶、递阶控制、分散控制和稳定性等内容。以大系统理论为指导的递阶控制和分散控制方法已经用于解决那些规模庞大，结构复杂，而且地理位置分散的系统。

1. 递阶控制理论

"递阶"本来是一个非常古老的概念，自有人类社会以来就已存在。大至一个国家小至一个基层单位都在实行递阶控制。长期的实践经验证明，对于一个庞大的系统，如果由一个决策人去集中控制是很难奏效的。而由若干个平行的决策人互相协商去控制，效率又太低。只有采用分等级(层次)的递阶控制，才可能克服上述困难，取得较好的控制效果。

递阶控制理论是研究具有递阶结构的大系统的控制问题的理论，它包括大系统的分解和协调、最优控制和稳定性等。递阶控制系统中一个关键的问题是如何设置协调变量，大系统的分解和协调是递阶系统赖以建立的基础。分解就是把一个大系统分成若干子系统。分解的结果产生一组有关联的下级子系统。这组子系统可以在放宽关联约束之下各自求解，这样得到的解当然不可能是大系统的整体最优解。为了从整体上把握各子系统之间的关联，就需要在上级设置一个协调机构，通过协调某些变量，不断调整下级各子系统间的关系。一旦关联约束条件成立，则在一组凸性的条件下，各子系统局部最优解的组合便成为大系统的整体最优解，使大系统能在各控制器实现局部最优化的同时达到全局最优化。据此选定的变量称为协调参数或协调变量。协调变量选择不同就会形成不同的算法。最常见的算法有目标协调法、模型协调法和混合法等。

2. 分散控制理论

分散控制理论是将一个复杂的大系统按其分布特征划分为若干较简单的子系统，并分别设置分散控制器对各子系统施加控制的一种系统理论。分布可以指系统各部分在空间位置上的不同，也可以指系统各部分动态特性响应时间的明显差异。这种在一个给定时刻各控制器的动作基于自身所得的不同的信息结构，称为非经典信息结构。在分散控制系统中各分散控制器之间完全没有或只有部分在线信息可以进行交换。完全没有在线信息交换时，称完全分散控制；有部分在线信息交换时，称部分分散控制。在这两种情况下，系统的某些传感器的输出和某些执行器的输入之间的信息传输都受到一定的结构上的限制，即不能达到完整的状态反馈。从这个意义上说，分散控制是一般最优控制在反馈结构约束下的特定情况。因此，在系统性能上分散控制不可能达到集中控制系统的最优指标，只能是次优的。各控制器如能获得更多的关于大系统的测量信息，次优指标便有可能提高。

分散控制的主要特征是：在每个时刻，各分散控制器(又称控制站)只能获得整体大系统的某一局部信息，并利用这些局部信息做出自己的控制决策，因而只能产生整体控制作用中某一局部的控制作用。因此分散控制是把大系统划分为若干个子系统后分别进行控制。

4.4 典型的控制方法

随着自动控制理论从经典控制理论发展到现代控制理论、大系统理论和智能控制理论，自动控制系统的模式也从单变量控制系统发展到多变量控制系统、分层控制系统、集散控制系统、总线控制系统，尤其是计算机及网络技术的快速发展使控制系统更加多样化，控制算法更加新颖。但这绝不意味着经典控制理论已经过时，目前工业中使用最广泛、最成熟的仍是基于经典控制理论体系下的单回路控制系统和多回路控制系统。

4.4.1 经典控制方法

经典控制理论体系下的控制方法主要是负反馈控制。目前在工业生产中约90％的控制系统都是负反馈控制系统。负反馈控制系统的核心就是由控制器将被控变量的测量值和给定值进行比较得出偏差，并按一定的控制规则计算输出控制信号，以推动执行机构对生产过程进行自动调节，如图4.15所示是最典型的单回路负反馈控制系统。

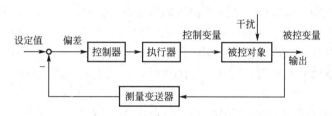

图4.15 单回路负反馈控制系统

控制规则就是控制器的特性，是其输出量 P 与输入偏差值 e 之间的函数关系。控制器的输入和输出之间关系为

$$P=f(e) \tag{4-16}$$

闭环负反馈控制系统的控制器的基本控制规则有位式控制、PID（比例、积分、微分）控制等。PID控制器作为最早实用化的控制器已有50多年历史，现在仍然是应用最广泛的工业控制器。PID控制器简单易行，使用中不需要精确的系统模型等先决条件，因而成为应用最为广泛的控制器。

1. 位式控制

位式控制规律是根据偏差 e 的正负方向输出位式控制信号。例如，双位控制的控制器输出有两个位置：0或100％，相应的执行机构只有"开"和"关"两个极限位置，因此又称开关控制。

如图4.16所示为一电加热器温度双位控制系统。被加热介质不断流入加热器被加热后流出，工艺要求控制介质的加热温度符合要求值。为此设计一个温度双位控制系统，用热电偶测量加热器内温度送至双位温控器。温控器接收测量信号后与给定信号相比较，温度低于给定值时，温控器输出高电平，继电器吸合，加热器通电加热；温度高于给定值时，温控器输出低电平，继电器断开，加热器断电，以此来控制介质的加热温度符合工艺要求值。

位式控制非常简单，但控制效果也比较粗糙。电加热器温度双位控制系统的控制过程如图4.17所示。由图4.17可见，在位式控制方式下，被控温度能维持在给定值(T_G)附近，但上下振荡，无法稳定，这就是位式控制的缺点。

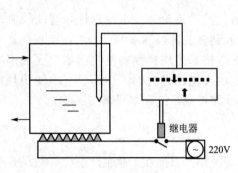

图4.16 温度双位控制系统

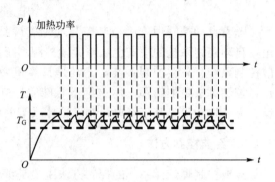

图4.17 双位控制过程

2. 比例控制(P)

为了使控制过程平稳准确，要求控制器输出必须是连续变化量。最基本的控制方法就是比例控制。比例调节的作用是按比例反映系统的偏差，系统一旦出现了偏差，比例调节就会立即产生调节作用来减少偏差。例如，航模中的遥控器，当遥控器的遥杆转动一定角度的时候，对应下面的舵机就会旋转一定的角度，并且遥杆的旋转角度与舵机的旋转角度是成比例的。

比例控制器的输出变化$P(t)$和输入偏差$e(t)$成比例关系

$$P = K_c e \tag{4-17}$$

式中，K_c为比例系数，又称放大倍数。

比例控制的特点是：控制及时、适当。只要有偏差，输出立刻成比例地变化，偏差越大，输出的控制作用越强。但控制结果存在静态误差，如果被控变量偏差为零，控制器的输出增量也就为零。比例作用大，可以加快调节，但是过大的比例，会使系统的稳定性下降，甚至造成系统的不稳定。

如图4.18所示的储槽水位控制系统就是比例控制。浮球为水位传感器，杠杆为控制器，活塞阀为执行器。如果某时刻因干扰出水量Q_2加大，造成水位下降，则浮球带动活塞上升，使进水量Q_1加大从而阻止水位下降。因此，控制结果是水位会比原位置下降一点，即控制结果存在余差(即残存的偏差)。因为如果偏差$e=0$，则活塞无法提高，Q_1无法加大，调节无法进行。

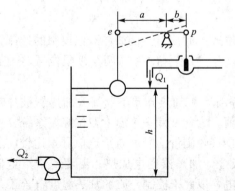

图4.18 自力式水位比例控制系统

3. 积分控制(I)

积分调节的作用是使系统消除稳态误差，提高无差度。只要存在误差，积分调节就增长，直至无差，积分调节停止增长，积分调节输出一个常值。积分控制能提高控制精度，是改善比例控制效果的重要手段。一般积分作用靠储能元件的储能实现（如电容充电）。积分控制输出变化量 p 与输入偏差 e 的关系为

$$P = K_{\mathrm{I}} \int_0^t e\,dt = \frac{1}{T_{\mathrm{I}}} \int_0^t e\,dt \qquad\qquad (4-18)$$

式中，K_{I} 为积分系数；T_{I} 称积分时间。

积分作用的强弱取决于积分时间常数 T_{I}，T_{I} 越小，积分作用就越强。反之 T_{I} 大则积分作用弱，加入积分调节可使系统稳定性下降，动态响应变慢。单独使用积分控制时，控制作用比较缓慢。一般在比例的基础上组成 PI 调节器或 PID 调节器，这样既能及时控制，又能提高控制精度。

4. 微分控制（D）

微分控制也是改善比例控制效果的重要手段。对于惯性较大的对象，微分作用可加快控制速度。微分作用依据系统偏差信号的变化率，具有预见性，能预见偏差变化的趋势，因此能产生超前的控制作用，在偏差还没有形成之前，它就已被微分调节作用消除。因此，微分控制可以改善系统的动态性能。

理想的微分控制规律为

$$P = T_{\mathrm{D}} \frac{\mathrm{d}e}{\mathrm{d}t} \qquad\qquad (4-19)$$

式中，T_{D} 为微分时间。

微分控制的特点是：在微分时间选择合适的情况下，微分控制能在偏差变化时，产生较强的控制作用，使控制过程加快，并减少超调。微分反映的是变化率，而当输入没有变化时，微分作用输出为零，即微分作用对静态偏差毫无控制能力。微分作用对噪声干扰有放大作用，过强的微分调节，对系统抗干扰不利。微分不能单独使用，要和比例或比例积分结合起来使用，组成 PD 或 PID 控制器。

比例、积分、微分控制（简称 PID 控制）是经典控制理论的经典控制手法。在 PID 控制中，比例作用是基础控制，微分作用用来加快系统控制速度，积分作用用以消除静差。实际应用中，通过对 PID 参数的调整，大部分的工业控制系统都能实现快速、准确的控制过程。

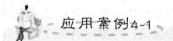

应用案例4-1

工业蒸汽锅炉汽包水位控制的任务是控制给水流量使其与蒸发量保持动态平衡，维持汽包水位在工艺允许的范围内，是保证锅炉安全生产运行的必要条件，也是锅炉正常生产运行的主要指标之一。若水位过高，会影响汽水分离的效果，使用气设备发生故障；而水位过低则会破坏汽水循环，严重时导致锅炉爆炸，所以锅炉汽包水位必须严加控制。

图 4.19 所示是采用可编程控制器（FBs - PLC）、放大器、控制阀组成的锅炉汽包水位 PID 控制演示系统。该控制系统通过检测水汽压力、温度、汽包液位等运行物理量，在运行过程中全自动调节，保证工业锅炉的安全、稳定、高效运行。

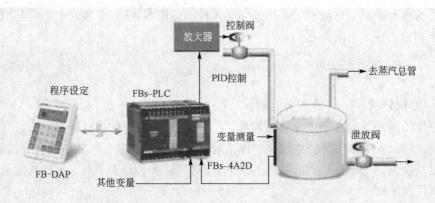

图 4.19　工业蒸汽锅炉汽包水位控制系统

　　当干扰引起汽包水位偏离给定值时，可编程控制器通过 PID 控制模块来控制进水阀实现锅炉汽包液位的控制；当干扰使汽包水位偏离正常值较大时，通过 PLC 控制模块来控制进水阀可以快速恢复水位，保证锅炉的安全、稳定运行。当水位控制和主蒸汽温度控制发生矛盾时，可根据矛盾的主要方面进行两者的协调控制。

4.4.2　现代控制方法

　　经典控制方法虽然使用广泛，但控制手段比较简单，对复杂的被控对象，控制效果不理想。现代控制方法就是从多变量综合考虑的角度去分析复杂的被控对象，为有效处理非线性和多变量系统的控制问题提供了强有力的分析与设计工具，可以解决具有多个相互耦合变量的设备的综合优化控制问题，从而提高控制系统的性能。由于计算机具有强大的计算功能，可以完成非常复杂的控制运算，因而它为现代控制方法提供了可行条件。现代控制方法也适用于现场级的自动控制任务，如自适应控制。

　　在日常生活中，所谓自适应是指生物能改变自己的习性以适应新的环境的一种特征。在复杂的工业过程中，环境条件、设备参数等的改变都可能引起控制系统特性的改变，这就要求控制方案随之改变。常规的反馈控制系统对于系统内部特性的变化和外部扰动的影响都具有一定的抑制能力，但是由于控制器参数是固定的，所以当系统内部特性变化或者外部扰动的变化幅度很大时，系统的性能常常会大幅度下降，甚至是不稳定的。所以对那些对象特性或扰动特性变化范围很大，同时又要求保持高性能指标的一类系统，应当采用这样一种控制器，它能自动修正自己的特性以适应对象特性的变化，这种控制方法称为自适应控制。

　　自适应控制的研究对象是具有一定程度不确定性的系统，这里所谓的"不确定性"是指描述被控对象及其环境的数学模型不是完全确定的，环境条件的改变和随机干扰等因素常常导致系统的工作点转移。这时系统模型的各项参数往往发生大范围的跳变，如果控制方案不跟着变化，控制效果就会变坏。自适应控制就是在控制过程中，不断对控制模型进行识别，随时修正控制方案，以实现控制效果最优，实质上是在线系统辨识与控制技术的结合。自适应控制有自校正控制和参考模型控制两种类型。

1. 自校正控制

对于非线性、时变的被控过程，对象模型参数会随时变化。如果在控制系统中加一个参数辨识环节和控制器参数计算环节(图4.20)，在控制过程中随时测量被控对象的输入和输出，对其模型参数做出辨识，对其控制品质做出评价，并以此计算出控制器应设的参数值，对控制器的控制参数进行校正，则控制器的控制参数就能根据实际情况不断修正，始终处于最佳值。这样，控制系统的控制效果始终处于最优，这种控制方式称为自校正控制。

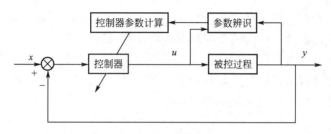

图4.20　自校正控制系统框图

自校正控制与常规的反馈控制和最优控制一样，也是一种基于数学模型的控制方法，所不同的只是自适应控制所依据的模型参数需要在系统的运行过程中去不断地测取修改，使模型参数逐步完善。具体地说，可以依据对象的输入输出数据，不断地辨识模型参数，这个过程称为系统的在线辨识。随着生产过程的不断进行，通过在线辨识，模型会变得越来越准确，越来越接近于实际。

任何一个实际系统都具有不同程度的不确定性，这些不确定性有时表现在系统内部，有时表现在系统的外部。从系统内部来讲是指描述被控对象的数学模型的结构和参数发生变化；从系统外部来讲，环境变化、生产负荷变化等都对系统带来扰动的影响，这些扰动通常是不可预测的。面对这些客观存在的各种不确定性，如何设计适当的控制作用，使得系统某一指定的性能指标达到最优或者近似最优，这就是自校正控制所要研究解决的问题。

2. 参考模型控制

对于非线性、时变的被控过程，如果按实际控制系统数学模型的结构设计一个线性的、特性稳定的理想系统模型，将其作为参考模型并联在控制系统中(图4.21)。在控制过

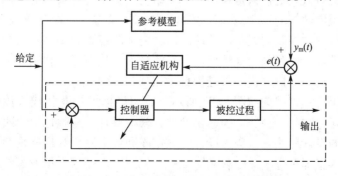

图4.21　参考模型自适应控制系统框图

程中随时测量参考模型输出和实际模型输出,并将二者送入比较环节相减,得出偏差信号$e(t)$。自适应机构根据二者之差计算出最合适的控制参数去调整控制器。这样,控制器的控制参数就能根据实际情况不断修正,使被控对象输出不断逼近参考模型的最优控制效果,这种控制方式称为参考模型控制。

在参考模型控制过程中,控制器的控制参数在不断地改进,控制作用也随之不断地改进。例如,在设计阶段,由于对象特性的初始信息比较缺乏,控制器的控制参数设置欠佳,因而控制系统在开始投入运行时性能不理想,但是只要经过一段时间的运行,通过在线辨识和调整以后,控制系统逐渐适应,最终将自身调整到一个满意的工作状态。再如某些控制对象,其特性在运行过程中发生较大的变化,但通过在线辨识和改变控制器参数,系统也能逐渐适应。因此,参考模型控制方式也具有自适应能力。

自适应控制虽然发展时间不长,但是在实际工业中的应用逐渐增多。但是也应当看到,自适应控制比常规反馈控制要复杂得多,成本也高得多,因此只有在用常规反馈控制达不到所期望的性能时,才会考虑采用它。

4.4.3 智能控制方法

智能控制理论体系下的控制方法就是模仿人的思考决策方式的控制方法。一个控制系统如果具有感知环境的能力,不断用获得的信息指导控制决策,并能执行控制决策、产生控制效果,即称为智能控制系统。智能控制技术是在向人脑学习的过程中不断发展起来的,人脑是一个超级智能控制系统,具有实时推理、决策、学习和记忆等功能,能适应各种复杂的控制环境。目前研究成型的各种智能控制系统都只是模仿了人脑功能的某个方面。

智能控制系统的常见类型有模糊逻辑控制系统、神经网络控制系统、专家控制系统、分级阶梯控制系统、学习控制系统、集成混合控制系统等。其中模糊逻辑控制、神经网络控制、专家控制是比较成熟的三个分支。

1. 模糊逻辑控制

模糊逻辑控制,简称模糊控制,是用模糊数学的知识模仿人脑的思维方式,对模糊现象进行识别和判决,给出精确的控制量,对被控对象进行控制。与经典控制理论和现代控制理论相比,模糊控制的主要特点是不需要建立对象的数学模型。

实际控制中,有一些被控对象用传统控制理论无法建立合适的数学模型,其控制方法也无法进行精确的函数表达,只是操作人员总结的一些用语言表达的控制规则,但用这些控制规则可以取得比较好的控制效果。模糊控制就是模仿这一控制模式。在模糊控制中,首先根据操作人员手动控制的经验,总结出一套完整的控制规则。再根据系统当前的运行状态,经过模糊推理、模糊判决等运算,求出控制量,从而能够利用计算机来完成对这些规则的具体实现,达到以机器代替人进行自动控制的目的。

模糊控制系统的基本结构如图4.22所示,它用模糊控制器替代了传统的控制器。模糊控制器由知识库(数据、规则)、模糊化处理、模糊推理、精确化处理四部分组成。

模糊控制器的设计思路是,预先设计好数据库和规则库,数据库内存放模糊集合,使每一个精确的输入量都对应于一个模糊输出值;规则库内存放根据专家经验制定的控制规则,使每一个模糊值都有对应的控制输出值。控制规则是模糊控制器的核心所在。

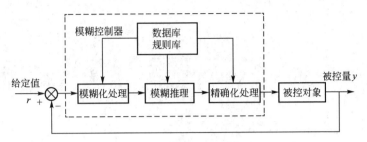

图4.22　模糊控制系统框图

控制过程中，先将一个精确的输入量模糊化，然后通过模糊推理确定合理的输出值，最后将模糊控制的输出进行精确化处理，使输出量清晰唯一。因为经过模糊推理得到的是一个模糊的输出量，但是执行机构的控制是唯一的，不能模棱两可。所以要经过精确化计算，得出一个唯一的输出量传递给执行机构进行控制。

模糊控制在家用电器中的典型应用就是模糊控制洗衣机，它和普通洗衣机的区别在于：普通洗衣机采用的是量化的固定程序，不能自动识别洗涤衣物的实际状况，不能自主选择洗涤程序；而模糊控制洗衣机则是模仿人的感觉、思维和判断能力，通过各种传感器判断衣物重量、布质和衣物的洗涤状态等，通过电脑进行信息的模糊推理来决定洗衣粉量的多少、水位的高低、洗涤时间和洗涤方式，用模糊控制方式自动执行整个洗衣过程。

模糊控制洗衣机的数据库内存放的模糊集合将从各种传感器中得到的数据按照数值的不同分成各种不同的档次，如水位分高、中、低，衣服分少、一般、多等档次，数据所分的档次越多，洗涤的控制精度越高，但是会增加数据库和规则库的规模。规则库内的推理规则对不同档次的输入量都有相应的决策输出，如洗涤时间、水位高低等。通过模糊控制规则就可以将人们的经验用于洗衣控制中，达到智能控制的效果。

　应用案例4-2

日本首先将模糊逻辑和模糊控制技术应用于洗衣机、吸尘器、空调器、电饭煲（图4.23）、微波炉、电冰箱、摄像机等新型家用电器产品上，使之具有智能化功能。模糊控制电饭锅便是一款智能化家用烹饪器具，它能自动判定饭量、水/米比等信息，从而做出合适的控制决策，达到省时、省电的目的；并且煮出来的米饭颗粒均匀、富有光泽、口感好。

所谓智能化自动烹饪程序就是针对烹饪的技术要求，通过模糊控制技术把烹饪者的长年经验和技术赋予产品，实现用过去的控制方法很难实现的性能。同时，用户能便捷地操作和控制，这也是模糊控制家电产品的魅力。

理想的烹饪米饭过程分为以下几个过程。

1. 吸水过程

把米洗好后浸泡在水中，使大米吸足水分，若吸水不足，则米粒内部容易形成硬心。一般情况下，大米本身含有14%左右的水分。在开始大功率加热之前，让大米的含水率达到25%左右，这样就可使米的内部均匀地受热，使大米变成膨胀状。水温越高，米吸水的速度就越快。但水温一旦超过60℃，大米中含有的β淀粉就会转化为α淀粉，变成糊状。因此，吸水过程应该保持水温在60℃以下。实验表明，吸水过程最佳温度为35℃。

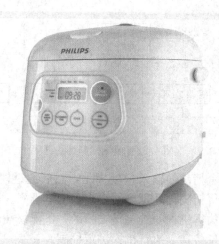

图 4.23　飞利浦智能电饭煲 HD4746

2. 升温煮饭过程

把已吸足水分的米饭采用大功率加热，使水温较快地上升到 100℃。升温速度要适当，不然在大米的糊化温度（大约 63℃）进行第二次吸水时，升温速度过快，会造成火生饭。实验发现，升温时间和米饭的味道及质量有很密切的关系。升温时间在 10min 左右时，烧出的米饭综合效果最佳。

3. 维持沸腾阶段

在水温上升到 100℃后，应在此温度下维持一段时间，以促进米粒中的 β 淀粉转化为 α 淀粉。在此阶段中，加热功率可以适当减少，只要维持沸腾状态即可。直到内锅中的水完全被米吸收或蒸发掉，此时内锅底部的温度上升，产生香味，应停止加热。实验发现，保持米饭的温度在 98℃以上达 20min 左右，米饭的味道较好。

4. 补炊过程

在断电之后，温度将慢慢下降，当温度降到 98℃以下时，再通电加热一段时间，可以把米粒上多余的水分蒸发掉并且使米饭的内部也受到加热。在补炊结束时，米饭已经成形，并且有一股香味。

5. 焖饭过程

在补炊结束后，米粒上基本没有多余的水分，应停止加热，利用余热可使米饭膨胀变得松软可口，也可促使米粒的全部淀粉 α 化。

6. 保温过程

在焖饭结束后，进入保温阶段。在此阶段，加热器断断续续地工作，使内锅温度保持在 70℃左右。

利用常规控制方式的普通自动电饭锅可以实现充分吸水及沸腾后保温，但是要保持升温至沸腾的时间为 10min 左右实现起来存在一些困难，原因是：如果要加热工序所经历的时间在 10min 左右，在第一吸水阶段就应该推断出饭量。但是，环境温度、初始水温、米的温度、电源电压的波动、加热板及内锅形状、控制回路的有关特性对推断饭量均有影响。在短短的 10min 内，一边推断饭量，一边进行控制，很难达到期望的温度控制要求。这就希望在吸水阶段来完成饭量的确定问题。

模糊控制电饭锅的结构分为内锅和外锅。以放米的内锅为中心，在其周围分别安置了锅底加热板（大功率）、锅身电热丝（小功率）以及锅顶电热丝（小功率）三个加热器。此外，在锅底中心和锅顶出气口分别设置了两个温度传感器（NTC），其中锅底温度传感器用于检测初期水温和内锅温度的上升情况，锅顶传感器负责检测室温和蒸气温度。

吸水过程中需要进行饭量的推算，室温和初始水温是在开始烧饭至开始加热前一个很短的时间内检测出来并储存的。然后，在内锅加热至接近淀粉α化温度时停止加热。随后，通过检测锅底温度的变化来推算饭量的大小。由于锅底温度受外界因素影响较大，故以初期水温、温度变化以及室温作为输入变量，以这三个信息作为模糊输入量，来综合推算模糊输出量饭量。

升温过程需要进行功率控制，虽然锅底传感器检测到的温度和内锅中的米饭温度有一定的关系，但因饭量的不同，这种对应关系也有变化。因此，根据在吸水过程中推定的饭量以及温度差、速度差，利用模糊控制技术实施加热功率的控制，其中温度差和温度变化速度差的定义为

温度差（e）＝实测温度值－基准温度值

温度变化速度差（se）＝实测温度上升值－基准温度上升值

反复进行上述推论和控制过程，直到锅顶传感器检测出米饭沸腾为止。升温过程的控制方法采用模糊控制方式，使温度在10min内逼近期望温度曲线。设定输入信号是一条随时间的增加、温度按一定斜率上升的曲线。模糊控制器的输入变量为温度差和温度变化速度差，输出变量是负载通电的周波数变化量（50Hz，一个周期为20ms）。当负载实际通电的周波数发生变化时，通过负载的电流也将改变，电热器产生的热量也随之而变，实现对升温过程加热功率的模糊控制。

应用案例4-3

活性污泥法是城市污水处理的主要工艺之一，其机理是通过曝气使活性污泥与污水在充分接触的情况下得到足够的氧气，水中的可溶性有机污染物被活性污泥吸附，并被存活在活性污泥上的微生物分解，使污水得到净化。因污水处理过程的内部机理非常复杂，无法用精确的数学模型进行描述，因此，采用传统的控制策略（如典型的PID控制）难以获得满意的控制效果。序批式活性污泥法（SBR）是一种间歇运行的污水生物处理工艺，它的运行过程包括进水、反应（曝气）、沉淀、滗水及闲置等5个阶段，5个阶段都在同一个反应池中进行。目前，SBR处理过程的5个阶段控制主要采用时间程序控制，根据提前设置的时间序列依次进行自动控制。但反应阶段（曝气环节）按固定时间、固定风量进行曝气不是最佳的控制策略，在这一环节中，以好氧菌为主体的微生物通过生化反应处理污水中的有机污染物，决定其处理效果的关键因素之一是生化池中的溶解氧浓度（DO）。由于原水水质在不断变化，这就使得按时间程序控制法无法进行精确控制，曝气时间长或者曝气量大会造成大量能源的浪费，曝气时间短或者曝气量小又可能使出水水质波动大，甚至不达标，所以采用固定时间固定风量进行曝气与污水反应的实际过程很难吻合。根据国内学者的研究，DO保持在2mg/L左右，活性污泥的处理效果最理想。所以，如何将DO控制在理想状况下，就成为提高处理效率的关键。

根据污水处理的实际过程，以DO值作为SBR法的模糊控制参数能够在保证出水水质的前提下尽可能多地节省运行费用，并能避免曝气量的不足或反应时间过长而引起的污泥膨胀。模糊控制系统采用典型的双输入单输出二维模糊控制器，输入变量分别为DO的偏差E和偏差变化率EC，输出变量U为变频风机的频率。系统的风机转速由变频器调节，其控制原理是首先将设定值与检测值进行比较得到精确量E和EC，通过模糊化处理变换成模糊量，再根据由大量实验数据和专家经验得出的模糊知识库把模糊输入量进行模糊推理得到相应的模糊控制量，经模糊判决将模糊控制量转化为精确控制量输出，从而实现对曝气量的控制，进而调节池中的DO浓度。这一过程如图4.24所示。

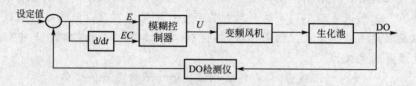

图4.24　DO模糊控制系统框图

常规的二维模糊控制器中，输出变量值决定于输入量E和EC，并且它们的权值固定，一旦设计完成，其控制规则也就被确定了，而污水处理过程中，水质是不断变化的，这显然不利于控制系统的稳定。鉴于此，可以引入调整因子对控制规则进行调整，以使其对变化的水环境具备自适应能力。根据在线监测仪所测得的化学耗氧量(COD)值来调整权值的大小，调整因子的变化范围(0，1)与COD范围(0，1000)(mg/L)成线性对应关系，COD每变化100mg/L，调整因子对应变化0.1，这样系统就自适应地改变误差E和误差变化EC的加权程度。SBR工艺过程如图4.25所示。

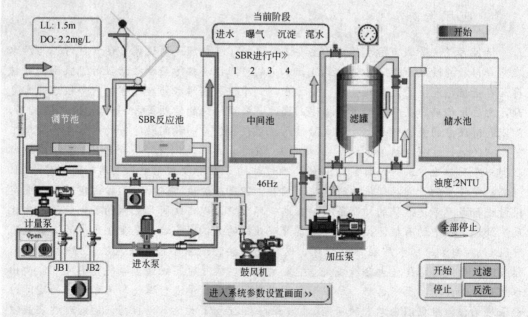

图4.25　SBR工艺流程

2. 神经网络控制

生物神经系统是由大量生物神经细胞组成的极为错综复杂而又灵活多变的神经网络(图 4.26)。生物神经网络具有很强的自适应和学习能力、非线性映射能力、鲁棒性和容错能力。将这些特性应用于控制领域，可使控制系统的智能化向前迈进一大步。

人工神经网络(artificial neural network，ANN)就是模拟大脑神经网络，实现信息处理、存储等功能。首先模拟大脑神经元建立人工神经元模型，如图 4.27 所示。

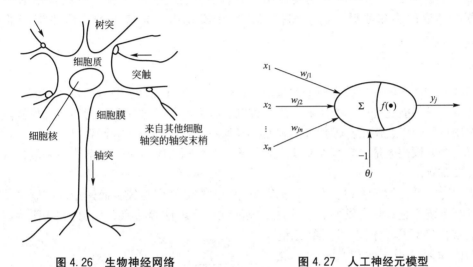

图 4.26　生物神经网络　　　　　图 4.27　人工神经元模型

一个简单的人工神经元模型可以描述为

$$y = f\Big[\sum_{i=1}^{n} w_i x_i - \theta_i\Big] \tag{4-20}$$

式中，x_i 为输入；y 为输出；w_i 为连接权值；θ_i 为阈值。

人工神经网络由大量人工神经元互连而成。每个神经元是网络的一个节点，它接收多个节点的输出信号，并将自己的输出并接至其他节点。人工神经网络主要有前馈型和反馈型两类结构。典型神经网络结构如图 4.28 所示。

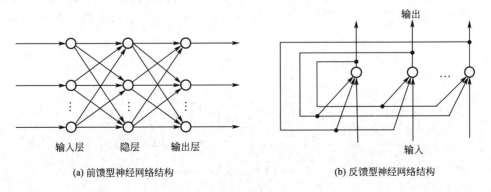

(a) 前馈型神经网络结构　　　　　(b) 反馈型神经网络结构

图 4.28　典型神经网络

163

人工神经网络的最大特点是具有学习能力，其学习能力是模仿人的学习能力设计的学习算法程序。经过对各种可能出现的情况进行模拟控制训练，人工神经网络学习并记住了对应的控制方法。在实际的控制中就可对杂乱多变的输入信号进行模型辨识、分类和处理，这种感知能力是智能的体现。

在控制系统中，应用神经网络技术可以对一些难以精确建模的复杂非线性对象实现模型辨识、控制、优化计算、推理、故障诊断等功能。人工神经网络一般与传统控制理论相结合构成基于人工神经网络的控制系统，对一些无法建模的复杂非线性对象实现有效控制。神经网络控制和模糊控制二者各自的优势在于：神经网络控制易于处理大量复杂多变的感知数据，而模糊控制则易于实现由语言表达的界限不清晰的控制规则。

3. 专家控制

有些复杂且无法建立数学模型的系统，用传统控制理论无法进行分析和控制，但有些操作者或专家却能凭经验判断顺利地进行控制。人们希望把这种经验指导下的控制过程总结成控制规则，以便用仪器模拟人的控制。专家系统就是一个智能计算机程序系统，其内部存有某个领域内大量的专家控制知识与经验，能模拟人类专家自动解决该领域的各种意外状况及难题。

应用专家系统的概念和技术，模拟人类专家的控制知识与经验而建造的控制系统称为专家控制系统，它具有启发性、透明性、灵活性、推理性等特点。如图 4.29 所示，专家系统通常由知识库和推理机两部分组成。知识库内含规则库和数据库，规则库内存放专家知识；数据库内存放推理证据(各种条件数据)。推理机是专家系统的"思维"机构，实际上是求解问题的软件程序，根据用户提供的证据在知识库中寻找相关知识进行推理，求得解决答案。专家系统可以解决的问题包括控制、解释、预测、诊断、设计、规划、监视、修理和指导等。

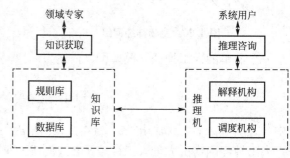

图 4.29　专家系统框图

近年来，随着人工智能理论、计算机技术的迅速发展，智能控制技术在国内外发展较快，已进入工程化、实用化的阶段。如图 4.30 所示的专家控制系统框图，是在传统负反

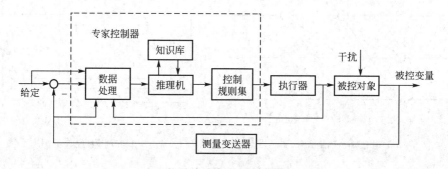

图 4.30　专家控制系统框图

馈控制系统的基础上，用专家系统取代传统的 PID 控制器，使控制系统具有专家智慧。

专家控制器通常由知识库、控制规则集、推理机和数据处理四部分组成。知识库用于存放工业过程控制领域的知识，主要包括被控对象的结构、类型、特征等，还包括被控对象的参数变化范围、控制参数的调整范围及其限幅值、传感器的特性参数及阈值、控制系统的性能指标及有关的经验公式等。专家控制器的知识库用产生式规则来建立，这种表达方式有较高的灵活性，每条产生式规则都可独立地增删、修改，使知识库的内容便于更新。控制规则集是对被控对象的各种控制模式和经验的归纳和总结。由于规则条数不多，搜索空间很小，推理机构就十分简单，采用正向推理方法逐次判别各种规则的条件，满足则执行，否则继续搜索。数据处理模块的作用是实现对信息的提取与加工，为控制决策和学习适应提供依据。它主要抽取动态过程的特征信息，识别系统的特征状态，并对特征信息做必要的加工。

传统控制系统的设计和分析是建立在精确的系统数学模型基础上的，而实际系统由于存在复杂性、时变性、不确定性或不完全性等非线性，一般难以获得精确的数学模型。经典控制理论在研究这些系统时，必须提出并遵循一些比较苛刻的假设条件，而这些假设在应用中又往往与实际不符。为了提高控制性能，传统控制系统可能变得很复杂，不仅增加设备投资，而且会降低系统的可靠性。因此，自动控制的出路就在于实现控制系统的智能化，或者采用传统和智能混合的控制方式。

应用案例4-4

专家系统是人工智能研究领域中一个相当活跃的学科，其研究目的是用计算机来模拟专家的智能思维，让计算机代替专家进行诊断、决策与规划。专家系统对某一领域内大量的专家知识建立知识库与数据库，用计算机模拟专家的行为方式来实现对专家知识的获取，并能对数据和知识按照一定的规则进行推理、表达，最后解答终端"客户"的各种问题(图 4.31)。

图 4.31 智能专家系统网站之一

在农业领域中应用的专家系统称为农业专家系统 AES（Agricultural Expert System），也叫农业智能系统，是一个具有大量农业专门知识与经验的计算机系统，它应用人工智能技术，依据一个或多个农业专家提供的农业领域知识和技术、各种试验数据及数学模型，模仿人类的解题策略，对问题进行分析推理得出结论。典型的农业专家系统具备下列基本功能。

（1）在产前能根据用户的生产条件、生产目的，因地制宜为用户提供最佳的产量指标、效益指标以及达到指标的优化技术方案。不同的生产条件或生产目的应有不同的产量指标、效益指标及相应的技术方案。当某一生产要素或生产目的发生变化时，其产量指标、效益指标及技术方案应发生相应的变化。

（2）在生产中能对出现的问题，根据用户提供的信息进行推断，判断出问题出现的原因，并提供可行、有效的解决办法。

（3）在产后能根据用户产品的数量、质量和市场的需求，提供合理的储、运、销、加工等方案建议。

20 世纪 70 年代末期，美国最早开始研究 AES。当时开发的系统主要是面向农作物的病虫害诊断，如 1978 年美国伊利诺斯大学开发的大豆病虫害诊断专家系统 Plant/DS。20 世纪 80 年代中期，农业专家系统在国际上有了相当的发展，已从单一的病虫害诊断转向生产管理、经济分析和决策生态环境控制等。1986 年美国农业部开发的 COMAX/GOSSYM 是美国最为成功的一个农业专家系统，用于向棉花种植者推荐棉田管理措施，目前 COMAX/GOSSYM 系统已发展到 COMAX/COTTONPLUS。20 世纪 90 年代以来，美国中北部地区组织开发了"农业技术和资源保护专家系统软件包 EXTRA"，它可以向农民提供如何兼顾保护土壤和获得高产的方案。随后开发的农业生产管理专家决策支持系统 CALEX/PEACH2ES 用于桃树园林管理、CALEX/RICE 用于水稻生产管理，系统可以通过因特网从气象数据库和加州的农药数据库检索数据。

日本也是对 AES 较早重视的国家之一。东京大学研制出西红柿栽培管理专家咨询系统和培养液管理专家系统；千叶大学开发出茄子等多个作物的病虫害诊断专家系统、花卉栽培管理支持系统、庭院景观评价系统；日本农业研究中心开发出耕作计划支持系统、大豆栽培作业规划管理系统等。近年来，日本学者又将专家系统应用于蔬菜温室、牛奶生产等"植物工厂"中，将信息网络与专家系统结合，用于农业生产管理。

我国的 AES 开发始于 20 世纪 80 年代。1980 年浙江大学与中国农科院蚕桑所合作研究蚕育种专家系统，1983 年中国科学院智能机械研究所和安徽农科院土肥所合作开发砂浆黑土小麦施肥专家系统。从 20 世纪 90 年代起，"863"项目将农业专家系统等智能化农业信息技术列为国家重点课题。21 世纪后，农业专家系统的开发速度日益加快，不仅数量多，而且涉及的领域也更加广泛。其中：

粮食作物的专家系统主要集中在玉米、小麦、水稻等作物，如柴萍等的小麦栽培管理专家系统；米湘成等的水稻高产栽培专家决策系统；徐剑波等的优质稻高产优化施肥与栽培配套技术专家系统；廖顺宝等的精准水稻种植信息系统；施翔等的水稻测土施肥专家系统等。

经济作物的专家系统主要集中在棉花和烟草，如葛徽衍等的棉花气象预报服务系统；郑曙峰的多平台棉花栽培专家系统（Anhui Cotton Cultivation Expert System，AC-CCE）；邱建军等的基于模型的棉花生产管理系统；王少林等的棉花加工自动控制系统；李小燕等的新疆棉花病虫害管理专家系统；程功等的烤烟配方施肥专家系统；吴灵等的卷烟配方专家系统。

蔬菜专家系统包括了栽培管理、病虫防治和营养诊断，有适合多种蔬菜的施肥方法栽培管理专家系统。如涂运华的实用番茄栽培管理专家系统；陈青云的黄瓜温室栽培管理专家系统；王庆成的日光温室黄瓜栽培管理专家系统；孙忠富的温室番茄生长发育动态模型与计算机模拟系统；程鸿等的辣椒栽培专家系统；李佐华等的温室番茄病虫害、缺素诊断与防治系统等。

果树生产管理专家系统包括了我国南方、北方的不同水果，涉及果实病害症状判别和农药安全、营养诊断等问题。如何离庆等的多媒体柑橘栽培专家系统；李绍稳的砀山酥梨营养诊断与矫治模糊专家系统；裴国新等的 Web 网站上果树专家系统；吴加伦等的安全合理使用农药防治果树害虫的专家系统等。

其他专家系统还有花卉的标准化栽培专家系统；油料作物的生产专家系统；节水灌溉专家系统；水土保持专家系统；农业气象专家系统；杂草鉴别与防治对策专家系统；耕地适宜性评价及指导专家系统；畜牧业生产专家系统；水产养殖专家系统等。

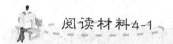

阅读材料4-1

反馈控制就是将被控制参数与设定参数相比较，检测出两者的偏差，然后采取措施缩小偏差。通过不断重复这一过程，使被控制参数比较精确地达到设定参数。汽车上广泛使用了反馈控制技术。

1）自适应巡航控制系统（ACC）

自适应巡航控制系统可以自动控制车速，如果一辆车在高速公路上开启了定速巡航，车速设置在 100km/h，那么安装在车轮上的轮速传感器会不断检测车的实际速度，电脑把这个速度和 100km/h 相比较，如果偏高，那就控制车减速，如果低了，那就控制车加速，从而使实际车速始终比较精确地维持在 100km/h 附近，这就是一种反馈控制。同时，安装在车辆前部的车距传感器（雷达）持续扫描车辆前方道路，当检测出与前车之间的距离过小时，ACC 控制单元可以通过与制动防抱死系统、发动机控制系统协调动作，使车轮适当制动，并使发动机的输出功率下降，以使车辆与前方车辆始终保持安全距离。自适应巡航控制系统在控制车辆制动时，通常会将制动减速度限制在不影响舒适的程度，当需要更大的减速度时，ACC 控制单元会发出声光信号通知驾驶者主动采取制动操作。当与前车之间的距离增加到安全距离时，ACC 控制单元控制车辆按照设定的车速行驶。ACC 控制单元可以通过反馈式加速踏板（图 4.32）感知驾驶者施加在踏板上的力，决定是否执行巡航控制，以减轻驾驶者的疲劳。ACC 控制单元还可以设定自动跟踪的车辆，当本车跟随前车行驶时，ACC 控制单元可以将车速调整为与前车相同，同时保持稳定的车距，而且这个距离可以通过转向盘附近的控制杆上的设置按钮进行选择。

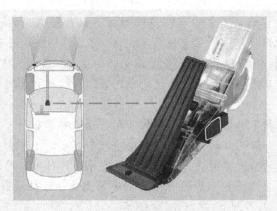

图 4.32　反馈式加速踏板

2) 汽车智能安全气囊

汽车智能安全气囊(图 4.33)是在普通安全气囊的基础上增设传感器和与之相配套的反馈控制软件而成。其重量传感器能根据重量感知是大人还是小孩；其红外线传感器能根据热量探测座椅上是人还是物体；其超声波传感器能探明乘员的存在和位置等。反馈控制软件则能根据乘客的身体、体重、所处的位置和是否系安全带以及汽车碰撞速度等及时调整气囊的膨胀时机、膨胀速度、膨胀程度，使安全气囊对乘客提供最合理和最有效的保护。

3) 汽车智能钥匙

汽车智能钥匙(图 4.34)能发射出红外线信号，既可打开车门、行车箱和燃油加注孔盖，也可以操纵汽车的车窗和天窗。更先进的智能钥匙则像一张信用卡，当司机触到车门把手时，中央锁控制系统便开始工作，并发射一种无线查询信号，智能钥匙作出正确反应后，车锁会自动打开。同时，只有当中央处理器感到钥匙卡在汽车内时，发动机才会启动。

图 4.33　汽车智能安全气囊

图 4.34　汽车智能钥匙

4) 汽车夜视器

英国牛津大学发明了汽车夜视器，利用红外线技术能使驾驶员在黑夜里看得更远更清楚。夜视系统(图 4.35)的结构由两部分组成：一部分是红外摄像机，另一部分是挡风玻璃上的光显示装置。装上这种夜行器后，司机通过光显示装置可像白天一样看清路况。当两车交会时，它可以大大降低前方汽车前灯强光对司机视觉的不良刺激，还可以提高司机在雾中行车的辨别能力。为看清车后的情况，研制人员又研制出一种新型后视镜，当后方车的大灯照在前方车的后视镜上时，自动感应装置可随之使液晶玻璃反光镜表面反光柔和使驾驶者不眩目。

5）汽车智能空调

汽车智能空调系统（图4.36）能根据外界气候条件，按照预先设定好的指标对车内的温度、湿度、空气清洁度进行分析、判断，及时自动打开制冷、加热、去湿及空气净化装置，调节出适宜的车内空气环境。

图4.35　汽车夜视系统

图4.36　汽车智能空调

本 章 小 结

本章介绍了自动控制系统的基本概念和经典控制理论体系下的PID控制技术，还介绍了现代控制理论和智能控制理论体系下的基本控制方法和典型结构。

经典控制技术是面向生产现场的，其控制对象是生产设备，其控制变量是设备中单个的、独立的参数，能解决工业中大量的稳定性控制要求。但经典控制技术很难有效地处理多变量和非线性系统的控制问题。现代控制理论为有效处理非线性和多变量系统的控制问题提供了强有力的分析与设计工具，可以解决具有多个相互耦合变量的设备的综合优化控制问题，从而提高控制系统的性能。现代控制方法也适用于现场级的自动控制任务，如自适应控制。自适应控制就是在控制过程中，不断对控制模型进行识别，随时修正控制方案，以实现控制效果最优。智能控制理论体系下的控制方法就是模仿人的思考决策方式的控制方法，其中模糊逻辑控制、神经网络控制、专家控制是比较成熟的三个分支。

值得指出的是，虽然自动控制系统的模式从单变量控制系统发展到多变量控制系统，尤其是计算机及网络技术的快速发展使控制系统更加多样化、控制算法更加新颖。但工业中使用最广泛、最成熟的仍是基于经典控制理论体系下的单回路控制系统和多回路控制系统。

思考题

4.1 什么是自动控制？

4.2 什么是负反馈控制？负反馈有什么优缺点？

4.3 什么是控制系统的稳态？什么是控制系统的动态？

4.4 反馈控制系统的阶跃响应有哪几种形式？

4.5 经典控制理论的特点是什么？

4.6 什么是 PID 控制？各自有什么优缺点？

4.7 现代控制理论与经典控制理论的主要区别在哪里？

4.8 什么是智能控制？

第 **5** 章

自动控制系统

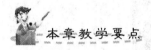 本章教学要点

知识要点	掌握程度	相关知识
自动控制系统概况	了解自动控制系统的分类及性能指标	自动控制系统的基本设计方法
单回路控制系统	了解单回路控制系统的工作原理	单回路控制系统的设计步骤
多回路控制系统	了解多回路控制系统的工作原理	串级、前馈-反馈、比值、分程控制系统
计算机控制系统	了解计算机控制系统的工作原理	模拟量、数字量、网络控制

导入案例

作为亚洲最大的喷泉广场，大雁塔北广场喷泉的表演令人无不倾醉于它的壮丽大气，它俨然成了现代西安的一处新景观。整个广场共有1322个水泵、2024个喷眼，指令一下，就会打出翩然起舞的水柱。水柱的高低完全由水泵的转速来控制，转速高则喷得高，最高能达到60m。同时，水泵在程序的控制下，当一柱水喷上去后，会通过二次加压再打一柱，两柱水撞击出"礼花"，形成多样的"舞蹈造型"。当喷泉开放时，各种花式的水柱交织成画，伴着音乐跳动；4000多组池面地灯在"导演"指挥下变换色彩，营造气氛。这场"舞剧"的"总指挥"就是默默藏在观景台下方的中心控制室。所有的"舞蹈曲目"、"舞蹈造型"、"舞蹈情绪"都被编成程序，存入控制室的三台计算机中。地下庞大的108个喷泉控制柜包容着供电和变频控制系统，均受计算机控制。每次喷放时，只需一名工作人员点击一下鼠标启动程序，"沉睡"的近2万立方米的水就"苏醒"了，变成了有生命的"舞者"。

大雁塔北广场喷泉表演

在工业生产现场，我们常常会看到生产设备上无人操作，但生产在自动控制系统的控制下平稳进行。例如，火力发电厂的锅炉和发电机组现场无人操作，但生产设备上装有很多自动化仪表及装置在自动控制发电过程。自动控制系统应用范围覆盖石油、化工、制药、生物、医疗、水利、电力、冶金、轻工、纺织、建材、环境、核能、军事等许多领域，在国民经济中占有极其重要的地位。

控制对象的复杂性和工艺要求的多样性，决定了自动控制系统的结构、方案十分丰富。既有单变量控制系统，也有多变量控制系统；既有传统的古典控制理论指导下的负反馈 PID 控制（比例、积分、微分控制），也有新型的现代控制理论指导下的自适应控制、最优控制等，智能控制和大系统控制方法也在不断探索完善之中。本章将简要介绍自动控制系统的基本技术指标和几种工业中常用的负反馈 PID 控制系统。

5.1　自动控制系统的概况

自动控制系统最普遍的应用对象是连续型生产过程。连续型生产过程的特征是：呈流动状的各种原材料在连续（或间歇）流动过程中，伴随着物理化学反应、生化反应、物质能量的转换与传递。连续型生产过程常常要求苛刻的工艺条件，如要求高温、高压等；现场存在易燃、易爆或有害物泄漏等危险，生产条件恶劣；需要有保护人身与生产设备安全的特别措施等。对于连续生产过程的自动控制又称过程控制（process control），是自动化技术最重要的内容之一。

5.1.1 自动控制系统的分类

自动控制的对象是多种多样的，可以是机床、加热炉、反应釜，也可以是车辆、船舶、飞行器等。控制系统的结构性能和完成的任务也是多种多样的，因此控制系统有很多不同的形式，可以按控制系统的结构、特性、原理等不同点将控制系统分类讨论。

1. 按系统的结构分类

1）闭环控制系统

闭环控制要求控制系统中必须存在对被控变量的负反馈作用，即将被控变量反馈到控制器输入端，和输入的给定值进行比较，形成偏差，从而构成闭环负反馈。闭环控制是一种控制器和控制对象之间既有顺向的控制作用，又有反向联系的控制方式。其原理如图5.1所示。

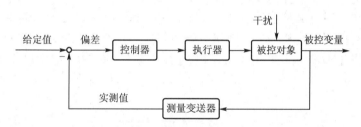

图5.1 闭环负反馈控制系统原理框图

2）开环控制系统

从控制理论和实际经验可知，采用闭环控制可以实现对系统的高精度控制。只要系统存在偏差，无论偏差是由干扰引起的还是内部变化的影响，系统都能及时发现并自动纠正偏差，使系统达到较高的控制精度。但是事实上，有很多控制采用的并不是闭环控制而是开环控制。在这种控制系统中，并不将被控对象的输出量反馈到输入端和输入信号进行比较产生偏差去控制被控对象。开环控制系统没有对被控变量的负反馈作用，即不将被控变量送入控制器，控制器和被控对象之间只有顺向作用。一般开环控制分为两大类，一种是按定值操作，另外一种是按扰动操作。

（1）按定值操作。如图5.2(a)所示，控制系统的输入信号为控制要求值，即给定值。

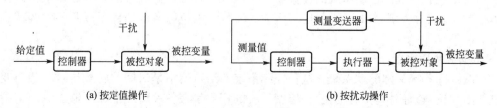

(a) 按定值操作　　　　　　　　(b) 按扰动操作

图5.2 开环控制系统原理框图

控制器按照给定值决定控制输出，不受其他因素影响，控制系统的输出信号，即被控变量对系统的输入量也不产生影响。

（2）按扰动操作。如图5.2(b)所示，控制系统的输入信号为扰动值，控制器根据扰动量产生补偿控制作用。但是对于不可测的扰动以及对象内部参数变化造成的影响无法实现控制作用，控制精度有限。

3）复合控制系统

对比闭环控制方式和开环控制方式，闭环控制的突出优点是，采用反馈并依靠偏差进行控制。当系统受到外界或者内部变化的影响，被控量偏离给定值时，系统能够及时发现并自动纠正偏差，系统控制精度较高，而且控制系统抗干扰能力较强。开环控制方式则相反，由于不存在反馈作用，不能及时发现并自动纠正偏差，系统精度难于保证，容易受到外界或者内部参数变化的影响，控制系统精度较低。但是，闭环控制方式同样存在缺点。与开环控制方式比较，闭环控制系统结构复杂，控制速度较慢，如果操作不当，则系统无法正常工作。实际中采用将开环控制与闭环控制相结合的办法，即采用复合控制方式。

把开环控制和闭环控制结合在一起的控制系统称为复合控制系统。系统中存在两个控制器，开环控制器和闭环控制器。如图5.3所示为负反馈控制和按照扰动进行补偿控制的前馈控制相结合的复合控制系统。测量变送器1将被控变量测量值送至控制器1输入端构成闭环控制；同时测量变送器2测量干扰量，送入控制器2来计算相应补偿量构成开环控制。两路控制信号相加后送至执行器执行。采用复合控制既可以具有很高的控制精度，又可以快速抑制重点干扰(测量变送器2测量的干扰)，可以得到更好的控制效果。

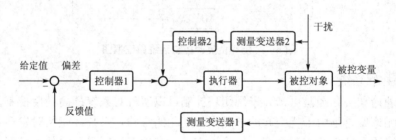

图5.3　复合室温控制系统原理框图

2. 按给定值的性质分类

1）定值控制系统

定值控制系统又称恒值控制系统，这种控制系统的给定量恒定不变，如恒速、恒温、恒压等自动控制系统。控制系统的任务就是排除各种内外干扰因素的影响，以维持被控量的恒定不变。工业生产中的各种温度、压力、流量、液位等参数的控制以及各种调速系统都属于此类。

2）伺服跟踪系统

伺服跟踪系统又称随动系统。这种控制系统的给定值不是时间的解析函数，如何变化事先并不知道(随着时间任意变化)。控制系统的任务是在各种情况下保证输出以一定精度跟随给定值的变化而变化。要求系统能够排除各种干扰因素，控制被控量迅速平稳地复现和跟踪给定值输入信号的变化。在这种系统中，输出量大多是机械位移、速度或者加速度。雷达天线的自动跟踪系统、火炮自动瞄准系统都是典型的随动系统。快速跟踪和准确定位是随动系统的两个重要技术指标。

3) 程序控制系统

程序控制系统的给定值不是恒定值，也不是一个事先难以确定的任意变化的量，而是按事先确定的规律变化。这个确定的变化规律可以预先编成程序并且记录在程序的载体上（如储存器、磁带、凸轮、靠模等）。控制过程中由程序载体按一定的时间顺序，发出给定信号，通过控制系统的作用，使被控对象按照指定的要求动作。工业生产中许多自动机床的控制系统就属于此类系统。

3. 按控制器的实现方式分类

1) 模拟式控制系统

在模拟式控制系统中，控制器是由模拟部件（如模拟电子部件）实现的。此外，系统中的被控对象及其他控制部件（如执行部件等）的行为都是随着时间连续变化的，因此，在这种系统中，所有部件的信号都是随着时间连续变化的，信号的大小也是可以任意取值的模拟量（如电压、电流、温度、位移等）。

2) 计算机控制系统

如果控制系统中的控制是由计算机实现的，那么这种控制系统就是计算机控制系统。典型的计算机控制系统结构框图如图 5.4 所示，对信号的处理以及控制信号的产生等都是在计算机中通过数值计算完成的。由于计算机只能识别二进制表示的数字量并且是串行分时工作的，而测量变送器常常是模拟式的，为了把被控变量送入计算机，在系统中就必须加入 A/D 转换器（模/数转换器）完成模拟量到数字量的变换。同时，经过计算机运算后得到的控制信号是数字量，为了驱动模拟式的执行部件，必须在系统中加入 D/A 转换器（数/模转换器）完成数字量到模拟量的变换。

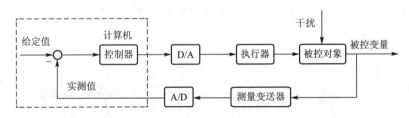

图 5.4　计算机控制系统框图

由于计算机具有很多优点，使计算机控制系统比模拟控制系统具有许多优越性，如灵活性以及适应性强，能够快速完成复杂控制规律的计算，容易实现智能控制等。因此，计算机控制系统已经成为控制系统的主要发展方向。许多高精尖的控制系统都离不开计算机控制，如数控机床、人造卫星等。

4. 按系统的控制方式分类

1) 单回路控制系统

单回路控制系统又称简单控制系统，是只有一个负反馈回路的闭环控制系统。控制系统必须将被控变量反馈到控制器输入端，和输入的给定值进行比较，形成偏差，从而构成闭环负反馈。其原理如图 5.1 所示。单回路控制系统是反馈控制的最基本的方式。

2) 多回路控制系统

多回路控制系统是在单回路控制系统的基础上,增加各种辅助回路的控制系统。针对不同的控制条件和控制要求,分别有不同类型的多回路控制系统。

5.1.2 自动控制系统的性能指标

实际生产过程中,有些工艺变量直接表征生产过程,对产品的产量和质量起着决定性的作用。例如,在分馏过程中,在操作压力不变的情况下,精馏塔的塔顶或塔底温度必须保持一定,才能得到合格的产品;在冶金生产中,加热炉出口温度的波动不能超出允许范围,否则将影响后面工序的加工效果;在化工生产中,化学反应器的反应温度必须保持平稳,才能使反应效率与质量达到规定指标。有些工艺变量虽不直接影响产品的产量和质量,但保持其平稳也是使生产过程顺利进行的前提,例如,中间贮槽的液位高度维持在允许的范围之内,才能使物料平衡,保持连续的均衡生产。有些工艺变量是决定安全生产的因素,如受压容器的压力不允许超出规定的限度,否则将危及设备及人员安全。在生产过程中,对于以上各种类型的参数或变量都有严格的控制指标。

在比较不同控制方案、评价一个控制系统的性能时,主要看它在受到扰动影响使被控参数偏离设定值后,系统能否克服扰动使被控参数迅速、准确且平稳地回到设定值;或者设定值发生变化后,被控参数能否迅速、准确且平稳地到达并稳定在新的设定值或其附近。即从快速性、准确性和平稳性三个方面评价考核一个控制系统的性能。

评价控制系统优劣的性能指标有单项性能指标和偏差积分性能指标两类。单项性能指标以控制系统被控参数的单项特征量作为性能指标,主要用于衰减振荡过程的性能评价;而偏差积分性能指标则是一种综合性指标。在工业过程控制中经常采用时域单项性能指标,并以阶跃扰动作用下的过渡过程为基准来定义系统的性能指标。通常采用设定值阶跃变化时被控参数响应的典型曲线(图 5.5)来定义控制系统的单项性能指标,主要有衰减比、最大动态偏差与上升时间、静差、振荡频率和调节时间等。

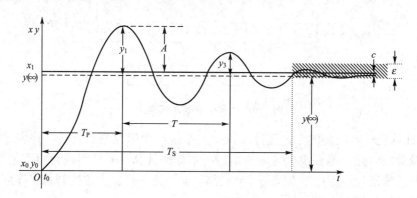

图 5.5　闭环控制系统对设定值阶跃扰动的响应曲线

1. 衰减比 n

衰减比 n 表示振荡过程衰减的程度,是衡量过渡过程稳定程度的动态指标,它等于两个相邻的同向波峰值之比

$$n=y_1 : y_3$$

n 取整数。衰减比习惯上常表示为 $n : 1$。若 $n<1$，表示过渡过程为发散振荡，n 越小，发散越快；$n=1$，过渡过程为等幅振荡；$n>1$，过渡过程是衰减振荡，n 越大，衰减越快；当 $n\to\infty$ 时，系统过渡过程为非周期衰减过程。衰减比究竟选多大才合适，没有统一的定论。根据实际经验，为保持足够的稳定裕度，一般希望过渡过程经过两次左右的波动后趋于新的稳态值，与此对应的衰减比一般在 $4:1\sim10:1$ 的范围内。对于少数不希望有振荡的控制过程，过渡过程需要采用非周期衰减的形式。

2. 最大动态偏差 y_1 与上升时间 T_p

最大动态偏差描述被控参数偏离设定值的最大程度，是衡量控制系统动态准确性的指标，也是衡量过渡过程稳定性的动态指标。对于定值控制系统，过渡过程的最大动态偏差是指被控参数偏离设定值的最大值，即图 5.5 中 A 的幅值。最大动态偏差越大，被控参数瞬时偏离设定值越远。对于工艺要求较高的生产过程，需要根据工艺条件严格确定最大偏差的允许范围。

上升时间是指过渡过程开始至被控参数到达第一个波峰所需要的时间，即图 5.5 中用 T_p 表示的时间段。上升时间是衡量控制系统快速性的动态指标。上升时间越快，表明系统响应越快。

3. 静差 C

过渡过程结束后，被控参数所达到的新稳态值 $y(\infty)$ 与设定值之间的偏差称为静差或称为余差或残差，是控制系统稳态准确性的衡量指标，其容许范围 ε 相当于生产中允许的被控参数与设定值之间长期存在的偏差。设定值是生产过程的技术指标，被控参数越接近设定值，静差越小。在实际生产中，并不是要求所有被控参数的静差都越小越好，如一般贮槽的液位控制要求不高，允许液位有较大的变化范围，静差就可以大一些；而化学反应器的温度控制，一般要求比较高，应当尽量消除静差。有静差的控制过程称为有差调节，没有静差的控制过程称为无差调节。

4. 调节时间 T_S 和振荡频率 f

调节时间是指从过渡过程开始到过渡过程结束所需的时间，是衡量控制系统快速性的指标。从理论上讲，无论是衰减振荡过程还是非周期衰减过程的调节时间都会无限长，只不过是与稳态值的偏差越来越小而已。当被控参数与稳态值的偏差很小时就很难准确测量，所以规定当被控参数与稳态值的偏差进入稳态值的 $\pm5\%$（有时要求 $\pm2\%$）范围内时，就认为过渡过程结束。调节时间就是从扰动出现到被控参数进入新稳态值 $\pm5\%$（或 $\pm2\%$）范围内的这段时间，即图 5.5 中用 T_S 表示的时间段。

过渡过程中相邻两同向波峰（或波谷）之间的时间间隔叫振荡周期或工作周期，在图 5.5 中用 T 表示，其倒数称为振荡频率（记为 $f=1/T$，对应的角频率 $\omega=2\pi/T$）。在衰减比 n 一定的情况下，调节时间与振荡频率之间存在严格的对应关系：振荡频率与调节时间成反比，振荡频率越高，调节时间 T_S 越短。因此振荡频率也可作为衡量控制系统快速性的指标。

过渡过程的衰减比、最大偏差、静差、调节时间等单项指标在不同系统中的重要性是不同的，各个单项指标相互之间既有联系又有矛盾。在实际工程中，对于不同的控制系统，每个性能指标的重要性不同，一般根据具体情况分清主次，区别对待。对一个控制系统提出的品质要求或评价一个控制系统的质量，应该从实际需要出发，对生产过程有决定性意义的主要品质指标优先予以保证，性能指标要求合理适当，否则就会造成人力物力的浪费，甚至根本无法实现。

5.1.3 自动控制系统的基本设计方法

自动控制系统的设计是根据工艺要求进行的。生产过程各式各样，自动控制系统的控制目的也多种多样，设计要求可简要归纳为安全性、稳定性和经济性三个方面。安全性是指在整个生产过程中，自动控制系统能够确保人员与设备的安全，这是对自动控制系统最重要也是最基本的要求。稳定性是指在存在一定扰动的情况下，自动控制系统将工艺参数控制在规定的范围内，使生产过程平稳、持续地进行，稳定性是自动控制系统保证生产过程正常工作的必要条件。经济性是指自动控制系统在提高产品质量、产量的同时，节省原材料、降低能源消耗，提高经济效益与社会效益。

自动控制系统设计包括控制系统方案设计、工程设计、工程安装和仪表调校、调节器参数整定等四个方面的主要内容。控制方案设计是自动控制系统设计的核心，控制方案的优劣对于自动控制系统设计的成功与否至关重要。如果控制方案设计不合理，无论选用多么先进的控制仪表，用什么样的方法调试参数，都不可能达到良好的控制效果，甚至控制系统不能正常运行，生产过程无法进行。工程设计是在控制方案正确设计的基础上进行的，它包括仪表选型、现场仪表与设备安装位置确定、控制室操作台和仪表盘设计、供电与供气系统设计、联锁保护系统设计等。控制系统设备的正确安装是保证系统正常运行的前提。系统安装完后，还要对每台仪表、设备(计算机系统的每个环节)进行单体调校和控制回路的联校。在控制方案设计合理、系统仪表及设备正确安装的前提下，对调节器参数进行整定，使系统运行在最佳状态。总之，自动控制系统的设计过程是一个从理论设计到实践，再从实践到理论设计的多次反复的过程。自动控制系统的设计大致可分为以下 5 个步骤。

1. 熟悉和理解生产对控制系统的技术要求与性能指标

设计者必须全面、深入地了解被控对象的工作机理和工艺特点，掌握控制系统的技术要求与性能指标。这些技术要求与性能指标是控制系统设计的基本依据，技术要求与性能指标必须科学合理、切合实际。

2. 建立被控过程的数学模型

在控制系统设计中，首先要解决如何用恰当数学模型来描述被控对象的动态特性。建立数学模型是控制系统分析与设计的基础，只有掌握了对象的数学模型，才能深入分析被控对象的特性，选择正确的控制方案。

3. 控制方案的确定

控制方案包括控制方式选定和系统组成结构的确定，是自动控制系统设计的关键步骤。控制方案的确定既要依据被控对象的工艺特点、动态特性、技术要求与性能指标，还要考虑控制方案的安全性、经济性和技术实施的可行性、使用与维护的简单性等因素，进行反复比较与综合评价，最终确定合理的控制方案。必要时，可在初步的控制方案确定之后，应用系统仿真等方法进行系统静态、动态特性分析计算，验证控制系统的稳定性、过渡过程等特性是否满足工艺要求，对控制方案进行修正、完善与优化。

4. 仪器仪表选型

根据控制系统设计方案、被控对象特性、工艺环境条件和参数变化范围等要求，选择合适的传感器、变送器、控制器与执行器等。

5. 实验（或仿真）验证

实验（或仿真）验证是将设计方案在实验设备上进行实验验证，或在计算机上用软件仿真验证。通过实验检验系统设计的正确性，以及系统的性能指标是否满足要求。验证是检验系统设计正确与否的重要手段，有些在系统设计过程中难以确定和考虑的因素，可以在实验或仿真中验证；若系统性能指标与功能不能满足要求，则必须进行重新设计。

5.2　单回路控制系统

大型的连续生产过程是一个十分复杂的系统，存在不确定性、时变性以及非线性等因素，影响生产过程的因素和条件一般不止一个，各自所起的作用也不同，这就决定了控制方法的复杂性和多样性。在自动控制技术的发展中，控制策略与算法也经历了由简单控制到复杂控制、先进控制的发展历程。但在工业生产中，单回路控制系统仍然是最基本的控制系统。由于其结构简单、投资少、易于调整、操作维护方便，可以解决工程上大量的恒值控制问题，因此应用十分广泛，约占工业控制系统的80%以上。只有在单回路控制系统不能满足生产要求时，才考虑使用多回路控制系统。

5.2.1　单回路控制系统的工作原理

所谓单回路控制系统，通常是指由一个被控对象，一个检测元件及传感器（或变送器），一个控制器和一个执行器所构成的单闭环控制系统。单回路控制系统是反馈控制系统中最简单的结构形式，因此，它又被称之为简单控制系统。其结构原理如图 5.6 所示。

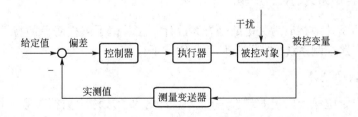

图 5.6　单回路控制系统原理框图

图 5.6 中，控制系统的输出量就是被控参数，它是被控对象（生产设备或生产工艺）的某一工艺参数；控制系统的输入量就是被控参数的设定值（即要求值）。由测量变送器将被控参数的测量值送入控制系统的输入端，由控制器将设定值和测量值比较后计算出控制量

送入执行器，执行器操纵控制变量(被控对象中能影响被控变量的工艺量)，从而抵消干扰对被控变量的影响，构成了一个闭环负反馈回路。

单回路控制系统中只有一个控制器，其输出也只能控制一个执行器，无论控制系统的被控对象是什么，被控参数是什么，只要控制系统的原理框图如图5.6所示，其控制原理均为单回路负反馈控制。

例如，图5.7所示为某一热交换器出口温度控制系统，用一个温度变送器TT、一个温度控制器TC、一个自动调节阀和一个热交换器构成了对热交换器出口温度的单回路控制系统。温度变送器安装在被加热物料出口管道上实时监测被加热物料出口温度并将信号送至控制器，当干扰使被加热物料出口温度变化时，温度变送器的输出信号就变化，送至控制器和给定值比较有偏差时，控制器就会计算出相应的调节量。自动调节阀根据调节量大小改变其开度，从而改变载热介质流量去纠正被加热物料出口温度的变化，使其回到给定值。

在单回路控制系统中，为了快速准确地抑制干扰，控制器的控制规律是根据对象的特性和工艺要求确定的。通过调整控制参数，能实现对干扰的最佳控制效果如图5.8所示。当干扰进入被控对象使被控参数偏离给定值时，控制系统经过调节控制，使被控参数经过衰减振荡回到设定值上。

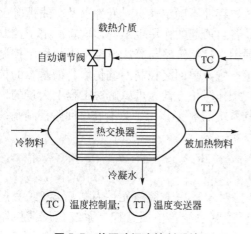

图 5.7　单回路温度控制系统

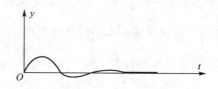

图 5.8　单回路控制系统最佳控制效果

5.2.2　单回路控制系统的设计步骤

控制系统的设计中，最为关键的是方案设计。在掌握了被控对象的特性和工艺控制目标要求后，单回路控制系统的方案设计的步骤如下。

1. 被控参数的选择

生产过程中希望保持恒定的或按一定规律变化的参数称为被控参数，也称被控变量。被控参数选择是控制方案设计中的重要一环，对控制系统能否达到稳定操作、增加产量、提高质量、节能降耗、改善劳动条件、保证生产安全等具有决定性意义，关系到控制方案的成败。一般控制系统的被控参数尽量选择生产运行过程中关键的、又易于直接测量的参数。例如，蒸汽锅炉水位控制系统中选水位作为直接被控参数，因为水位过高或过低均会造成严重生产事故，直接与锅炉安全运行相关。如果被控参数直接检测有困难，或虽能检测，但检测信号很微弱或滞后很大，检测数据不能准确、及时，这时可以选择与其有单值对应关系、易于测量的变量作为间接被控参数。

2. 控制变量选择

在自动控制系统中，把用来克服干扰对被控参数的影响，实现控制作用的变量称为控制变量(也称操纵变量)。自动控制系统中最常见的控制变量有管道中介质的流量、电路中的电流电压、电机的转速等。在有些生产过程中，适合于控制操纵的变量是很明显的，如图5.7所示的热交换器出口温度控制系统中，控制变量选载热介质的流量最为恰当。但在有些生产过程中，可以影响被控参数的外部变量有多个，这些变量的控制操纵能力可能各不相同，需要通过分析来辨别哪些可控、哪些不可控或不允许控制。在全面考虑被控对象特点和控制要求特点的情况下，从允许控制的变量中选择一个对被控参数影响显著、控制性能好的输入变量作为控制变量。

3. 传感器、变送器选择

自动控制系统中用于参数检测的传感器、变送器是系统中获取信息的环节。传感器、变送器完成对被控参数以及其他一些参数、变量的检测，并将测量信号传送至控制器。测量信号是控制器进行调节的基本依据，被控参数能迅速、准确地进行测量是实现高性能控制的重要条件。测量不准确或不及时，会产生失调、误调或调节不及时，影响之大不容忽视。因此，传感器、变送器的选择是自动控制系统设计中重要的一环。

传感器与变送器的选择主要由被检测参数的性质以及控制系统设计的总体功能要求来决定，还要从工艺的合理性、经济性、可替换性等方面加以综合考虑。在系统设计时，从被检测参数的物理化学性质、变化范围、变化速度、测量环境以及对控制性能要求等方面来确定传感器、变送器的类型、量程、精度、响应速度、抗干扰性能等指标。

4. 执行器的选择

执行器的选择是由自动控制系统的控制变量决定的。若控制变量是管道中介质的流量，执行器就是自动控制阀门(有电动控制阀、气动控制阀等)；若控制变量是电路中的电流、电压，执行器就是变流器、变压器；若控制变量是电机的转速，执行器就是变频器等。选择执行器的基本原则是保证自动控制系统的控制品质、提高生产设备的安全性。例如，气动控制阀门的选型要点如下：

(1) 根据工艺管道中流体的流量、特性选择合适的阀门类型，合理确定控制阀的口径尺寸。正常工况下要求控制阀的开度在15%～85%之间，如果调节阀口径选得过小，当系统受到较大的扰动时，控制阀会进入全开或全关的饱和状态，使系统暂时处于失控工况；调节阀口径选得过大，阀门长时间处于小开度工作状态，工作特性差，甚至会产生振荡或调节失灵的情况。

(2) 根据被控对象的特性和控制系统的要求，选择阀门的流量特性。控制阀的流量特性是指流过阀门的流体的相对流量与阀门的相对开度(相对位移)间的关系。有直线流量特性、等百分比(对数)流量特性、快开流量特性等。控制阀的流量特性影响着控制系统的控制品质。从调节原理来看，要保持一个控制系统在整个工作范围内都具有较好的品质，就应使系统在整个工作范围内的总放大倍数尽可能保持恒定。如果控制阀的流量特性和被控对象的特性配合得当，就能提高控制系统的控制品质。

（3）从保证设备及人员安全考虑，自动阀门一般设有自动复位功能，即控制信号中断时阀门会自动恢复到起始状态。例如，气关式调节阀在无压力信号时阀全开，随着压力信号增大阀门逐渐关小。反之，气开式调节阀在无压力信号时阀全闭，随着压力信号增大阀门逐渐开大。一旦控制系统故障、信号中断时，调节阀的开关状态应能保证工艺设备和操作人员的安全。如果控制信号中断时，阀处于打开位置危害性小，则应选用气关式调节阀；反之，若阀处于关闭位置时危害性小，则应选用气开阀。例如，蒸汽锅炉的燃料输入管道应安装气开式调节阀，即当控制信号中断时应切断进炉燃料，以免炉温过高造成事故；而给水管道应安装气关式调节阀，即当控制信号中断时应开大进水阀，以免锅炉烧干。

5. 控制规律的选择

单回路控制系统中，控制器采用的基本控制规律是比例(P)、积分(I)和微分(D)调节规律，简称PID调节。通过PID的不同组合，即可得到各种常用的控制规律。

（1）比例控制是最简单、最基础的调节。比例调节适用于控制通道滞后较小、负荷变化不大、控制精度要求不严的系统，如中间贮槽的液位控制系统、精馏塔塔釜液位控制系统以及不太重要的蒸汽压力控制系统等。比例控制对干扰的调节迅速、整定简便。比例控制的主要缺点是系统存在静差。

（2）比例积分控制既能消除静差，又调节迅速。比例积分控制适用于控制通道滞后较小、负荷变化不大、控制精度要求严格的系统。例如，流量、压力和要求严格的液位控制系统，采用比例积分控制可以取得很好的效果。比例积分控制器是使用最多的控制器。

（3）比例微分控制有利于提高系统的控制速度，加快调节过程，减小动态偏差和静差，适用于控制通道滞后较大的对象。微分反映了当前系统偏差的变化趋势，这相当于赋予控制器某种程度的"预见性"，因此，微分控制可以在偏差刚出现时就根据其变化速度提前加大控制量，对防止系统出现较大动态偏差有利。

（4）比例积分微分控制是常规调节中性能最强的一种控制规律，它综合了各种控制规律的优点。PID控制既调节迅速，又可以消除静差、加快系统的控制速度。对于负荷变化大、容量滞后大、控制品质要求高的控制对象(如PID控制实现的压力、温度、流量、液位控制等)均能适应。

6. 控制器参数的确定

控制器控制规律确定后，其控制算式中的PID参数值(比例度 P、积分时间 T_1、微分时间 T_D)成为影响系统控制品质的主要因素，必须通过计算或整定(调试)的方法确定合适的 PID 参数值。

控制器参数的确定是根据被控过程的特性确定 PID 控制器的比例系数、积分时间和微分时间的大小，使控制系统的控制效果达到最佳。PID 控制器参数整定的方法很多，概括起来有两大类：一是理论计算法，二是工程整定法。

1) 理论计算法

理论计算法主要依据系统的数学模型，经过理论计算求得控制系统的性能指标达到最佳时，控制器参数值比例度 P、积分时间 T_1、微分时间 T_D 的大小。这种方法计算求解过程比较复杂，所得到的数据的准确性取决于系统数学模型的准确性，常常需要通过工程试验进行调整和修改。

2) 工程整定法

工程整定法主要依赖工程经验，直接在控制系统的试验中进行，方法简单、易于掌握，在工程实际中被广泛采用。PID控制器参数的工程整定法主要有临界比例法、反应曲线法和衰减法。三种方法各有其特点，其共同点都是首先通过试验，然后按照工程经验公式对控制器参数进行整定。但无论采用哪一种方法所得到的控制器参数，都需要在实际运行中进行最后的调整与完善。

在实际生产中，往往因为操作者整定经验不足而使控制器没有处于最佳工作状态，造成生产状况不佳，如生产不稳定、产品精度不高、生产效率不高等。为了解决这个问题，控制器自整定开始普及。近年来，内装CPU芯片的控制器设计了自动整定程序，由控制器根据开机测试程序自动整定PID参数，避免了人工整定的困扰。PID控制器的自动整定仍属于工程整定法。

单回路PID控制系统作为一种基本控制方式获得了广泛的应用，主要是由于它具有原理简单、鲁棒性强、适应性广等优点。即使新的控制算法与控制规律不断产生，单回路PID控制作为最基本的控制方式仍占据重要的地位，显示出强大的生命力。

应用案例5-1

在广东工业大学的实验室微型锅炉内胆水温定值控制中以锅炉内胆作为被控对象，内胆的水温为系统的被控制量。设计的单回路温度控制系统用铂电阻TT_1检测锅炉内胆温度，将检测到的温度信号作为反馈信号送至控制器，在与锅炉内胆的水温给定值比较后，通过控制运算去调节三相调压模块的输出电压(即三相电加热管的端电压)，以达到控制锅炉内胆水温的目的，如图5.9所示。

图5.9 微型实验锅炉

在锅炉内胆水温控制系统中，由于加热过程容量时延较大，所以其控制过渡时间也较长，为加快控制，使温度变化速度变快，控制器可选择PD或PID控制。

5.3 多回路控制系统

有些工艺过程的工艺条件复杂或控制关系特殊，单回路控制系统不能很好地满足控制要求。因此，人们在长期的实践中不断摸索出各种多回路(复杂)控制系统。

5.3.1 串级控制系统

当对象的滞后较大，干扰比较剧烈、频繁时，采用单回路控制系统控制质量较差，采用串级控制系统可以提高控制质量。例如，管式加热炉是炼油生产中对原油进行加热的重要设备，工艺对加热炉的原油出口温度有控制要求。由于炉子大，热量传递慢，单回路控制时控制通道时间常数很大，滞后很大，控制效果不好。而采用串级控制方案可以缩短控制滞后，如图 5.10 所示。

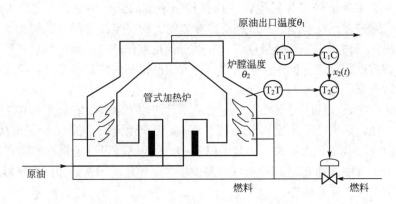

图 5.10 管式加热炉出口温度串级控制系统

串级控制系统的核心是增加了一个测量控制回路，两个控制器 T_1C、T_2C 串联连接。串级控制是如何缩短控制滞后的呢？通过增加的回路可以提前测得某些干扰对被控变量的影响。如当燃料压力变化时，首先引起炉膛温度变化。此时，变送器 T_2T、控制器 T_2C 所组成的回路可以比变送器 T_1T、控制器 T_1C 所组成的回路提前开始调节燃料量，使炉膛温度很快得到纠正，加热炉出口温度因而波动较小。由于燃料压力变化形成的扰动能在中间变量（炉膛温度）反映出来，对其迅速调节，干扰就能迅速得到控制。因此，串级控制系统与单回路控制系统相比，对干扰的控制速度加快，被控变量受到的影响可以减小很多。

串级控制系统的原理结构如图 5.11 所示，是把两个控制器串联起来构成内、外双闭环控制系统。内环称副环，外环称主环。由于副环对象惯性小、工作频率高，副控制器能快速控制进入副环的干扰，主控制器随后进一步准确控制，使被控变量等于给定值。因此称副环快调，主环细调。

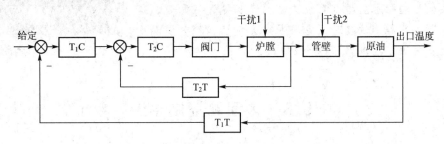

图 5.11 管式加热炉串级控制系统原理框图

图 5.12 串级控制与单回路控制效果对比

串级控制系统的内环将其包含的一部分被控对象的时间常数缩短，整个系统的特性也得到了改善。对落在副环以外的扰动，主控制器的控制频率也加快。与单回路控制系统比较，串级控制系统的过渡过程缩短，动态偏差减小，控制效果比较如图 5.12 所示。

5.3.2 前馈-反馈控制系统

反馈控制的特点是根据被控变量的偏差进行控制。不论什么干扰，只要引起被控变量发生偏差，控制器就进行控制。由于反馈控制系统总是在被控变量变化后才产生控制作用，属于事后控制，控制过程中被控变量是偏离给定值的，这限制了控制质量的进一步提高。

实际上，被控对象总是存在惯性和滞后性，从干扰进入控制系统到被控变量发生变化需要经过一定的时间。如果在干扰刚出现，且被控变量还没变化时就进行控制，控制作用就有可能同步抑制干扰，被控变量就可能不受干扰影响。这种控制效果比反馈控制效果更好，称之为不变性控制，是控制的较高境界。

不根据被控变量的偏差进行控制，而是根据干扰量进行的控制称为前馈控制，又称扰动补偿。在前馈控制中，测量变送器直接测量干扰值，当干扰刚刚出现时就能够测量控制，使得控制量按扰动做出相应的调整，以避免被控变量发生偏差。因此，前馈控制在被控变量发生偏差之前就克服了干扰，改变了反馈控制必然有被控变量受扰动的状况。

图 5.13 所示为热交换器对物料进行加热的前馈控制系统，工艺要求控制物料出口温度。此工艺中，物料入口流量(生产负荷)经常发生变化，造成物料出口温度频繁受到扰动，为此设计了前馈控制。当物料入口流量(生产负荷)发生变化时，装在物料入口管道上的流量变送器 FT 及时测出，补偿控制器 FC 及时发出控制信号调节阀门改变蒸汽流量，以补偿物料入口流量变化对加热蒸汽量的需要，使换热器出口温度不受影响。

前馈控制是根据干扰量进行控制的，干扰的测量和控制误差会使控制结果出现误差；而且生产过程中干扰很多，不可能一一测量控制，因而前馈控制有局限性。由于反馈控制对所有的干扰有控制作用，所以前馈和反馈结合使用可以优势互补。前馈针对主要干扰提前控制、反馈针对所有干扰精确控制。例如，把图 5.13 中的热交换器物料入口流量前馈控制系统和物料出口温度反馈控制系统组合在一起，构成前馈-反馈复合控制系统，如图 5.14 所示。

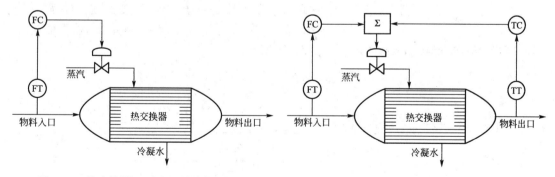

图 5.13 热交换器入口流量前馈控制系统

图 5.14 热交换器出口温度
前馈-反馈复合控制系统

在此控制系统中，前馈回路只针对进水流量的干扰进行控制，而其他干扰如进水温度、蒸汽压力等对物料出口温度的影响，都由反馈回路来克服。前馈控制器和反馈控制器的输出经过加法器 Σ 相加后，共同作用于自动调节阀门。这种前馈加反馈的复合控制系统能够在反馈控制的基础上，对重点干扰提前做补偿控制，大大减少了扰动对出口温度的影响，获得了比较理想的控制效果。此控制系统的结构原理如图 5.15 所示。

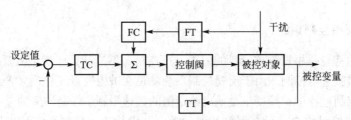

图 5.15　热交换器出口温度前馈-反馈复合控制系统框图

5.3.3　比值控制系统

　　生产过程中，经常需要使两种或两种以上的物料的流量保持严格的比例关系。例如，在锅炉的燃烧系统中，要保持燃料和空气的比例，以保证燃烧的经济性，如果比例严重失调，就有可能造成生产事故。再如，在合成氨生产过程中，在造气工序必须严格保持氧气和重油的比值，在合成工序则应当保证氢和氮的比值。针对这种要求保持两个或多个参数符合一定比例关系的生产过程，设计有专门的比值控制方案。

　　比值控制系统就是实现两个或多个参数符合一定比例关系的控制系统。比值控制系统有多种结构类型，如单闭环、双闭环、变比值等。比值控制系统中，往往其中的一个参数随着外界负荷的要求改变，其他的参数则由控制器控制比值关系。

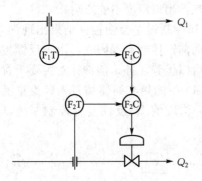

图 5.16　单闭环比值控制系统

　　例如，图 5.16 所示为两个管道流量的单闭环比值控制系统。工艺要求流量 Q_1 和 Q_2 保持 K 倍关系，而且是流量 Q_2 跟踪流量 Q_1，即控制目标是 $Q_2 = KQ_1$。设计的单闭环比值控制系统中流量变送器 F_1T 对流量 Q_1 进行测量，送至控制器 F_1C 乘以 K 倍后，作为控制器 F_2C 的设定值对 Q_2 进行闭环控制。由于控制器 F_2C 的设定值随时可能变化，所以这是一个随动控制系统。当 Q_1 变化时，Q_2 跟着变化，以保持比值不变。其控制系统原理结构如图 5.17 所示。

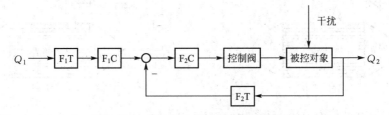

图 5.17　单闭环比值控制系统原理框图

5.3.4　分程控制系统

　　生产过程中，有时会出现为了控制一个被控参数需要操纵两个工艺变量的情景。如图 5.18 所示为某化学反应器，每一次生产的过程是投料、反应、排空，属于间歇式生产。每次生产开始投料完毕后，为使其达到反应温度，需要先对其加热引发化学反应；但化学反应一开始进行，就会持续产生大量的反应热，如果不及时降温，物料温度会越来越高，甚至有发生爆炸的危险。因此，必须设计控制系统以保证化学反应在规定的温度下进行，而且需要操纵加热和冷却两个工艺量。

根据上述要求设计的控制系统是以反应器内温度为被控参数、以热水流量和冷却水流量为控制变量的分程控制系统。利用温度变送器 TT 测量反应器内温度，送至控制器 TC 与规定的反应温度比较后进行控制运算，送至 A、B 两台调节阀分别控制冷却水和热水两种不同介质，以满足生产工艺对冷却和加热的不同需要。

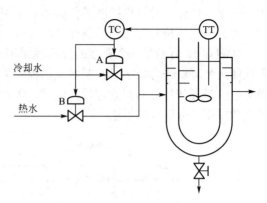

图 5.18　反应器温度分程控制系统

系统的工作原理如下：A、B 两台调节阀的动作量程分别设置成控制信号的前半段和后半段。当装料完成、化学反应开始前，温度测量值小于设定值；调节器 TC 输出信号在后半段区间内，A(冷却水)阀关闭，B(热水)阀开启，热水流入反应器夹套内使反应物料温度上升。待化学反应开始以后，反应物料温度逐渐升高，调节器 TC 输出下降，B(热水)阀逐渐关小；当反应物料温度达到并高于设定值时，调节器输出信号在前半段区间内，B 阀完全关闭，A(冷却水)阀逐渐打开，冷水流入反应器夹套将反应热带走，使反应物料温度保持在设定值。

分程控制系统的工业应用形式也比较多样，可用于同一被控参数需要控制两个不同工艺介质的生产过程，也可用于扩大调节阀的可调范围、改善调节阀的工作特性等。

5.4　计算机控制系统

在 20 世纪 50 年代数字计算机出现之初，控制工程师便从其运算速度快、具有实现各种数学运算和逻辑判断的能力，意识到计算机在自动控制领域具有极大的发展潜力，并进行了积极的探索。1959 年，美国在炼油厂实现计算机数据监控。1962 年，英国实现以计算机代替模拟调节器进行闭环控制的工业应用。但计算机在控制领域应用的历程并非一帆风顺。早期计算机造价高，为了使计算机控制系统能与常规仪表系统竞争，需要用一台计算机控制尽可能多的回路，甚至全部控制功能向一台计算机高度集中，这使控制系统发生事故的危险性被高度集中，要求计算机具有很高的可靠性，才能保证控制系统和生产过程的安全。但当时计算机运算速度慢、可靠性较低、软件功能差、难以满足控制系统对可靠性的要求。

20 世纪 70 年代初，微处理器的出现为计算机在过程控制领域大量应用提供了难得的机遇。微处理器可靠性高，价格便宜，功能又相当齐全，一诞生就立即受到自动化领域的密切关注，国际上一些著名仪器仪表公司，都全力以赴展开研究，并很快取得新的技术突破。1975 年，美国霍尼韦尔公司(Honeywell)和日本横河电机株式会社(Yokogawa)率先推出集散控制系统(distributed control system，DCS)TDC-2000 和 CENTEM。随后，美国德州仪器(TI)、福克斯波罗(Foxboro)、德国西门子(Siemens)等公司先后在短时间内也推出了类似的集散控制系统。这些系统虽然结构和功能各有不同，但有一个共同的特点，即控制功能分散、操作管理集中，采用分布式结构。DCS 的出现，使计算机控制在世界范围内得到迅速推广。计算机具有运算速度快、内存大、功能多等优点，使计算、控制、显示、记录一体化。计算机控制不仅能实现单回路控制,而且特别适用于各种多回路复杂控制,尤其是现代控制方法只能靠计算机实现。

如图 5.19 所示是一个典型的计算机单回路控制系统框图,和模拟式单回路控制系统不同的是计算机作为数字式控制器承担控制运算功能。由于计算机处理数字信号,而大多数测量变送器和执行器都处理模拟信号,因此 A/D 和 D/A 转换成为计算机与自动控制系统其他模拟部分联系的桥梁。

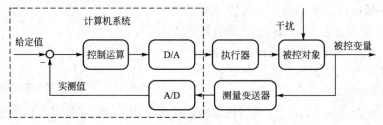

图 5.19　典型计算机控制系统框图

5.4.1　模拟量与数字量的转换

控制系统需要对被控变量、干扰或其他工艺参数进行实时测量,实际中的大多数测量变送器是将被测变量转换成电压或电流模拟量,是随时间变化的连续信号。要使计算机能够识别被测变量,必须将其离散化,转换成数字量。将连续信号转换为离散信号可以通过采样过程实现。如图 5.20 所示,采样器相当于一个定时通断开关,每隔 T_s 时间接通一次,接通时间为 τ,则将连续信号 $x(t)$ 采样为离散信号 $x_s(t)$。

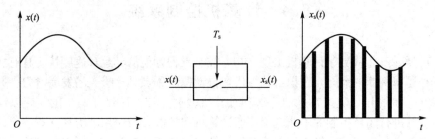

图 5.20　连续信号离散化

相反,从离散信号变换为连续信号是保持过程。计算机的运算结果输出去控制模拟信号执行装置时,需要将离散信号转换为连续信号。保持器能在无信号的时段内保持上一个信号的幅值输出,使离散信号连续起来,如图 5.21 所示。

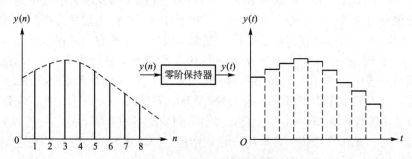

图 5.21　离散信号连续化

5.4.2　计算机控制系统的组成

计算机控制系统即是以计算机为核心的控制系统。计算机控制系统包括硬件设备、控制软件和通信网络三大部分。其中硬件是指计算机本身以及外围设备；软件是管理计算机的程序以及过程控制的应用程序；通信网络则负责各个独立的数据采集节点和控制单元之间的数据信息交换，以及各个控制回路之间和网络之间的信息交换。

计算机控制系统中的计算机有多种形式，常见的有工业控制计算机、嵌入式计算机、可编程控制器(PLC)、单片微机系统(单片机)、数字信号处理器(DSP)等。计算机与被控对象、各部件之间的联系，可以是有线方式，如通过电缆的模拟信号或者数字信号进行联系，也可以是无线方式，如用红外线、微波、无线电波、光波等进行联系。

1. 计算机控制系统的硬件组成

计算机控制系统的硬件主要由主机、过程通道、外部设备(包括操作台)、通信接口、检测与执行机构等构成。由于计算机功能强大，一般计算机控制系统可以同时控制多个回路，如图 5.22 所示。

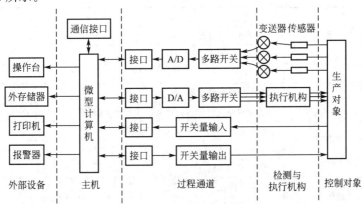

图 5.22　计算机测控系统典型硬件电路框图

其中，主机的主要功能是按照控制规律进行各种控制运算(如调节规律运算、最优化计算等)和操作，根据运算结果做出控制决策；对生产过程进行监督，使之处于最优的工作状态；对事故进行预测和报警；编制生产技术报告等。

外部设备(简称外设)，可以实现计算机和外界的信息交换，包括操作台(控制台)、打印机、外存储器等。其中操作台是计算机控制系统中的重要设备，用来实现人机交互。操作台具有显示功能，即根据操作人员的要求，能够立即显示所要求的内容，如被控系统的流程总图、开关状态图、时序图、变量变化趋势图、调节回路指示图等；操作台上有键盘或者触摸屏，用于实现数据的输入或者控制系统参数的修改；还有功能开关和按钮，以完成系统的启、停功能；操作台还具有自保护功能，保证即使出现误操作也不会造成危险后果。

过程通道是计算机和生产对象之间进行信息交换的桥梁和纽带。过程通道包含输入通道和输出通道。其中输入通道把对象的被控参数转换成计算机可以接收的数字代码；输出通道把计算机输出的控制命令和数据代码转换成可以控制对象的连续信号。

检测与执行机构是直接与生产对象接触的现场仪表与装置。各种传感器及变送器的功能是将被测参数从非电量转换成电信号，如利用热电偶可以将温度信号转换成电信号；压力变送器可以把压力转换成电信号。这些信号经变送器转换成统一的标准电信号(1~5V或者 4~20mA)后，再经由过程通道送入计算机。现代智能变送器输出的数字信号可以直接送入计算机。执行机构的功能是根据计算机输出的控制信号，改变生产对象中被调介质的流量或者能量，使生产对象符合规定的要求。

2. 计算机控制系统的软件组成

软件是计算机控制系统的神经中枢，负责指挥计算机控制系统的活动。软件是指完成各种功能的计算机程序的总和。从功能上讲，计算机控制系统的软件包括系统软件和应用软件。

1) 系统软件

系统软件是由计算机制造商、通用系统软件公司以及自动控制系统制造厂商提供的，用来进行计算机资源管理的软件，如操作系统、算法语言、数据库、诊断程序、系统开发环境等，是为用户使用、管理、维护计算机所用的计算机程序，用户只需要掌握使用方法，并根据具体需要加以适当的调整即可。系统软件和应用软件的组成见表5-1。

表5-1 系统软件和应用软件组成

系统软件	操作系统	管理程序
		磁盘操作系统程序
		监控程序等
	诊断系统	调节程序
		故障诊断与修复程序
	程序设计系统	各种程序设计语言、语言处理程序(编译程序)
		服务程序(装配程序和编辑程序)
		模拟主系统(系统模拟、仿真、移植软件)
		数据管理系统等
	信息处理软件	文字翻译软件
		企业管理软件等
	通信网络软件	
应用软件	过程监视软件	巡回检测程序
		数据处理程序
		上下限检查及报警程序
		操作台服务程序等
	控制计算程序	控制算法程序
		数字滤波及标度变换程序
		判断程序
		事故处理程序等
	公共服务程序	基本运算程序
		函数运算程序
		数码转换、格式编码程序
		信息管理程序(信息生成调度、文件管理及输出、打印、显示等)
	数据库	历史数据库
		实时数据库
	各种过程通道接口程序	

2）应用软件

应用软件是为了实现特定控制目的而编制的专用程序，包括数据采集及处理程序、控制程序、过程监视程序、打印制表程序等。应用软件的功能与被控过程的特征及控制功能的要求密切相关，应用软件的质量直接影响控制系统的功能和效率。计算机控制系统的设计者要根据任务要求、应用相应软件环境和开发工具编制所需的应用软件。

5.4.3　计算机控制系统的主要特点

计算机控制系统执行控制程序的过程如下：首先，对被控参数以一定的采样间隔进行采样，并将采样结果送入计算机；将采集到的被控参数处理后，按预先设定好的控制规律计算获得当前的控制量信号；然后将控制量信号经过输出通道送往执行机构。上述测量、控制、运算的过程不断重复，使得整个系统能够按照一定的动态品质指标进行工作，并且对被控参数或者控制设备出现的异常状态及时监督并迅速做出处理。

如果计算机控制系统能够在工艺要求的时间内及时对被控参数进行测量、计算和控制输出，则称为实时控制。实时性和工艺要求紧密相连，如对快速变化的压力对象控制的实时性比对缓慢变化的温度对象的实时性要求高。实时性通常受到检测仪表的传输延迟、控制算法的复杂程度、微处理器的运算速度和控制量输出的延迟等因素影响。

与模拟式控制系统相比较，计算机控制系统具有如下特点。

（1）计算机控制算法由软件实现，使用灵活，便于实现特殊的控制规律，可以实现复杂的控制方案。如果要改变控制算法通常不需要改动硬件，只要修改程序，就可以适应新的控制要求，甚至可以在线改变控制方案。

（2）可以消除常规模拟调节器的许多难以克服的缺点。例如，计算机控制系统不存在模拟调节器的漂移问题，参数整定范围宽，数字滤波可抑制低频周期干扰。数字信号的传递可以有效地抑制噪声，从而提高了系统的抗干扰能力。

（3）可以用一台计算机分时控制若干个回路或者系统，这样大大减少了模拟仪表的数量，增加控制回路而不用增加费用。

（4）显示界面丰富，可以用数字、光柱、曲线、图形、图像等各种方式显示测控信息。

（5）控制与管理结合，实现企业综合自动化。特别是计算机通信技术的发展，使从收集商品信息、信息资料，制定企业战略计划和生产计划，控制生产过程、生产调度，仓库管理到产品销售都实现了微机化，使工厂生产、管理一体化。

5.4.4　基于计算机的网络控制

随着计算机技术的迅速发展，20 世纪 80 年代后期，计算机控制开始采用开放式通信系统，可以和以太网接口，有网间连接器，图示功能增强，响应速度更快，组态更加直观、灵活，信息管理系统则使操作站管理功能更为强大，基于计算机的网络控制系统性能日益完善、应用逐渐普及。

1. 计算机集散控制系统

集散控制系统（distributed control system，DCS），是以多个微处理器为基础，利用现代网络技术、现代控制技术、图形显示技术和冗余技术等实现对分散工艺对象的控制、监视管理的控制系统。一个典型的 DCS 组成如图 5.23 所示，由分散执行控制功能的现场控制站(field control station)和进行集中监视、操作的操作站(operator station)以及高速通信总线组成。

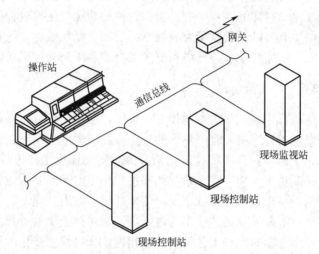

图 5.23　集散控制系统的组成

　　DCS 的现场控制站是一种多回路控制器。它接收现场送来的测量信号,按指定的控制算法,对信号进行输入处理、控制运算、输出处理后,向执行器发出控制命令。在现场控制站内,一般不设显示器及操作面板等人机界面,这些显示和操作功能交给上层的操作站去完成。操作站位于控制站的上层,它通过通信总线与现场控制站交换信息。根据危险分散的设计原则,现场控制站内,一个微处理器控制 8~40 个回路。它具有自己的程序寄存器和数据库,能脱离操作站,独立地对生产过程进行控制。当生产装置规模较大时,可用多个现场控制站一起工作。DCS 的特点是以分散的控制适应分散的控制对象,以集中的监视和操作达到掌握全局的目的。其基本思想是分散控制、集中操作、分级管理、配置灵活、组态方便。系统具有较高的稳定性、可靠性和扩展性。从图 5.23 中还可看到,通过配置网关(gateway),可将 DCS 的内部通信总线与其他控制设备、控制网络或信息管理网络连接,组成更大的综合控制与信息管理系统。

　　DCS 的基本结构如图 5.24 所示。工程师站(engineering station)与操作员站共同组成 DCS 操作站,操作员利用操作站上的 CRT 显示器,对生产过程进行集中监视、操作和管理。为方便操作员的使用,集散控制系统的人机界面提供了多种显示画面,让操作员能以最短的时间,迅速准确地掌握生产过程的状态,并根据需要,修改控制回路的设定值、整定参数、运行方式,也可以实现对现场生产过程的直接操作。

　　在大型集散控制系统中,用户软件的修改和维护工作量较大,这种功能与系统运转时的监视、操作与管理功能是完全不同的范畴。DCS 设置专门的工程师站,以便与日常的操作功能在物理上彻底分开。一般给工程师站赋予高级别的管理密码,只有系统工程师可以进入,一般的运行操作人员不能进入。

　　现场控制站一般分散安装在靠近生产现场的位置,实现对生产过程数据的采集与实时控制。即对过程输入、输出数据进行检测与处理,按照一定的控制逻辑与算法形成相应的控制命令,对生产过程进行控制。同时将相关信息上传到操作站,并接收操作站下传的控制指令。通过通信总线实现现场控制站之间的数据交换。

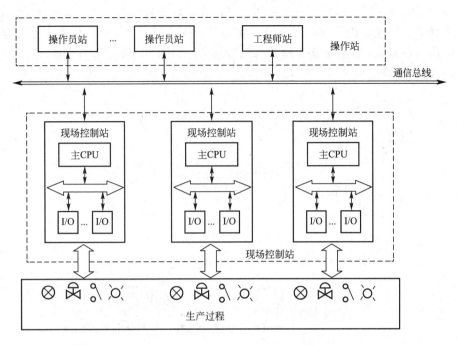

图 5.24 集散控制系统的基本结构

DCS 中的通信网络也是系统重要的组成部分。为保证通信的可靠性，DCS 系统常采用多主站的令牌方式。在系统内，各操作站和控制站的地位是相同的，没有固定的主站与从站划分。这种方式可避免只有一个固定主站时，万一主站发生故障引起全局通信瘫痪的危险。此外，在集散系统中还采用双总线冗余结构，确保通信的可靠性。

2. 现场总线控制系统

集散控制系统的通信网络最低端只达到现场控制站一级，现场控制站与现场检测仪表、执行器之间的联系仍采用一对一传的 4～20mA 模拟信号，传输成本高、效率低、维护困难，无法实现对现场设备工作状态的全面监控和深层次管理；另一方面，基于厂家专有技术而形成的 DCS 通信协议及软硬件的封闭性，成为不同 DCS 之间兼容互连、设备间互换的巨大障碍。因此，现场检测仪表、执行器的数字化、智能化和通信网络标准化成为控制系统新的发展目标。

现场总线的思想形成于 20 世纪 80 年代，目标是通信总线直达现场设备，即现场总线以开放的、独立的、全数字化的双向多变量通信直达现场仪表，实现全数字化的控制系统。发达国家的自动化仪表公司都以巨大的人力和财力投入研究和推广，以现场总线为基础的全数字控制系统成为 21 世纪自动控制系统的前沿技术。

按照现场总线基金会的定义，所谓现场总线就是连接智能测量与控制设备的全数字式、双向传输、具有多节点分支结构的通信链路。用现场总线实现工业现场的智能仪表、控制器、执行机构等设备间的现场通信以及这些现场控制设备和高级控制系统之间的信息传递。采用现场总线技术构成的控制系统称为现场总线控制系统（field bus control system，FCS）。

FCS 由现场设备与总线系统的传输介质（双绞线、光纤等）组成，它的控制单元在物理位置上与现场的变送器、执行器合为一体，可以在现场完成控制任务，又都挂接在通信总线上实现通信。将通信总线延伸到现场的变送器、执行器，不仅可以传递测量数据信息，也可以传递设备标识、运行状态、故障诊断等信息，因而可以实现智能仪表设备资源的在线管理，如图5.25所示。

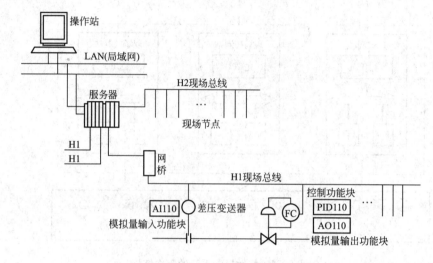

图5.25 现场总线控制系统

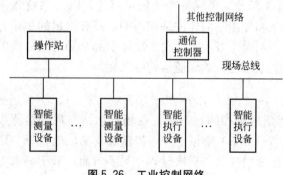

图5.26 工业控制网络

在FCS中，智能传感器和智能执行器将测量、控制和通信功能都融入现场设备中，使工业控制网络进一步扁平化(图5.26)。总线技术使控制系统的开放性和可靠性大幅度提高，开创了工业控制网络的新结构。

3. 可编程逻辑控制系统

逻辑控制(又称开关顺序控制)是生产控制中的一个重要门类，工业过程中有很多的工艺操作是按工艺条件顺序进行的逻辑控制，日常生活中也常见逻辑控制的应用，如电子广告牌的图案变化就是逻辑控制的结果。在没有可编程逻辑控制器之前，逻辑控制是由硬件控制电路和继电器控制实现的，布线繁琐、体积庞大而且笨重。

可编程逻辑控制器(programmable logic controller，PLC)，是专为逻辑控制开发的一种工业计算机，是在继电器控制和计算机控制的基础上发展起来的新型工业自动控制装置。随着微电子技术和微型计算机的发展，微处理器用于PLC，使其不仅可以实现逻辑控制，还可以进行数字运算和处理、模拟量调节和联网通信等，因此美国电气制造协会于1980年将它正式命名为可编程控制器(programmable controller，PC)。但近年来PC又成为个人计算机(personal computer)的简称，为避免发生混淆，人们仍习惯地用PLC作为可编程控制器的缩写。

可编程逻辑控制系统的基本组成如图5.27所示，主要由可编程程序控制器(图中虚线以内部分)、现场输入设备和现场输出设备组成。

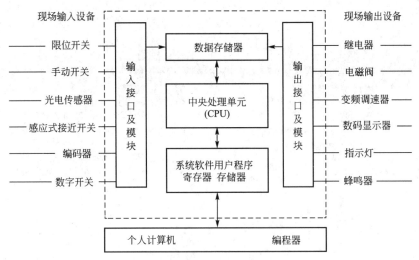

图 5.27　PLC 基本组成

现场输入设备是采集现场工艺参数和操作台人工指令的各种传感器和手动、自动开关，为可编程控制器提供逻辑判断所需的信息和指令。

现场输出设备是按控制信号动作的各种现场设备，如控制器输出的控制信号可以使信号灯、接触器、执行器、电动机等生产装置启动或停止。

可编程控制器采用了典型的计算机结构，内部包括中央处理器 CPU、存储器和输入、输出接口电路等，用总线进行数据传输。CPU 是 PLC 的运算控制中心，它的作用是按 PLC 中系统程序赋予的功能，用扫描方式接收输入设备的状态或数据存入数据存储器中，通过逐条读取用户程序执行逻辑运算、顺序控制、定时/计数和算术运算等操作指令，并产生相应的控制信号通过输出接口输出，控制各种类型的机械或生产过程。

可编程控制器的程序编写可以通过程序编辑器进行。程序编辑器是 PLC 的外围设备，由键盘、显示器、工作方式选择开关和外存储器接插口等部件组成，和 PLC 相连后可对 PLC 的用户程序进行输入、检查、调试和修改，还可用来监视 PLC 的工作状态。也可以将个人计算机作为编程器使用，在计算机上添加适当的硬件接口，利用生产厂家提供的编程软件包就可对 PLC 的用户程序进行输入、检查、调试和修改，而且还能在计算机上实现模拟调试。如图 5.28 所示为日本欧姆龙株式会社（OMRON）开发的 PLC 网络系统。

图 5.28 的 PLC 网络系统由信息网络、控制器网络、器件网络三层结构组成。信息网络主要为管理服务，管理层计算机可以监控现场的参数信息和控制状态；控制器网络是 PLC 控制核心，即逻辑运算中心；器件网络是各种信号采集装置、命令输入装置和信号输出执行器件。

PLC 是微处理器技术与传统的继电接触控制技术相结合的产物，它克服了继电接触控制系统中的机械触点的接线复杂、可靠性低、功耗高、通用性和灵活性差的缺点，充分利用了微处理器体积小、布线少的优点；更为重要的是可编程，可通过改变软件来改变控制方式和逻辑规律，且语言简单、编程简便。用户在购到所需的 PLC 后，只需按说明书的提示，做少量的接线和简易的用户程序编制工作，就可灵活方便地将 PLC 应用于生产实践。

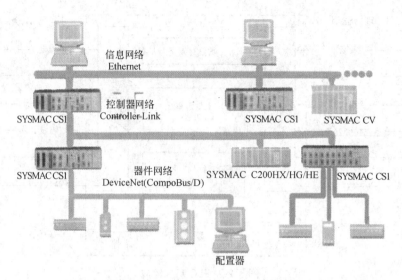

图 5.28 OMRON 公司的 PLC 网络系统

随着现代工业生产规模的不断扩大，特别是大型综合自动化系统的逐渐增多，大型 PLC 网络在电力、纺织、机械、汽车制造、钢铁、造纸、化工等领域的应用越来越多，世界上各大自动化控制设备制造商都推出了 PLC 网络系统。

应用案例5-2

水源热泵空调系统是一种利用自然水源作为冷热源的空调系统，其核心技术是水源热泵技术。所谓水源热泵技术，是利用地球表面浅层水源所吸收的太阳能和地热能而形成的低温低位热能资源，并采用热泵原理，通过少量的高位电能输入，实现低位热能向高位热能转移的一种技术。河水、湖水、地下水等地球表面浅层水源吸收了太阳辐射的能量，水源的温度十分稳定。在夏季，水源热泵空调系统将建筑物中的热量转移到水源中，由于水源温度低，所以可以高效地带走热量。在冬季，水源热泵空调系统从水源中提取能量，根据热泵原理，通过空气或水作为载冷剂提升温度后送到建筑物中。通常，水源热泵消耗1kW的能量，用户可以得到4kW以上的热量或冷量。由于水源热泵空调系统具有高效、节能和环保等优点，近年来得到了越来越多的应用。

空调系统的控制主要分为继电器控制系统、直接数字式控制器(DDC)系统和可编程控制器(PLC)系统等几种。由于故障率高、系统复杂、功耗高等明显的缺点，继电器控制系统已逐渐被淘汰。DDC控制系统虽然在智能化方面有了很大的发展，但由于其本身抗干扰能力差、不易联网、信息集成度不高和分级分步式结构的局限性，从而限制了其应用。相反，PLC控制系统以其运行可靠、使用维护方便、抗干扰能力强、适合新型高速网络结构等显著的优点，在智能建筑中得到了广泛的应用。为了提高空调系统的经济性、可靠性和可维护性，目前空调系统都倾向于采用先进、实用、可靠的PLC来控制。

例如，北京市某单位的办公楼采用和利时公司 HOLLiAS-LEC G3 小型一体化 PLC 控制水源热泵中央空调系统，实现中央空调智能化，达到减少无效能耗、提高能源利用效率和保护空调设备的目的，如图5.29所示。该单位水源热泵中央空调系统设计的制冷量为 860kW，制热量为 950kW。空调的主机系统由 4 台压缩机组成，水源系统由取水井、渗水井和水处理设备组成。该水源热泵中央空调系统主要是根据蒸发器和冷凝器进出水温度的变化来控制 4 台压缩机的启停，使水温稳定在设定的范围内。4 台压缩机分成 A 和 B 两组，每组各有 2 台压缩机。

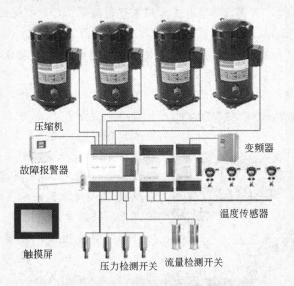

压缩机
变频器
故障报警器
触摸屏
压力检测开关　流量检测开关
温度传感器

图 5.29　水源热泵空调系统组成

控制系统的主要功能是对热泵进行自动启停，显示温度、压力、流量等运行参数，显示压缩机的工作状态，记录设备的运行时间和故障原因，实现对水源热泵中央空调系统的智能控制。

当 PLC 上电后，一直进行温度、压力、流量等运行参数的检测，这些检测主要在检测程序、故障程序和 A/B 组故障停机程序中完成。如果相关参数均无异常，则开机功能块子程序运行，启动压缩机。在开机过程中，同时进行温度判断。如果温度达到了设定值，则进入调节功能块子程序，停止开机功能块子程序，完成开机。根据温度的变化，调节功能块子程序控制压缩机的启停。变频器的控制则是通过调用加载程序和降载程序来实现。

采用 PLC 来控制热泵系统，不仅可以通过编程实现复杂的逻辑控制，而且可以在很大程度上简化硬件接线，提高控制系统可靠性，该系统用户操作界面友好，信息集成度高，便于实现智能控制。

阅读材料5-1

2009 年 9 月 7 日，国内第一例以智能控制为核心的植物工厂由中国农业科学院农业环境与可持续发展研究所率先研发成功，并在长春农博园投入运行。该植物工厂的研制成功，标志着我国在设施农业高技术领域已取得重大突破，成为世界上少数几个掌握植物工厂核心技术的国家之一，将对我国现代农业的发展产生深远的影响。

植物工厂是国际上公认的设施农业最高级发展阶段，是一种技术高度密集、不受或很少受自然条件制约的全新生产方式。由于植物工厂不占用农用耕地，产品安全无污染，操作省力，机械化程度高，单位面积产量可达露地的几十倍甚至上百倍，因此被认为是21世纪解决人口、资源、环境问题的重要途径，也是未来航天工程、月球和其他星球探索过程中实现食物自给的重要手段。目前，仅有日本、美国、荷兰等少数发达国家掌握了这项技术。

长春智能型植物工厂(图5.30)由植物苗工厂和蔬菜工厂两部分组成，以节能植物生长灯和LED为人工光源，采用制冷-加热双向调温控湿、光照-CO_2耦联光合调控、营养液(EC、pH、DO和液温等)在线检测与控制、环境数据采集与自动控制等13个相互关联的控制子系统，可实时对植物工厂的温度、湿度、光照、CO_2浓度以及营养液等环境要素进行自动监控，实现智能化管理。所研制的植物苗工厂由双列五层育苗架组成，

图5.30 长春智能型植物工厂蔬菜培育室

种苗均匀健壮，品质好，单位面积育苗效率可达常规育苗的40倍以上；蔬菜工厂采用五层栽培床立体种植，所栽培的叶用莴苣从定植到采收仅用16~18天时间，比常规栽培周期缩短40%，单位面积产量为露地栽培的25倍以上，产品清洁无污染，商品价值高。

智能型植物工厂在第七届中国国际农产品交易会与第八届中国长春国际农业·食品博览(交易)会上展出后，受到国务院副总理回良玉、农业部部长孙政才等有关领导以及170多万观众的高度关注。

本 章 小 结

本章简要介绍了自动控制系统的基本概念和工业中常用的单回路和多回路负反馈PID控制系统。自动控制系统是指为完成预期的控制目标，将测量变送器、控制器、执行器和被控对象按一定方式联系在一起的整体。其主要任务是对生产过程中的有关参数(温度、压力、流量、物位、成分、湿度、物性等)或运动过程中的有关参数(速度、方向、距离等)进行控制，使其保持恒定或按一定规律变化。评价一个控制系统的性能，主要从快速性、准确性和平稳性三个方面考核。控制性能指标有单项性能指标和偏差积分性能指标两类。单项性能指标以控制系统被控参数的单项特征量作为性能指标，并以阶跃扰动作用下的过渡过程为基准来定义系统的性能指标。系统的性能指标主要有衰减比、最大动态偏差与上升时间、静差、振荡频率和调节时间等。

自动控制系统的设计是根据工艺要求进行的。生产过程对自动控制系统的要求可简要归纳为安全性、稳定性和经济性三个方面。过程控制系统设计包括控制系统方案设计、工程设计、工程安装和仪表调校、调节器参数整定等四个主要内容。其中控制方案设计是过程控制系统设计的核心，其内容包括：熟悉和理解生产对控制系统的技

术要求与性能指标、建立被控过程的数学模型、控制方案的确定、仪器仪表选型、实验(或仿真)验证等。

古典控制理论体系下的控制方法主要有单回路控制和多回路控制。单回路控制系统通常是指由一个被控对象,一个检测元件及传感器(或变送器),一个控制器和一个执行器所构成的单闭环控制系统。多回路控制系统则是根据特殊的控制需要,对单回路控制系统进行的不同的改造。虽然这些都是古典控制理论体系下的古典控制方法,不如现代控制理论体系下的先进控制方法精致,但其控制方案简单、实用性强,目前仍是使用最广的控制方法。

计算机控制是当今控制系统的重要形式,无论是古典控制理论体系下的古典控制方法,还是现代控制理论体系下的先进控制方法都可以用计算机实现控制。特别是计算机的强大的计算和通信功能,更是各种先进控制方法得以实现的技术保证。

思考题

5.1　自动控制是如何分类的?

5.2　评价控制系统的动态性能的常用单项指标有哪些?

5.3　简单控制系统由哪几部分组成?

5.4　过程控制系统设计包括哪些步骤?

5.5　与单回路系统相比,串级控制系统有哪些主要特点?

5.6　前馈控制与反馈控制相比,有什么优点和局限?

5.7　计算机系统的主要优点是什么?

第 6 章
现代测控技术

 本章教学要点

知识要点	掌握程度	相关知识
现代测控技术概述	了解现代测控系统的定义、特点及应用	现代测控系统的设计原则
现代传感器技术	了解现代传感器技术的发展趋势；了解新型传感器的特点	集成传感器、智能传感器
现代仪器仪表技术	了解现代仪器仪表技术的发展趋势；了解新型仪器仪表技术的特点	新型仪器仪表、虚拟仪器
计算机监控系统	了解计算机监控系统的组成和应用	组态软件
嵌入式系统	了解嵌入式系统的定义、结构及特点；了解典型的嵌入式处理器	微处理器、微控制器、DSP 处理器、片上系统

人工清洁方式清洁中央空调通风管道很不安全，因为空调通风管道空间狭小，所以人工方式工作效率低，且粉尘对人有害。采用管道清洁机器人可以在狭小的空调通风管道内工作，具有在管道中行走后退、转弯等功能，具有对管道内污染情况的观察功能和对管道内污染物的清洁功能。2006年人民大会堂首次采用机器人对人力所不及的空调管道进行彻底清洗，涉及新疆厅、福建厅等20多个重点厅室。吸尘器般的个头，履带一样的"双脚"，头顶高清晰摄像头和长满"胡须"的刷子，两盏探照灯来回旋转，怪模怪样的管道机器人爬进了人民大会堂的空调管道开始洗刷作业。

管道清洁监控系统可实现数据采集、处理、通信、控制等功能。其中，观察系统由摄像机和两自由度云台构成，可调焦距、水平旋转、俯仰转动；清洁系统主要是可在管道外部控制的清洁动力刷，其旋转动力为气动。控制台由液晶显示器、控制面板及电源系统构成，可控制系统行走、俯仰、调焦、灯光和清洁装置工作。电缆系统具有计算机数据通信、电源供给、视频传输等功能。

管道清洁机器人在人民大会堂空调管道内进行洗刷作业

随着电子技术、通信技术和计算机技术的迅速发展，测控技术中的新技术元素迅速增多、涉及的领域不断扩大。现代意义上的测控系统是以微型计算机为核心，完成较高层次自动化检测并实现过程控制，在不同程度上具有"智能"的系统，如基于网络的测控技术、基于虚拟仪器(VI)的测控技术、基于雷达与无线通信的测控技术以及基于全球卫星定位系统(GPS)的测控技术等。和传统的测控技术相比，系统的功能和规模都有很大的飞跃。本章主要介绍现代测控技术的基本概况和应用技术，包括现代传感器技术、现代仪器仪表技术、计算机监控系统和嵌入式系统。

6.1 现代测控技术概述

现代科技新元素的不断融入，加快了测控技术的发展，使测控技术朝微型化、集成化、网络化、虚拟化方向发展，形成了现代测控技术。从航空航天领域的大型测控系统，到无线遥控玩具的小型测控系统，都涉及现代测控技术中的传感器技术、数据处理技术、通信技术和控制技术等。现代测控技术在国防、工业、医疗等领域的应用日益扩大，成为21世纪重点发展的技术之一。

6.1.1 现代测控技术的定义

现代测控技术隶属于现代信息技术，是以电子、测量及控制等学科为基础，融合了电子技术、计算机技术、网络技术、信息处理技术、测试测量技术、自动控制技术、仪器仪表技术等多门技术，利用现代最新科学研究方法和成果，对测控系统进行设计和实现的综合性技术。现代测控系统中的每一个环节都有新技术的影子，包括硬件、软件及系统的集成。

1. 新型传感器

传感器技术位于测控系统的最前端。测控系统中传感器特性的好坏，严重影响着测量信息的可靠性和测控系统的性能。目前新型传感技术已成为最活跃的研究领域之一，如具有智能信息处理功能的各种智能传感器，光纤、色敏、光栅等光敏传感器，DNA、免疫等生物敏感传感器，超声波等声敏传感器都相继问世，并得到广泛应用。

2. 专用集成芯片

随着微电子技术的迅速发展，各种专用集成芯片，大大提高了测控数据的处理能力。例如，在数据采集方面，数据采集卡、数字信号处理芯片等技术的不断升级和更新，提高了数据采集的效率和速度。

3. 以计算机为核心

现代测控技术与计算机技术紧密结合，是现代测控技术发展的主流。智能仪器、总线仪器和虚拟仪器等微机化测控仪器，都是充分利用计算机的软件和硬件优势，既增强了参数测量、处理功能，又提高了性能指标。例如，虚拟仪器就是一台配有输入输出通道等硬件设备和相应软件的计算机，它可以完成多种仪器仪表的功能，用软件构成一台多功能的测控仪器。

4. 构建网络

Internet 网络技术的出现不仅将互联网产品带入现代生活，同时也为测控技术带来了前所未有的发展空间和机遇，网络化测量技术与具备网络功能的远程测控系统应运而生。支持网络化的计算机操作系统如 Windows 2000、Windows NT、Windows XP、UNIX/Linux 等，为组建网络化测控系统带来了方便。使用标准的计算机网络通信协议，可以很容易地构建具有开放性、通用性、稳定性、可靠性的测控系统网络的基础体系结构。总线式仪器和微机化测控技术的应用，使组建集散式的测控系统变得很容易。即信息管理和调用是集中的，而测控点是分布的。计算机软硬件技术的不断升级和进步给组建测控网络系统提供了优异的技术条件，而冗余技术大大提高了测控系统的可靠性，且便于测控系统的扩展和结构变动。

总之，现代科学技术的进步使现代测控技术呈现微型化、集成化、远程化、网络化和虚拟化。计算机和网络通信已经成为现代测控技术的核心架构。

6.1.2 现代测控技术的特点

现代测控技术充分利用计算机资源，在人工最少参与的条件下，尽量用软件代替硬件，并广泛集成无线通信、传感器网络、全球定位、虚拟仪器、智能检测理论等新技术，使得现代测控系统具有以下特点。

1. 测控设备软件化

计算机被广泛应用在测控系统中，使基于现代测控理论的各种复杂的测控运算方法能有效实现，使得测量结果的准确度、可靠性和稳定性不断提高。软件在测控系统中代替了很多原来用硬件来实现的功能，通过计算机软件可以实现自动极性判断、自动量程切换、自动报警、过载保护、非线性补偿、信号分析处理、多功能测试和自动巡回检测等功能。使用软件进行测量可以简化系统硬件结构，缩小系统体积，降低系统功耗、提高测控系统的可靠性，实现"软测量"。

2. 测控过程智能化

通过软硬件的结合，现代测控系统可以具有一定的学习能力，即系统对于一个未知环境提供的信息可以进行识别、记忆和学习，并能利用积累的经验进一步改善自身的性能。这种模仿人的学习过程，体现了测控系统的智能化。此外，以计算机为核心的测控系统具有一定的自诊断、屏蔽和自恢复功能，系统的自检测程序可以对系统自检并修复一些故障，局部故障下系统仍然可以继续工作，也体现了测控系统的智能化。

3. 高度的灵活性

现代测控系统以软件为核心，其生产、修改、复制都很容易，功能实现方便。因此，现代测控系统可以实现标准化、组合化，相对于硬件为主的传统测控系统具有高度的灵活性。使用者可以根据实际需要，扩充系统的功能，使系统能满足不同任务的需要。

4. 实时性强

随着计算机的CPU运算速度的快速提升和电子技术的迅猛发展，以及各种在线自诊断、自校准和决策等快速测控算法的不断涌现，现代测控系统的实时性大幅度提高，利用数字通信技术还可以实现远程监控和远程测试功能。

5. 可视性好

现代测控系统具有友好的人机交互界面，可视化图形编程技术日益完善，图像图形化的结合以及三维虚拟现实技术的应用，使现代测控系统能够以各种形式输出信息。各类图形及图表能够直观地在显示器上进行显示，并且在磁盘上进行存储以便于建立档案。

6. 立体化

建立在全球卫星定位、无线通信、雷达探测等技术基础上的现代测控系统，具有全方位的立体化网络测控功能，如卫星发射过程中的大型测控系统不断向立体化、全球化甚至星球化方向发展。

综上所述，现代测控系统就是以计算机为核心，将信号检测、数据处理与计算机控制融为一体的一种新型综合性测控系统，它既能完成较高层次信号的自动化检测，又具有多种智能控制作用。

6.1.3 现代测控技术的应用

现代测控技术在高科技领域中担负着重要的角色。尤其在现代工业、国防安全、航空航天领域中，现代测控技术是重要的技术支撑。

1. 现代工业

现代测控技术是现代工业的核心技术。在电力、石油化工、冶金等大型企业的生产过程中，现代测控技术能够实现全面监测和控制整个工艺流程和产品质量，测控系统和关键参数测试仪表已成为生产设备的重要组成部分，甚至和生产设备一体化，更有效地保证设备的生产安全和高效优化运行。

2. 国防安全

国防安全系统的高科技含量，在很大程度上可以反映一个国家的综合科技水平。在国防安全装备中，现代武器系统离不开现代测控技术的支持，要实现武器系统的现代化，除了先进的制造技术以外，还需要以先进的测控技术作为支撑，如精确弹药、引信、制导武器、光学设备、雷达、无人机等现代高技术武器中大量使用现代测控技术。以导弹技术为例，研制过程中必须进行研制飞行试验、定型飞行试验、抽检飞行试验和战斗性使用飞行试验等试验，每一种飞行试验都离不开地面和空中的测控系统的测试。通过外测和遥测等方式，测控系统获取导弹的飞行弹道和工作状态等有关数据，从而分析系统总体方案和战术技术性能等。

3. 航空航天

在航空航天领域，测控系统是为火箭、卫星等飞行器发射和运行直接服务的重要设施。无论何种飞行器工程，测控系统都是航天发射和飞行必不可少的重要支持系统。以航天器技术为例，确定航天器的运动状态和工作状况，对航天器的飞行进行控制、校正，建立航天器的正常工作状态，以及对航天器进行运行状态下的长期监控管理等，都离不开现代测控技术的支持。

4. 医药医疗

现代医药医疗业越来越依赖于现代测控技术，如各种无损诊断成像技术、内窥直视诊断技术、自动化手术系统、自动化测试分析仪器等都以现代测试技术为基础。

6.1.4 现代测控系统的设计方法

现代测控系统的设计主要遵循硬件设计原则、软件设计原则、网络互联规范和抗干扰设计等几个原则。

1. 硬件设计原则

测控系统的硬件设计主要包括主机、外部设备、通信接口、检测与执行机构等的设计。硬件设计必须考虑以下两个方面。

1) 约束条件

必须考虑对象的大小、形状、距离、环境、物理量、用途等因素和测控系统的功能、反应速度、可靠性、测控精度等因素。此外，还要考虑研制成本、产品成本以及开发周期。

2) 模块化设计

硬件采用通用化、标准化、组件化设计有利于降低研制成本，缩短开发周期。测控系统电路设计模块化有利于降低模块的生产成本，缩短加工周期，也有利于现场安装、调试、维护。

2. 软件设计原则

测控系统的软件设计主要包括检测程序、控制程序、数据处理程序、数据库管理程序、系统界面程序等的设计。软件设计必须考虑以下三个方面。

1) 软件开发平台

软件采用组态开发平台进行开发，如可视化开发工具、通用软件包（LabVIEW、组态王监控软件等）。采用开放式技术有利于建立友好的系统界面，可以实现可扩展性设计，为系统的升级和扩展奠定基础。

2) 软件代替硬件

在测控系统设计中，一般在程序运行速度和存储容量许可的条件下，尽量采用软件实现传统仪器系统的硬件功能。使用软测量技术，以软件代替硬件，可以降低成本，减小体积。

3) 人机交互界面

测控系统的人机交互界面是测控系统显示功能信息的主要途径。软件设计不仅要实现功能，而且要界面美观，达到虚拟现实的效果。界面设计不仅要熟练掌握软件开发工具和程序设计技术，还应具备一定的艺术才能。

3. 网络互联规范

各网络设备的输入输出信号应符合统一的电气标准，包括输入输出信号线的定义、信号的传输方式、信号的传输速度、信号的逻辑电平、信号线的输入阻抗与驱动能力等。各网络设备应具有统一或者兼容的指令系统。各网络设备的输入输出数据应符合统一的编码格式和协议（总线协议）。

4. 抗干扰设计

现代测控系统主要用于生产现场，经常受到电源电网干扰、雷电等自然干扰和其他电器设备的放电干扰等，需要高度重视抗干扰设计。针对不同的干扰途径，采用不同的措施解决电磁干扰问题。主要从以下三个方面采取抗干扰措施。

1) 隔离屏蔽

隔离屏蔽措施是将有关电路、元器件和设备等安装在铜、铝等低电阻材料或磁性材料制成的屏蔽物内，使电场和磁场无法穿透这些屏蔽物。隔离措施主要包括物理性隔离、光电隔离、模/数变化隔离、脉冲变压器隔离和运算放大器隔离等。此外，采用低功耗器件对抗干扰也有积极意义。

2) 软件补偿

采用数据误差修正和补偿手段，可以剔除粗大误差、修正系统误差；采用图像处理、小波变换、神经网络等各种智能先进算法可以进行数据补偿；采用数字滤波可以抑制交流电源线上输入的干扰以及信号传输线上感应的各种干扰。

3) 接地布线

与大地紧密连接的导体的电位叫做零电位。然而，事实上不可能做到这种紧密连接，总是存在一定的接地电阻，尤其在高频时，更应考虑其容性和感性影响。当有电流经该导体入地时，它的电位就有波动。不同的接地点之间会形成地环电流。电路系统是由多个部分构成的，各部分在电路板上的安排和布线连接与电路的抗干扰性能有密切关系，布线时应该加以考虑。

采用接地抗干扰技术可以消除公共地线阻抗所产生的共阻抗耦合干扰,并避免受磁场和电位差的影响,防止形成地环电流电路与其他电路产生耦合干扰。常见的接地方法有保护接地、屏蔽接地和信号接地等。

 应用案例6-1

支台齿制备技能评估系统(图6.1)是现代测控技术在现代医疗业的应用之一。该系统由西安工业大学光电工程学院陈桦教授主持研制,是一种用于口腔临床过程的评估系统,利用专家评价系统能准确监测口腔修复的操作过程,测量精度达到$20\mu m$;能对制备的支台齿进行评价和模型三维图像显示,以数据和图像的形式输出评估结果。可以实现对学生口腔修复过程中的操作过程的规范性、正确性的客观评价。

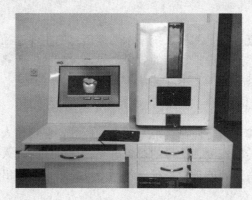

图6.1 支台齿制备技能评估系统设备

系统具有如下功能:

(1)对嵌体、高嵌体、冠桥蜡型、烤瓷全冠、石膏模型和离体牙的轮廓测量(图6.2),测量精度为$20\mu m$。

(2)测量过程中实时形成支台齿的三维图像;可对支台齿不同横切面进行量化测量。

(3)测量结果通过数据和图像的形式给出,并可作为工件数据进行进一步的数控加工。

(4)实验教学中的测量结果评价参数为制备的支台齿和标准模型轮廓的偏离程度,评分标准由管理员设置。

图6.2 测量实物

6.2 现代传感器技术

传感器是信息时代的三大支柱之一。微处理器和网络与传感器的融合技术快速发展，推动了新型传感器技术的发展，新型传感器在测量仪器仪表、测控系统中的应用日益广泛和深入。

6.2.1 新型传感器

新型传感器是现代测控技术的一个重要组成部分。新型传感器的种类繁多，传感机理千差万别，随着计算机技术及微电子技术的迅猛发展使传感器的面貌不断更新。

1. 集成传感器

集成传感器就是将传感元件与辅助电路集成在一块芯片上，使之具有校准、补偿、自诊断和网络通信的功能。集成传感器不仅测量精度高、性能好，而且在减小体积、降低成本等方面的优势是传统传感器无法比拟的。如美国 HONYWELL 公司生产的 ST-3000 型压力传感器，采用半导体工艺，在同一芯片上制成 CPU、EPROM 和静压、压差、温度等三种敏感元件，芯片尺寸只有 3mm×4mm×2mm。

目前，集成传感器的集成模式主要有以下两种类型：

（1）将几种不同的敏感元件与放大器、补偿电路等集成在同一块芯片上，可以用来同时测量多种参数，既可以减小体积，又能够提高抗干扰能力。由于这些敏感元件是被装在同一块硅片中的，它们无论何时都工作在同一种条件下，所以很容易对系统误差进行补偿和校正。

（2）将同一类的敏感元件集成在同一芯片上，构成二维阵列式传感器，也称为面型固态图像传感器，它可以测量物体的二维平面数据。

例如，德国高端集成电路企业英飞凌公司（Infineon）推出的 SP35 轮

图 6.3 SP35 轮胎气压传感器

图 6.4 智能压力变送器

胎气压传感器（图 6.3），它是把两种装置硬膜合并在一起：一个包含检测气压、加速度和温度传感器的 MEMS（微电子机械系统）装置；一个集成 8 位微型控制器和射频发射器的 CMOS（互补金属氧化物半导体）芯片。这两个部件联合作用就构成了轮胎气压监控系统的核心，这种系统可以检测每个轮胎的气压，然后把相关数值传送到安置在车体中的一个接收器上。

2. 智能传感器

智能传感器是具有信息处理功能的传感器。智能传感器带有微处理器，具有采集、处理、交换信息的能力，是传感器集成化与微处理器相结合的产物。如图 6.4 所示的智能压

力变送器，主传感器为压力传感器，用来探测压力参数，辅助传感器通常为温度传感器和环境压力传感器。采用这种技术可以方便地调节和校正由于温度的变化而导致的测量误差，环境压力传感器测量工作环境的压力变化并对测定结果进行校正。硬件系统除了能够对传感器的弱输出信号进行放大、处理和存储外，还执行与计算机之间的通信联络。

通常情况下，一个通用的检测仪器只能用来探测一种物理量，其信号调节是由那些与主探测部件相连的模拟电路来完成的。智能化传感器却能够实现所有的功能，而且其精度更高、价格更便宜、处理质量也更好。与传统的传感器相比，智能传感器具有以下优点：

（1）智能传感器不但能够对信息进行处理、分析和调节，能够对所测的数值及其误差进行补偿，而且还能够进行逻辑思考和结论判断，能够借助于一览表对非线性信号进行线性化处理，借助于软件滤波器滤波数字信号。此外，还能够利用软件实现非线性补偿或其他更复杂的环境补偿，以改进测量精度。

（2）智能传感器具有自诊断和自校准功能，可以用来检测工作环境。当工作环境临近其极限条件时，它将发出报警信号，并根据输入信号给出相关的诊断信息。当智能化传感器由于某些内部故障而不能正常工作时，它能够借助其内部检测链路找出异常现象或出了故障的部件。

（3）智能传感器能够完成多传感器多参数混合测量，从而进一步拓宽了其探测与应用领域，而微处理器的介入使得智能化传感器能够更加方便地对多种信号进行实时处理。此外，其灵活的配置功能既能够使相同类型的传感器实现最佳的工作性能，也能够使它们适合于各种不同的工作环境。

（4）智能传感器既能够很方便地实时处理所探测到的大量数据，也可以根据需要将它们存储起来，以备事后查询，这一类信息包括设备的历史信息以及有关探测分析结果的索引等。

（5）智能传感器备有一个数字式通信接口，通过此接口可以直接与其所属计算机进行通信联络和交换信息。可以对探测系统进行远距离控制或者在锁定方式下工作，也可以将所测的数据发送给远程用户等。

目前，智能化传感器技术正处于蓬勃发展时期，具有代表意义的产品是美国霍尼韦尔公司的 ST-3000 系列智能变送器和德国斯特曼公司的二维加速度传感器，以及另外一些含有微处理器(MCU)的单片集成压力传感器、具有多维检测能力的智能传感器和固体图像传感器(SSIS)等。与此同时，基于模糊理论的新型智能传感器和神经网络技术在智能化传感器系统的研究和发展中的重要作用也日益受到了相关研究人员的重视。

 应用案例6-2

　　Smart GQB-200G8 是一款可燃气/毒气探测器(图6.5)，它具有智能、隔爆、现场显示、现场报警等特征，可以应用于各种工业危险场所。外壳采用多种材质，满足各种环境的要求；红外遥控智能操作具有报警设置、探测器标定、参数存储等强大功能；探测器内部可完成继电器接点报警和声光报警等功能；三线制接线方式，可接至二次表或 PLC。

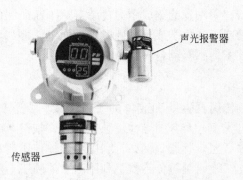

图 6.5　GQB－200G8 智能气体探测器

Smart G8 传感器具有双 LED 数字显示窗口，采用高亮度数码管使得在工业现场获得探测器参数更方便直观，可以显示当前气体的种类、报警值、浓度值。红外遥控智能操作可完成各项功能操作和参数设置。可以在同一个探测器上直接更换不同种类的传感器，即毒气和可燃气传感器之间直接互换，使其更能适应现代工业的要求。

采用专利设计的 SMART 传感器，可以自动识别气体的种类、量程、单位、报警点。具有宽线性范围（非线性补偿），具有自我诊断功能，可根据环境自动温度补偿、线性修正、高浓度自动保护，是真正意义上的智能产品。SMART 传感器具有独立的记忆控制系统，可以记忆操作及标定结果，可检测气体多（不同气体可能需要不同的传感器），更换时无需标定，探测器可识别传感器类型。完全独立式的声光报警器从灯的闪烁和是否发光可轻松检测出探测器各种状态及运行是否良好。

6.2.2　传感器技术发展方向

在当前的信息时代里，不仅对传感器的精度、可靠性、响应速度、处理信息的能力等要求越来越高，还要求其成本低廉且使用方便。因此，传感器的发展方向肯定是多元化的。如今传感器新技术的发展主要表现在以下几个方面：新技术、新材料、新工艺及微型化、多功能集成化、网络化。

1. 发现新现象

传感器的传感原理都是利用自然科学中的物理现象、化学反应、生物效应等，所以研究发现新现象和新效应是研究开发新型传感器的基础。有时借助于同一个传感器的不同效应可以获得不同的信息。而在不同的激励条件下，同一个敏感元件将表现出来不同的特征。这一切都有可能激发灵感，设计出新的传感器。

当发现抗体和抗原在电极表面上相遇复合时会引起电极电位发生变化这一现象后，便制造出检测生物体内是否带有某种抗体的免疫传感器。例如，若用肝炎病毒抗体制成的免疫传感器，可检测出人是否患有肝炎，可快速、准确诊断病情。

2. 利用新材料

传感器材料是传感器技术的重要基础，由于材料科学的进步，人们可制造出各种新型传感器。例如，用高分子聚合物薄膜能制成温度传感器；用光导纤维能制成压力、流量、温度、位移等多种传感器；用陶瓷能制成压力传感器。不断研制的新材料已经促使很多对力、热、光、磁等物理量或气体化学成分敏感的器件面世。例如，光导纤维不仅可用来传输信号，而且可作为物性型传感器测各种变量引起的变形。

3. 发明新工艺

制造工艺技术是影响传感器性能和成本的关键因素，半导体加工技术中的氧化、光刻、扩散、沉积、平面电子工艺及各向异性腐蚀、蒸镀、溅射薄膜等技术都已引进到传感器制造，因而产生了各种新型传感器。例如，利用半导体技术制造出硅微传感器，利用薄膜工艺制造出快速响应的气敏、湿敏传感器，利用溅射薄膜工艺和各向异性腐蚀技术制造出压力传感器等。

日本横河公司利用各向异性腐蚀技术进行高精度三维加工，制成全硅谐振式压力传感器。传感核心部分由感压硅膜片和膜片上面的两个谐振梁构成，两个谐振梁的频差对应不同的压力，用频率差的方法测压力，可消除环境温度等因素带来的误差。当环境温度变化时，两个谐振梁频率和幅度变化相同，将两个频率求差后，其相同变化量就能够相互抵消，其测量最高精度可达 0.01％。

美国 Silicon Microstructure Inc.（SMI）公司开发了一系列线性度在 0.1％～0.65％范围内的硅微压力传感器，采用轻细微机械加工技术和多次蚀刻工艺，在硅膜片上形成独特的三维结构电阻，连成惠斯登电桥。当硅片上方受力时产生压阻效应，电阻阻值改变，使电桥失去平衡输出与压力成比例的电信号。这样的硅微工艺是当今传感器发展的前沿技术，其基本特点是敏感元件灵敏度极高、体积极小。敏感元件体积为微米量级，是传统传感器的几十，乃至几百分之一。在工业控制、航空航天领域、生物医学等方面有重要的作用，如在飞机上应用可减轻飞机重量，利用其灵敏度极高的特点，可制成血压压力传感器等。

中国航空总公司北京测控技术研究所研制的 CYJ 系列溅射膜压力传感器是采用离子溅射工艺加工成金属应变计，它克服了非金属式应变计易受温度影响的不足，具有精度高、可靠性高、体积小的特点，克服了传统粘贴式应变计精度低、迟滞大、蠕变等缺点。

4. 传感器微型化

现代测控技术对于传感器的性能指标(如精度、灵敏度、反应时间等)的要求越来越高；与此同时，有些应用场合要求传感器体积小、重量轻。例如，生物医学工程中的颅压测量，风洞中的压力场分布情况等很多测试场合都要求传感器具有尽可能小的尺寸。微型传感器不是传统传感器简单的物理缩小的产物，而是以新的工作机制和物化效应，使用标准半导体工艺兼容的材料，通过微机电系统(micro-electro-mechanical systems，MEMS)加工技术制备的新一代传感器件。微型传感器具有小型化、集成化的特点，可以极大地提高传感器性能。其在信号传输前就可放大信号，从而减少干扰和传输噪声，提高信噪比；在芯片上集成反馈线路和补偿线路，可改善输出的线性度和频响特性，降低误差，提高灵敏度。

压阻传感器是最早利用 MEMS 技术开发成功，并取得广泛应用的微型传感器之一。我国已经有了外径为 2.8mm 的压阻式压力传感器。随着新材料和新工艺的不断推出，采用先进的 MEMS 技术、SOC(system-on-chip)设计技术和纳米材料技术等，使传感器趋向微型化。

5. 多功能集成化

现代科技领域信息量激增，要求传感器捕获和处理信息的能力日益增强，通常情况下一个传感器只能用来探测一种物理量，但在许多应用领域中，为了能够全面而准确地反映客观事物，往往需要同时测量多个物理量。多功能传感器无疑是当前传感器技术发展中一个重要的研究方向，有许多科研团队正在积极从事于该领域的研究工作，如将不同类型的敏感元件进行适当组合而使之成为新的传感器。

从目前的发展现状来看，最热门的研究领域是各种类型的仿生传感器。在感触、刺激以及视听辨别等方面已有最新研究成果问世，如人造皮肤触觉传感器就是其中之一。这种传感器系统由 PVDF（聚偏氟乙烯）材料、无触点皮肤敏感系统以及具有压力敏感传导功能的橡胶触觉传感元件等组成。

6. 传感器网络化

传感器网络是当前国际上备受关注的、由多学科高度交叉的新兴前沿研究热点领域。传感器网络综合了传感器技术、嵌入式计算技术、无线通信及网络技术、分布式信息处理技术等，能够通过各类集成化的微型传感器协作地实时监测、感知和采集各种环境或监测对象的信息，通过嵌入式系统对信息进行处理，并通过随机自组织无线通信网络将信息传送到用户终端。

传感器网络研究最早起源于军事领域，有海洋声纳监测的大规模传感器网络，也有监测地面物体的小型传感器网络。在军事侦查中，通过飞机撒播、特种炮弹发射等手段，可以将大量便宜的传感器密集地撒布于人员不便于到达的观察区域如敌方阵地内，收集到有用的微观数据；在一部分传感器因为遭破坏等原因失效时，传感器网络作为整体仍能完成观察任务。传感器网络在民生领域也大有前途，如：

1）环境监测

应用于环境监测的传感器网络，可以通过密集的节点布置观察到微观的环境因素，为环境研究和环境监测提供了崭新的途径。传感器网络在环境监测领域已经有很多的实例，如对海岛鸟类生活规律的观测；气象现象的观测和天气预报；森林火警；生物群落观测等。

2）安全监测

各种无线传感器可以灵活方便地布置于建筑物内或公共场合，通过获取的图像、声音、气体、温度、压力、辐射等信息，监测有害物、危险物，为环境控制和危险报警提供依据，最大限度地减少其对人民群众生命安全造成的伤害。

3）智能交通

通过布置于道路上的速度传感器、识别传感器，监测交通流量等信息，为出行者提供信息服务，发现违章能及时报警和记录。

6.3 现代仪器仪表技术

随着计算机技术的迅猛发展及微电子技术渗透到测量和仪器仪表技术领域，使仪器仪表的面貌不断更新。近20年来，仪器仪表发展尤为迅速，继第一代"模拟式仪器"、第二代"分离元件式仪器"、第三代"数字式仪器"后，已进入"智能仪器"、"虚拟仪器"阶段,仪器仪表已和计算机融为一体,朝"测控管"智能化、一体化、网络化方向发展。

6.3.1 新型仪器仪表的特点

新一代仪器仪表都采用计算机技术,既增加了测量功能,又提高了技术性能。由于信号被采集变换成数字形式后,更多的分析和处理工作都由计算机来完成,很自然地使人们模糊了仪器与计算机之间的界限,产生了"计算机就是仪器"的概念。新型仪器仪表都无一例外地利用计算机的软件和硬件优势,根据测控的实际需求,不断挖掘仪器仪表智能化、网络化和虚拟化的特点。

1. 智能化

智能仪器是将人工智能理论、方法和技术应用于仪器,使其具有类似人的智能特性或功能的新型仪器。仪器仪表已不再是简单的硬件实体,而是仪器与微处理器相结合,硬件、软件相结合,尤其是软件在仪器智能高低方面起重要作用。智能仪器具有如下功能。

1) 采集信息

借助于传感器和变送器,按处理器要求采集电量和非电量信息。

2) 交换信息

借助面板上的键盘和显示屏,可用对话方式选择测量功能、设置参数,也可获得测量结果。通过数据接口接入自动测试系统,接入 Internet 可与外部仪器设备相连。

3) 记忆信息

智能仪器存储器既可以用来存储测量程序、相关数学模型以及操作人员输入信息,又可以存储历史数据。

4) 处理信息

按设置程序对测量数据进行算术运算,如求均值、对数、方差、标准偏差等,求解代数方程,比较、判断、推理等。

5) 控制信息

根据分析、比较和推理结果输出相应控制信息。

6) 自检自诊断

自检程序能定时对仪器自身各部分进行检测,验证能否正常工作。如果出现故障,自动运行自诊断程序,进一步检查仪器哪一部分出了故障,并显示相应信息。若仪器中考虑了替换方案,则经内部协调和重组还可自动修复。

7) 自校准自补偿

自校准程序通过定时对仪器自校准(校准零点、增益等)来保证自身准确度。自补偿程序能对影响测量的不利因素进行补偿运算,例如,能自动补偿环境温度、压力等对被测量的影响,能补偿输入非线性。

8) 自学习自适应

具有自学习自适应功能,能适应外界变化,调整自身策略,如能根据外部负载变化自动输出匹配信号等。

2. 网络化

网络化仪器是计算机技术、网络通信技术与仪表技术相结合所产生一种新型仪器。网络通信技术使仪器仪表扩展了远程通信能力。例如，通过 GPIB‐ENET 转换器、RS232/RS485‐TCP/IP 转换器，将数据采集仪器数据流转换成遵循 TCP/IP 协议的形式，然后连接局域网/因特网(Intranet/Internet)；而基于 TCP/IP 网络化智能仪器则嵌入 TCP/IP 软件，使现场变送器或仪器具有直接连接局域网/因特网的功能。它们与计算机一样，成了网络中的独立节点，很方便就能与就近网络通信线缆直接连接，"即插即用"，直接将现场测试数据送上网。网络服务器处理相关测试需求，通过局域网/因特网实时发布和共享测试数据。把传统仪器前面板移植到网络页面上，用户通过浏览器即可实时浏览到这些信息(包括处理后数据、仪器仪表面板图像等)。仪器网络化能给用户带来许多便利。

1) 远程测控

用户能够远程监控对象或测量实验数据，实时性非常好。例如，软件工程师可以利用网络化软件工具把开发程序或应用程序传给远方目标系统进行调试或运行，一旦过程中发生问题，有关数据也会立即展现在用户面前，可以及时采取相应措施(包括向远方制造商咨询等)。

2) 分布式测控

一个用户能远程监控多个对象，而多个用户也能同时对同一对象进行监控。例如，工程技术人员在办公室里监测一个生产过程，质量控制人员可在另一地点同时收集这些数据，建立数据库。

3) 优化资源配置

网络大大增强了资源配置能力。用户可利用普通仪器设备采集数据，然后传至远方一台功能强大的计算机上分析数据，并在网络上实时发布。

总之，网络释放系统潜力，改变了测量技术面貌，打破了同一点进行采集、分析和显示的传统模式。依靠 Internet 和网络技术，人们将能够有效控制远程仪器设备，在任何地方进行采集、分析和显示。

3. 虚拟化

虚拟仪器是充分利用计算机技术，由用户自己设计、定义的仪器。它将计算机作为仪器平台，显示屏作为仪器的面板和显示窗，仪器功能主要靠软件实现。软件技术是虚拟仪器的核心技术，如通过编程构成波形发生器、示波器或数字万用表，而波形发生器发生波形、频率、占空比、幅值、偏置等，示波器测量通道、标尺比例、时基、极性、触发信号(沿口、电平、类型)等都可用鼠标或按键进行设置。

计算机技术和虚拟仪器技术的发展，使用户只能使用制造商提供仪器功能的传统观念发生改变，用户可以自己设计、定义仪器；同一台虚拟仪器可在更多场合应用。例如，既可以用于电量测量，又可以用于振动、运动和图像等非电量测量，还可以用于网络测控。虚拟仪器可以像常规仪器一样使用，而且具有更强的分析处理能力，可以具备智能化、网络化仪器的所有功能。

6.3.2 虚拟仪器

虚拟仪器是用计算机、测试软件和信号调理设备构建的新型仪表，是测试技术和计算机技术相结合的产物，融合了测试理论、仪器原理和技术、计算机接口技术、高速总线技术以及图形软件编程等技术。虚拟仪器既有传统测控仪器的基本功能，同时又具有灵活的仪器组建功能。随着测控理论方法的发展、人机交互的人性化设计以及软件和艺术的有效结合与体现，现代测控系统更加趋于虚拟化。

1. 虚拟仪器的基本概念

用计算机、测试软件和信号调理设备来构建虚拟仪器是由美国 NI 公司(National Instruments，美国国家仪器有限公司)率先提出的概念，并推出了产品，从而引发了传统仪器领域的一场重大变革，使得计算机和网络技术得以长驱直入仪器领域，开创了"软件即是仪器"的先河。所谓虚拟仪器(virtual instrument，VI)，就是在以计算机为核心的测控硬件和专用软件的平台上，由用户设计定义测控功能、虚拟面板，由测控软件实现的一种计算机仪器系统。虚拟仪器是由计算机、信号调理设备与接口、应用软件组成的系统，如图 6.6 所示。

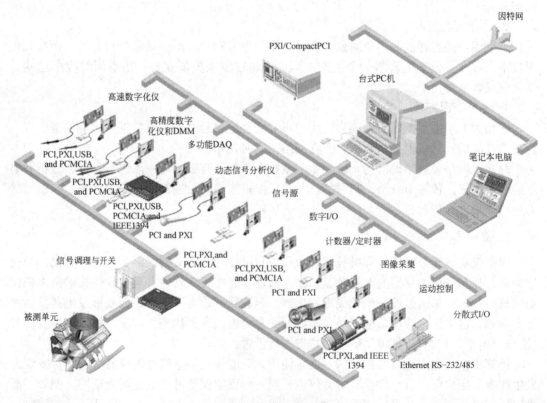

图 6.6　虚拟仪器组成

1) 计算机

虚拟仪器以计算机作为信息处理平台，利用软件实现仪器的信息处理功能。计算机是虚拟仪器的硬件基础，其形式可以是台式计算机、便携式计算机、工作站、嵌入式计算机等各种类型。计算机技术在显示、存储能力、处理器性能、网络、总线标准等方面的发展，直接带动虚拟仪器系统的发展。例如，PXI(PCI extensions for instrumentation，面向仪器系统的 PCI 扩展)是一种由 NI 公司发布的基于 PC 的测量和自动化平台。PXI 作为一种专为工业数据采集与控制应用量身定制的计算机平台，内设定时和触发总线，再配以各类模块化的 I/O 硬件和相应的测试开发软件，用户可以建立完全自定义的测控方案。

2) 信号调理设备与接口

信号调理就是将各种传感器传来的被测信号通过滤波、放大、模/数转换等操作转换成数字信号，通过信号接口将信号送入计算机。虚拟仪器系统有各种模块化的信号调理设备与接口，可以是以 PC 为基础的内置功能插卡、通用接口总线接口卡、串行口、VXI 总线仪器接口等设备，或者是其他各种可程控的外置测试设备。利用高性能的硬件产品结合灵活的开发软件，可以为用户创建完全自定义的测量系统，满足各种独特的应用要求。

3) 应用软件

应用软件是虚拟仪器的主心骨。在虚拟仪器中用灵活强大的计算机软件代替传统仪器的某些硬件，特别是用计算机直接参与测试信号的产生和测量特性的分析，使传统仪器中的一些硬件，甚至整个仪器消失，而由计算机的软硬件资源来完成它们的功能。

用户可以根据不同的测试任务，在虚拟仪器开发软件的提示下，使用软件工具调用特定的程序模块，编制不同的应用软件，创建自己的人机交互界面，实现数字分析与处理、过程通信以及图形界面等功能。虚拟仪器的应用软件主要分为以下四部分：

(1) 仪器面板控制软件，是用户与仪器之间交流信息的纽带，属于测试管理层。其作用是利用计算机强大的图形化编程环境和可视化的技术，将用户选择的仪器的面板调出来，放在虚拟仪器的前面板上。

(2) 数据分析处理软件，利用虚拟仪器功能强大的函数库，实现测试数据的各种分析处理。

(3) 仪器驱动软件，是用户实现对虚拟仪器硬件控制的纽带和桥梁。仪器驱动程序包括面板函数和一套可被用户调用的程序函数，利用它用户可不必了解仪器的编程协议，大大简化了仪器控制及测试程序的开发。仪器驱动程序的核心是驱动程序函数/VI(visual identity，视觉图像)集，驱动程序一般分为两层，底层是仪器的基本操作，如初始化函数、组态函数、动作/状态函数、数据函数、关闭函数等；高层是应用函数/VI 层，它根据具体测量要求调用底层的函数/VI。

(4) 通用 I/O 接口软件，是虚拟仪器系统软件结构中承上启下的一层，是模块化和标准化的输入输出接口软件。VXI 总线是一种新型测量仪器的标准总线，VXI 总线是 VME bus extension for instrumentation 的缩写，即 VME(Versa Module Euro Card)总线在测量仪器领域的扩展。VXI 总线标准是一种在世界范围内完全开放的体系结构标准，其主要目标是使 VXI 总线器件之间、VXI 总线器件与其他标准的器件(计算机)之间能够以明确的方式开放的通信；使系统体积更小；通过使用高带宽的吞吐量，为开发者提供高性能的测试设备；采用通用的接口来实现相似的仪器功能，使系统集成软件成本进一步降低。

2. 虚拟仪器技术的特点

传统测试中使用厂家生产的仪器，仪器的性能及功能在出厂时已被厂家定义，用户只能根据自己的要求和需要选择和使用；而虚拟仪器是在一定的硬件基础上，用户可根据测试的需求，编写软件定义自己的仪器功能。同样的硬件配置可开发出不同的仪器。例如，在仪器面板上显示采集信号在时域的波形，那么该仪器为虚拟示波器；如果在程序中对采集信号进行 FFT 变换，那么该仪器就是虚拟频谱分析仪。虚拟仪器的开放式构架、灵活性和通用性为仪器行业带来巨变。虚拟仪器技术具有如下优势。

1) 性能高

虚拟仪器技术是在 PC 技术的基础上发展起来的，完全"继承"了 PC 技术的全部优点，包括功能超卓的处理器和文件 I/O，使用户在数据高速导入磁盘的同时就能实时地进行复杂的分析。此外，越来越快的计算机网络使得虚拟仪器技术展现其更强大的优势，使数据分享进入了一个全新的阶段，将因特网和虚拟仪器技术相结合，就能够轻松地发布测量结果到世界上的任何地方。

2) 扩展性强

虚拟仪器借助于软件的通用性，只需更新用户的计算机或测量硬件，就能以最少的硬件投资和极少的、甚至无需软件上的升级即可改进用户的整个系统。在驱动和应用两个层面上，高效的软件构架能与计算机、仪器仪表和通信方面的最新技术结合在一起。使用户轻松地配置、创建、发布、维护和修改测量和控制解决方案。

3) 便于集成

虚拟仪器技术从本质上说是一个集成的软硬件概念。随着测试系统在功能上不断地趋于复杂，通常需要集成多个测量设备来满足完整的测试需求，而虚拟仪器软件平台为所有的 I/O 设备提供了标准的接口，如数据采集、视觉、运动和分布式 I/O 等，帮助用户轻松地将多个测量设备集成到单个系统，减少了任务的复杂性。

4) 灵活性好

虚拟仪器与传统仪器之间的最大区别是虚拟仪器提供的是完成测量或控制任务所需的所有软件和硬件设备，而具体功能由用户定义；传统仪器则功能固定且由厂商定义，把所有软件和测量电路封装在一起利用仪器前面板为用户提供一组有限的功能。相比之下，虚拟仪器非常灵活，可以用高效且功能强大的软件来自定义采集、分析、存储、共享和显示功能。

3. 虚拟仪器系统的分类

根据计算机技术的发展和采用总线方式的不同，虚拟仪器可分为五种类型。

1) PCI 总线方式虚拟仪器

基于 PCI 总线的虚拟仪器由一块直接插入计算机内的 A/D 和 D/A 芯片构成的数据采集板卡和相应的软件如 LabVIEW(图形化编程工具)构成，可以通过各种控件组建各种仪器。它充分利用计算机的总线、机箱、电源及软件的便利，但是受通用计算机本身的特点限制，它们通常不适于进行实时性要求很高的数字信号处理。

2) 并行口式虚拟仪器

这种方式把仪器硬件集成在一个采集盒内，测试装置通过并行口连接到计算机。仪器软件装在计算机内，可以完成各种测试仪器的功能，可以与笔记本计算机相连，方便野外作业，又可与台式 PC 相连，实现台式和便携式两用。

3) GPIB 总线方式虚拟仪器

GPIB 技术是 IEEE488 标准的虚拟仪器早期的发展阶段。它的出现使电子测量独立的单台手工操作向大规模自动测试系统发展，GPIB 实质上是通过计算机对传统仪器功能的扩展与延伸，典型的 GPIB 系统由一台 PC、一块 GPIB 接口卡和若干台 BPIB 形式的仪器通过 GPIB 电缆连接而成。

4）VXI 总线方式虚拟仪器

VXI 总线是一种高速计算机总线，是 VME 总线在 VI 领域的扩展，它具有稳定的电源，强有力的冷却能力和严格的 RFI/EMI 屏蔽。由于它的标准开放、结构紧凑、数据吞吐能力强、定时和同步精确、模块可重复利用、众多仪器厂家支持的优点，使其很快得到广泛的应用。经过多年的发展，VXI 系统的组建和使用越来越方便，尤其是组建大、中规模自动测量系统以及对速度、精度要求高的场合，有其他仪器无法比拟的优势。然而，组建 VXI 总线要求有机箱、零槽管理器及嵌入式控制器，造价比较高。

5）PXI 总线方式虚拟仪器

PXI 这种新型模块化仪器系统是在 PCI 总线内核技术上增加了成熟的技术规范和要求形成的。它通过增加用于多板同步的触发总线和参考时钟，用于进行精确定时的星形触发总线以及用于相邻模块间高速通信的局部总线来满足用户要求。PXI 具有 8 个扩展槽，通过使用 PCI - PCI 桥接器，可扩展到 256 个扩展槽，具有高度的可扩展性。

4. 虚拟仪器的应用

虚拟仪器是基于计算机的软硬件测试平台，适合于一切需要计算机辅助进行数据存储、数据处理、数据传输的测量场合。数据的获取、存储、处理、分析一体操作，既有条不紊又迅捷快速。用虚拟仪器代替传统的测量仪器，将使测控操作简便，性能提高。

图 6.7 RIGOLVS5000 虚拟示波器

1）电量测量

在电量测量方面，虚拟仪器功能强大，可实现示波器（图 6.7）、频谱分析仪、逻辑分析仪、波形发生器、频率计、数字万用表、功率计、程控稳压电源、数据记录仪、数据采集器等多种仪器的功能，是研发实验室的必备测量设备。

2）非电量测量

在非电量测量方面，虚拟仪器配以各种传感器和软件可检测各种物理参数，如电机转数、炉窑温度、电网波动、心电参数等多种数据；它操作灵活、集成方便、图形化界面符合传统设备的使用习惯，而且可以和高速数据采集设备构成自动测量系统，如图 6.8 所示。

3）自动控制

在自动控制领域，虚拟仪器同样应用广泛。大部分闭环控制系统要求精确的采样、及时的数据处理和快速的数据传输，虚拟仪器系统恰恰符合上述特点，十分适合测控一体化的设计。尤其在制造业中，虚拟仪器的卓越计算能力和巨大数据吞吐能力必将使其在温控系统、在线监测系统、电力仪表系统、流程控制系统等工控领域发挥更大的作用。

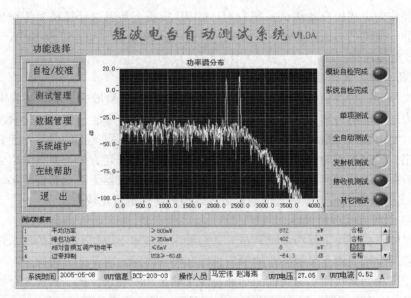

图 6.8　虚拟仪器测试系统显示页面

4) 自动测绘

传统的测绘仪器设备缺乏相应的计算机接口，数据采集及数据处理十分困难。尤其是需要多个数据测绘时，仪器多，接线复杂。而在虚拟测量系统中，仪器集成，接线简单，而且还可实现自动测量、自动处理、自动记录。

虚拟仪器的强大功能和价格优势，使得它在测控领域具有很强的生命力和十分广阔的前景。

6.3.3　仪器仪表技术发展方向

近年来，新型微处理器的速度不断提高，极大提高了计算机的数据处理能力。在数据采集方面，数据采集卡、放大器、数字信号处理芯片等技术的不断升级和更新，也有效地加快了数据采集的速率和效率。计算机网络的迅速发展及相关技术的日益完善，使仪器仪表向智能化、网络化、测控管一体化方向发展。

1. 仪器仪表智能化

测控智能化就是通过测控技术与计算机技术的结合，使测控系统在局部或整体系统上具有智能特征。例如，智能化检测仪表能在被测参数变化时，自动选择测量方案，进行自校正、自补偿、自检测、自诊断，还能进行远程设定、状态组合、信息存储、网络接入等，以获取最佳测试结果。还可以根据需要附加一些分析与控制功能，如采用实时动态建模技术、在线辨识技术等，以获得实时最优控制、自适应控制等功能。人工神经网络、模糊逻辑、遗传算法、专家系统、人工智能、模式识别、混沌理论以及数据融合等技术，都将使现代测控系统的发展上升到一个新的台阶。

2. 仪器仪表网络化

网络技术的出现，使仪器仪表突破了传统通信方式的时空限制和地域障碍，远程数据采集与控制、高档测量仪器设备资源的远程实时调用，远程设备故障诊断，电、水、燃气、热能等的自动抄表等都成为可能。高性能、高可靠性、低成本的网关、路由器、中继器及网络接口芯片等网络互联设备的不断进步，利用现有因特网资源而不需建立专门的拓扑网络，使组建测控网络、企业内部网络以及它们与因特网的互联都十分方便，这就为测控网络的普遍建立和广泛应用铺平了道路。

在航空航天领域，天地测控成为当代最先进、最复杂和最引人入胜的测控课题，天地测控网也是目前世界上最复杂的大型测控网络系统。美国国家航空航天局的航天测控和数据采集网，包括了用于地球轨道航天计划的航天跟踪与数据测控网，以及用于月球与行星探测的深空探测网，为这两个网络传递各种信息的地面通信系统是一种综合通信测控网。我国也先后建成了超短波近地卫星测控网、C频段卫星测控网、S频段航空航天测控网，它们可以为中低轨道、地球同步轨道等多种航天器提供远程测控技术支持，圆满完成了多次航天飞行的测控任务。

3. 测控管一体化

随着企业管理水平的提高，越来越多的企业要求从合同订单开始到产品发货出厂全程进行信息化管理。即把生产计划、产品设计、原材料检验、制造加工、设备控制、产品检验、包装入库、验票发货等各个环节都纳入测控系统。其中既涉及对生产加工状态信息的在线测量，也涉及对加工生产行为的过程控制，还涉及对生产流程信息的全程跟踪管理。因此，要求现代测控系统向测控管一体化方向发展。

为了达到测控管资源合理利用的目的，不同类型的过程测控网络、企业网络和因特网间可以分层互联。例如，第一网络层次用现场总线实现测控网，对生产过程进行控制。第二网络层次用以太网实现局域网。在这一层次中，同属一个单位（或部门）的管理网络和测控网络连成一个局部区域内部的网络，用局域网对测控网络进行管理，异地可对现场设备进行监控，将检测、控制和信息管理结合起来，通过系统各要素之间充分协调配合，使系统整体达到最优目标。第三网络层次用因特网系统，这是一个全球范围的广域网，这个网络将全球其他连在其上的网络设备连成一个整体，联网的任何计算机终端设备都可以通过因特网互相进行资源访问。依托高效率、开放性的网络系统，可以实现全球范围的测控管一体化。

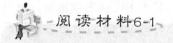
阅读材料6-1

什么是虚拟仪器？它与传统仪器有何不同？

虚拟仪器由用户定义，而传统仪器则功能固定且由厂商定义。

每一个虚拟仪器系统都由两部分组成，即软件和硬件。对于当前的测量任务，由用户自行定义仪器的功能；在测量任务改变时，可以灵活地改变仪器功能。

传统仪器把所有软件和测量电路封装在一起，利用仪器前面板为用户提供一组固定的功能。而虚拟仪器系统提供的则是完成测量或控制任务所需的所有软件和硬件设备，功能完全由用户自定义。此外，利用虚拟仪器技术，工程师和科学家们还可以使用高效且功能强大的软件来自定义采集、分析、存储、共享和显示功能。

虚拟仪器和传统仪器能够兼容吗？

许多工程师和科学家都在实验室里将虚拟仪器和传统仪器结合使用。一些传统仪器提供了特定的测量,这就引出了一个问题:"虚拟仪器和传统仪器能够兼容吗?"

虚拟仪器可与传统仪器完全兼容。虚拟仪器软件通常提供了与常用普通仪器总线(如 GPIB、串行总线和以太网)相连接的函数库。除了提供库之外,200 多家仪器厂商也提供了 4000 余种仪器驱动。仪器驱动提供了一套高层且可读的函数以及仪器接口。每一个仪器驱动都专为仪器某一特定的模型而设计,从而为它独特的性能提供接口。

虚拟仪器和综合性仪器有何不同?

综合性仪器是一个可重复配置的系统,它通过标准化的接口连接一系列基本硬件和软件组件,从而产生信号或者使用数值处理技术进行测量。换句话说,它是用硬件和软件模块的组合体模仿部分传统电子仪器。综合性仪器包含四个主要部件:信号调节器、频率转换器、数据转换器和数值处理器。这四个主要部件可以描述多数微波仪器,像信号发生器、频谱分析仪、频率计数器、网络分析仪等。

这与虚拟仪器的许多性质相同,但虚拟仪器是一个软件定义的系统,其中基于用户需要的软件定义了通用测量硬件的功能。两种定义享有共同的性质,即运行于商用硬件之上的可自定义功能的仪器。通过将测量功能转向用户可接触并可重复配置的硬件,采用这种体系结构的仪器具有更大灵活性和可重复配置的功能,同时提高了性能、减少了成本。

6.4 计算机监控系统

计算机监控系统是指具有数据采集、监视、控制功能的计算机系统。在这个系统中,计算机直接参与被监控对象的检测、监督和控制。计算机监控系统和计算机控制系统的区别在于:一般的计算机控制系统中,计算机的主要作用就是实现控制算法,人机交互的功能主要通过按键、指示灯和数码管显示等进行;而计算机监控系统着重强调可视化的人机界面,人机交互的功能主要通过可视化的图形页面进行。随着计算机硬件、软件技术的发展,特别是组态软件技术的发展,人机界面变得越来越丰富,其作用也越来越重要。组态软件已经成为计算机监控系统的必要组成部分,大型自动化公司纷纷开发具有自主知识产权的组态软件,投入市场应用。

6.4.1 计算机监控系统的组成

计算机监控系统是以计算机为主体,加上检测装置(传感器)、执行机构与被监控的对象(生产过程)共同构成的主体。计算机监控系统主要由硬件和软件两大部分构成。

1. 硬件

计算机监控系统的硬件主要由计算机、输入输出装置、检测/执行机构组成,如图 6.9 所示。信号流程如下:利用传感装置将被监控对象中的物理参数,如温度、压力、流量、液位、速度等转换为电量,如电压、电流等;再将这些代表实际物理参数的电量输入 I/O 接口(输入/输出接口)装置转换为数字量送入计算机;由计算机根据测量数据的大小和工艺要求的设定值进行比较判断，并通过 I/O 接口装置输出相应的控制信号；从而推动执行装置完成相应的控制任务。同时在计算机的显示屏中以数字、图形或者曲线的方式进行信号显示，使操作人员可以直观、迅速地了解被控对象的变化过程。除此之外，计算机可以将采集到的数据储存起来，随时进行分析、统计并制作各种报表。

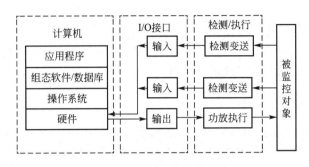

图 6.9　计算机监控系统组成框图

2. 软件

计算机监控系统的软件主要分为系统软件、开发软件和应用软件三大部分。

（1）系统软件就是计算机的操作系统，是一个庞大的管理控制程序，大致包括五个方面的管理功能：进程与处理器管理、作业管理、存储管理、设备管理、文件管理。操作系统是计算机系统的内核与基石。目前，常见的操作系统有 DOS、OS/2、UNIX、XENIX、Linux、Windows、Netware 等。

（2）开发软件是在系统软件的平台上，为用户提供快速构建自动控制系统监控功能的、通用层次的软件工具，包括高级语言、组态软件和数据库等。

（3）应用软件是为解决某类问题而设计的程序的集合。由输入输出处理模块、逻辑控制模块、控制算法模块、通信模块、报警处理模块、数据处理模块或数据库、显示模块、打印模块等构成，用户可以按需要选择相应的程序模块编制用户程序。

6.4.2　计算机监控系统的特点

随着计算机技术、通信技术和电子技术的飞速发展，在现代远程测控领域中，各种先进的测控技术、测控设备和远程通信手段层出不穷。计算机监控系统主要具有如下特点。

1）数据采集处理

计算机监控系统是一种实时计算机系统，计算机监控系统可以自动实现对监控对象的数据采集、监视功能，能够对测量的数据进行分类处理、误差修正以及工程单位换算等运算，可以根据采集到的数据，进行控制决策，立即采取相应的动作。例如，在化工生产过程中，一旦检测到化学反应罐的压力超限，可以立即打开减压阀，这样就大大降低了发生爆炸危险的可能性。

2）人机交互

在计算机监控系统中，人机交互界面采用 CRT、LED、LCD、液晶显示器、触摸屏等，使得操作人员对现场的各种情况一目了然。通过应用多媒体技术，不仅使操作人员能够获取丰富的现场信号，同时还可以动态显示控制过程和设备的状况等。

3）网络开放性

网络开放性是计算机监控系统的一个重要特性。计算机监控系统与上层管理信息系统之间的数据交换是企业现代化管理的需要。此外，企业的生产规模不会是一成不变的，这也要求计算机监控系统在结构上具有开放性。

4）可维护性

可维护性是指维护工作的方便快捷程度。可维护性与硬件、软件等诸多因素有关，通过监控软件进行在线实时诊断，可以在不影响系统运行的情况下及时发现故障，在最短时间内排除故障成为计算机监控系统的一个重要特点。

6.4.3　计算机监控系统的应用

计算机监控系统已经渗透到每个国家的政治、经济活动的一切领域，几乎生产生活的所有行业都不同程度地采用各种测控、监控设备。有的监控系统技术相当先进，设备十分完善。尤其在电力系统、交通系统、消防系统和城市治安监管等领域中，计算机监控技术已不可或缺。

1）电力系统中的应用

计算机监控系统在电力系统应用时间较早，规模也较大，从发电、变电、传输到用电的整个过程都由总调监控系统监控，各省市、区，各供电局、供电所、变电所都运行着监控系统。

2）交通系统中的应用

在交通行业中，计算机监控系统的应用发展很快，如交通状况监控系统、机动车辆智能收费系统、移动巡警车等。特别是对交通流量进行计算机监控和调度，对缓解交通拥堵状况具有重要意义。

3）消防系统中的应用

随着生活水平的提高，电气设备的增多，高层及超高层建筑的增加以及商场超市等群众聚集场所规模的迅速扩大，消防安全的重要性越来越突出，越来越多的新型建筑采用了智能消防系统。这种智能消防系统能及时发现建筑的火灾隐患，自动报警并自动启动灭火系统，避免损失。

4）城市治安系统中的应用

伴随着城市化的进程，城市规模不断膨胀，人口的流动性也不断增大，给城市治安监管带来了很大的压力。城市社会治安视频监控系统可以对一些治安重点监控区域，如居民小区、城区路面、商业中心、娱乐场所、车站广场、重点单位、卡口等场所实施远程实时监控，及时了解现场的车流、人流及异常情况，并进行远程录像备份。城市社会治安视频监控系统作为公安集中指挥系统中不可缺少的子系统，可以实现派出所、分局、市局的多级监管，信息共享，起到社会治安综合治理的效果。

6.4.4　监控组态软件

组态的概念最早出现在工业计算机控制中，如 DCS(集散控制系统)组态、PLC(可编程控制器)梯形图组态。监控组态软件(supervisory control and data acquisition, SCADA)简称组态软件，是指一些数据采集与过程控制的专用软件，它们在自动监控系统的系统软件平台上，能以灵活多样的组态方式（而不是编程方式）提供良好的用户开发界面和简洁的使用方法。其预先设置的各种软件模块可以非常容易地实现监控层的各项功能，为用户提供快速构建工业自动控制系统监控功能的、通用层次的软件工具。

1. 监控组态软件的组成

组态软件是专业性的，一种组态软件只能用于一种领域的应用。监控组态软件是用于工业自动化和过程监视与控制的应用软件，它具有友好直观的用户界面，灵活多样的组态方式。一般监控组态软件都由下列组件构成。

1）图形界面组件

图形界面组件是构成现场各过程图形的画面生成软件。用户可以用此软件对数据显示方式和图形动态变化方式进行组态，可以绘制各种生产工艺流程图及操作人员监控工艺流程的操作界面。

在图形界面中，各类组态软件普遍提供了脚本语言编程工具来扩充其功能。用脚本语言编写的程序段可由与对象密切相关的事件驱动或周期性地执行。例如，当按下某个按钮时可指定执行一段脚本语言程序，完成特定的控制功能，也可以指定当某一变量的值变化到关键值以下时，马上启动一段脚本语言程序完成特定的控制功能。

2）控制功能组件

控制功能组件是实现各种控制功能的应用软件，如 DCS 控制组件、PLC 控制组件等。根据用户需要还可以设计用于完成特定功能的组件，如批次管理、事故追忆、控制曲线、专家报表、事件管理等。控制功能组件可以和实时数据连接，直接访问实时数据库中的数据。

3）实时数据库

实时数据库是存储实时数据的存储组件。实时数据库可以存储每个监控点的数据，用户既可浏览当前的监控数据，又可以随时调用历史数据进行分析。可以说，实时数据库如同飞机上的"黑匣子"，具备数据档案管理功能。

4）通信接口组件

通信接口组件是计算机与外部设备进行通信的接口软件，用于实现监控系统中主机与测控设备之间的通信、多机之间的通信、网络通信等接口功能。通信接口组件中有的功能是一个独立的程序，可单独使用，有的被"绑定"在其他程序当中，不被"显式"地使用。

2. 监控组态软件的特点

随着工业自动化水平的迅速提高，种类繁多的控制设备和过程监控装置使得传统的工业控制软件已无法满足用户的各种需求。在开发传统的工业控制软件时，当工业被控对象一旦有变动，就必须修改其控制系统的源程序，导致其开发周期长；已开发成功的工控软件又由于每个控制项目的不同而使其重复使用率很低，导致它的价格非常昂贵；在修改工控软件的源程序时，倘若原来的编程人员因工作变动而离去时，其他人员修改相当困难。通用工业自动化组态软件的出现为解决上述实际工程问题提供了一种崭新的方法，因为它能够很好地解决传统工业控制软件存在的种种问题，使用户能根据自己的控制对象和控制目的任意组态，完成监控任务。

组态软件最突出的特点就是实时多任务。数据的输入输出、处理、显示、存储及管理等多个任务需在同一个系统中同步快速的运行。组态软件的用户是自动化工程设计人员，组态软件的目的就是让用户迅速开发出适合自己需要并可靠的应用系统。因此，组态软件一般具备以下特点。

1) 封装性

通用组态软件所能完成的功能都用一种方便用户使用的方法包装起来，用户只需编写少量自己所需的控制算法代码，甚至可以不写代码，就能很好地完成一个复杂工程所要求的所有功能，使用简单。

2) 通用性

每个用户根据工程实际情况，利用通用组态软件提供的底层设备(PLC、PID、板卡、变频器等)的 I/O 接口、开放式的数据库和画面制作工具，就能完成一个具有动画效果、实时数据处理、历史数据和曲线并存、具有多媒体功能和网络功能的工程软件，不受行业限制。

组态软件能支持各种工控设备和常见的通信协议，并且提供分布式数据管理和网络功能。组态软件最早出现时，主要解决人机图形界面问题。随着它的快速发展，实时数据库、实时控制、SCADA、通信及联网、开放数据接口、对 I/O 设备的广泛支持已经成为它的主要特点。

3) 延续性和可扩充性

用通用组态软件开发的应用程序，当现场(包括硬件设备或系统结构)或用户需求发生改变时，不需要做很多修改就可以方便地完成软件的更新和升级。

4) 强大的图形设计工具

丰富的人机界面是计算机监控系统的一大特色。强大的图形界面组件是计算机监控系统的重要工具，用户可以用此软件对数据显示方式和图形动态变化方式进行组态，可以绘制各种生产工艺流程图及操作人员监控工艺流程的操作界面。

3. 监控组态软件的应用

组态软件具有远程监控、数据采集、数据分析、过程控制等强大功能，在自动控制系统中占据着主力军的位置，并逐渐成为计算机监控系统中的灵魂。组态软件的发展与成长和网络技术的发展普及密不可分，除了大家熟知的自动控制领域，组态软件的应用领域已经拓展到了社会生活的方方面面。只要同时涉及实时数据通信、实时动态图形界面显示、数据处理、历史数据存储及显示，就存在对组态软件的需求。

世界上第一个把组态软件作为商品进行开发、销售的专业软件公司是美国的 Wonderware 公司，它于 20 世纪 80 年代末率先推出第一个商品化组态软件 Intouch，这是第一个基于微软公司 Windows & reg 操作系统的人机界面。此后组态软件在全球得到了蓬勃发展，目前世界上商品化的组态软件已有几十种之多。

4. 监控组态软件的应用举例

对于一个工程设计人员来说，要想快速准确地完成一个工程项目，首先要了解工程的系统构成和工艺流程，明确主要的技术要求，搞清工程所涉及的相关硬件和软件。在此基础上，拟定组建工程的总体规划和设想，如控制流程如何实现，需要什么样的动画效果，应具备哪些功能，需要何种工程报表，需不需要曲线显示等。只有这样，才能在组态过程中有的放矢，达到快速完成工程项目的目的。下面通过一个水位控制系统的组态过程，介绍如何应用 MCGS(monitor and control generated system，监视与控制通用系统)组态软件建立一个简单的水位控制系统。

1) MCGS 简介

MCGS 是北京昆仑通态自动化软件科技有限公司研发的一套基于 Windows 平台的、用于快速构造和生成上位机监控系统的组态软件系统，主要完成现场数据的采集与监测、前端数据的处理与控制，可运行于 Microsoft Windows 95/98/Me/NT/2000/XP 等操作系统。MCGS 为用户提供了解决实际工程问题的完整方案和开发平台，能够完成现场数据采集、实时和历史数据处理、报警和安全机制、流程控制、动画显示、趋势曲线和报表输出以及企业监控网络等功能。用户无需具备计算机编程的知识，就可以在短时间内使用 MCGS 软件完成一个具备专业水准的计算机监控系统的开发工作。MCGS 的组成如图 6.10 所示。

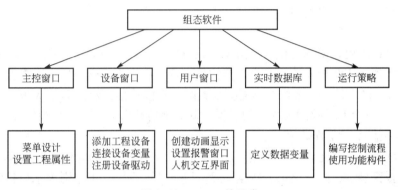

图 6.10　MCGS 的组成

(1) 主控窗口是工程的主窗口或主框架。在主控窗口中可以放置一个设备窗口和多个用户窗口，负责调度和管理这些窗口的打开或关闭。主要的组态操作包括：定义工程的名称，编制工程菜单，设计封面图形，确定自动启动的窗口，设定动画刷新周期，指定数据库存盘文件名称及存盘时间等。

(2) 设备窗口是连接和驱动外部设备的工作环境。在本窗口内配置数据采集与控制输出设备，注册设备驱动程序，定义连接与驱动设备用的数据变量。

(3) 用户窗口主要用于设置工程中人机交互的界面，如生成各种动画显示画面、报警输出、数据与曲线图表等。

(4) 实时数据库是数据交换与处理中心。在本窗口内定义不同类型和名称的变量，作为数据采集、处理、输出控制、动画连接及设备驱动的对象。

(5) 运行策略主要完成工程运行流程的控制，包括编写控制程序、选用各种功能构件等。

2) 水位控制系统设计

本例工程中涉及动画制作、控制流程的编写、模拟设备的连接、报警输出、报表曲线显示与打印等多项组态操作。

(1) 工程的框架结构。本例工程的名称定义为"水位控制系统 . mcg"工程文件，由五大窗口组成。总共建立两个用户窗口，四个主菜单，分别作为水位控制、报警显示、曲线显示、数据显示，构成了工程的基本骨架。

（2）动画图形的制作。水位控制窗口是本例工程首先显示的图形窗口（启动窗口），是一幅模拟系统真实工作流程并实施监控操作的动画窗口。设计内容如下。

水位控制系统：水泵、水箱和阀门由"对象元件库管理"调入；管道则经过动画属性设置赋予其动画功能。

液位指示仪表：采用旋转式指针仪表，指示水箱的液位。

液位控制仪表：采用滑动式输入器，由鼠标操作滑动指针，改变流速。

报警动画显示：由"对象元件库管理"调入，用可见度实现。

（3）控制流程的实现。选用"模拟设备"及策略构件箱中的"脚本程序"功能构件，设置构件的属性，编制控制程序，实现水位、水泵、调节阀和出水阀的有效控制。

（4）各种功能的实现。通过 MCGS 提供的各类构件实现下述功能。

历史曲线：选用历史曲线构件实现。

历史数据：选用历史表格构件实现。

报警显示：选用报警显示构件实现。

工程报表：历史数据选用存盘数据浏览策略构件实现，报警历史数据选用报警信息浏览策略构件实现，实时报表选用自由表格构件实现，历史报表选用历史表格构件实现。

（5）输入、输出设备。水位控制需要采集两个模拟数据：液位1（最大值10m），液位2（最大值6m）；三个开关数据：水泵的启停、调节阀的开启关闭、出水阀的开启关闭。

3）水位控制系统工程效果

本例工程组态总共建立了两个用户窗口（图6.11、图6.12），四个主菜单，分别作为水位控制、报警显示、曲线显示、数据显示。图6.13、图6.14分别为水位控制系统报警记录和水位控制系统存盘数据。

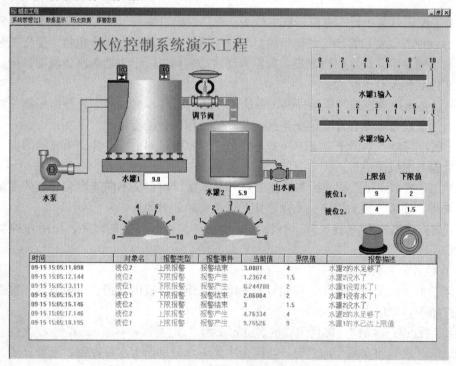

图6.11　水位控制系统演示工程

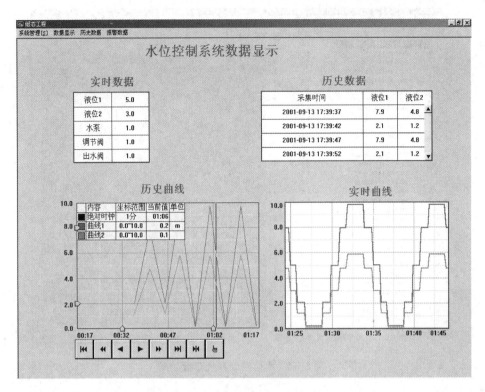

图 6.12　水位控制系统数据显示

序号	报警对象	报警开始	报警结束	报警类型	报警值	报警限值	报警应答	内容注释
1	液位2	09-13 17:39:34	09-13 17:39:36	上限报警	5.9	5		水罐2的水足够了
2	液位1	09-13 17:39:34	09-13 17:39:36	上限报警	9.8	9		水罐1的水已达上限
3	液位1	09-13 17:39:39	09-13 17:39:41	下限报警	0.2	1		水罐1没有水了
4	液位2	09-13 17:39:39	09-13 17:39:41	下限报警	0.1	1		水罐2没水了
5	液位1	09-13 17:39:44	09-13 17:39:46	上限报警	9.8	9		水罐1的水已达上限
6	液位2	09-13 17:39:44	09-13 17:39:46	上限报警	5.9	5		水罐2的水足够了
7	液位1	09-13 17:39:49	09-13 17:39:51	下限报警	0.2	1		水罐1没有水了
8	液位2	09-13 17:39:49	09-13 17:39:51	下限报警	0.1	1		水罐2没水了
9	液位1	09-13 17:47:19	09-13 17:47:21	上限报警	9.8	9		水罐1的水已达上限
10	液位2	09-13 17:47:19	09-13 17:47:21	上限报警	5.9	5		水罐2的水足够了
11	液位1	09-13 17:47:24	09-13 17:47:26	下限报警	0.2	1		水罐1没有水了
12	液位2	09-13 17:47:24	09-13 17:47:26	下限报警	0.1	1		水罐2没水了
13	液位2	09-13 17:47:29	09-13 17:47:31	上限报警	5.9	5		水罐2的水足够了
14	液位1	09-13 17:47:29	09-13 17:47:31	上限报警	9.8	9		水罐1的水已达上限
15	液位1	09-13 17:47:34	09-13 17:47:36	下限报警	0.2	1		水罐1没有水了
16	液位2	09-13 17:47:34	09-13 17:47:36	下限报警	0.1	1		水罐2没水了
17	液位1	09-13 17:47:39	09-13 17:47:41	上限报警	9.8	9		水罐1的水已达上限
18	液位2	09-13 17:47:39	09-13 17:47:41	上限报警	5.9	5		水罐2的水足够了
19	液位1	09-13 17:47:44	09-13 17:47:46	下限报警	0.2	1		水罐1没有水了
20	液位2	09-13 17:47:44	09-13 17:47:46	下限报警	0.1	1		水罐2没水了
21	液位1	09-13 17:47:49	09-13 17:47:51	上限报警	9.8	9		水罐1的水已达上限
22	液位2	09-13 17:47:49	09-13 17:47:51	上限报警	5.9	5		水罐2的水足够了
23	液位1	09-13 17:47:54	09-13 17:47:56	下限报警	0.2	1		水罐1没有水了
24	液位2	09-13 17:47:54	09-13 17:47:56	下限报警	0.1	1		水罐2没水了
25	液位1	09-13 17:47:59	09-13 17:48:01	上限报警	9.8	9		水罐1的水已达上限
26	液位2	09-13 17:47:59	09-13 17:48:01	上限报警	5.9	5		水罐2的水足够了
27	液位1	09-13 17:48:04	09-13 17:48:06	下限报警	0.2	1		水罐1没有水了
28	液位2	09-13 17:48:04	09-13 17:48:06	下限报警	0.1	1		水罐2没水了
29	液位1	09-13 17:48:09		上限报警	9.8	9		水罐1的水已达上限
30	液位2	09-13 17:48:09		上限报警	5.9	5		水罐2的水足够了
31	液位1	09-14 09:30:03	09-14 09:30:05	上限报警	9.8	9		水罐1的水已达上限

报警记录次数　1318　　　　　　　　　　　　　　　设置[S]　打印[P]　退出[X]

图 6.13　水位控制系统报警记录

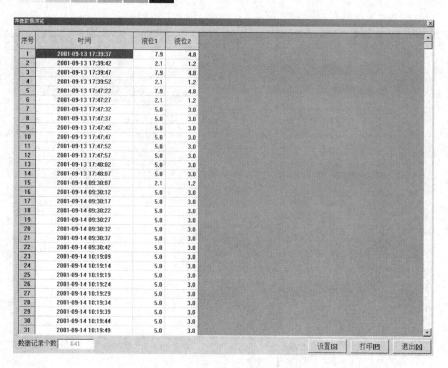

图 6.14　水位控制系统存盘数据

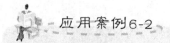
应用案例6-2

　　道路治安卡口系统(图 6.15)利用先进的光电、计算机图像处理、模糊识别、远程数据访问等技术研制而成。系统对监控路段的每一台机动车辆进行连续全天候实时记录，对超速、逆行等非法行驶的车辆进行抓拍，并将车辆通过卡口监控点的时间、车速及车辆类型等信息一并生成数据文件保存，也可通过网络将各个监控点的信息传送到远端的监控指挥中心，进一步做数据处理。

图 6.15　道路治安监控指挥中心

　　车牌号码识别系统(图 6.16)是道路治安卡口系统最基本的组成构件之一，以自动车牌号码识别为基础，可对车辆进行自动登记、验证、监控、报警，进而可以应用在多种场合，如高速公路收费系统，国道收费系统，高速公路、国道、城市干道的超速布控系统，道口、卡口的车辆治安管理系统，小区、停车场收费系统，城市车流量统计与引导系统等。

图6.16 车牌号码识别装置

车牌号码识别系统采用高速数字信号处理芯片(DSP)及嵌入式操作系统为算法的硬件平台。所有算法固化在硬件之中，因此可以脱离计算机实现其图像采集、车牌号码识别、结果传输等功能，系统具有极高的稳定性，每当有车辆经过被监测的车道时，外设触发检测器或内设视频触发程序会自动发出抓拍信号，识别单元立即启动采集图像、分析图像，定位车牌，切分车牌，多次识别车牌号码，选取最佳识别结果；如果有全景摄像机时，能同步抓拍一张车辆的全景图片。采用DSP嵌入式操作系统，产品性能高，环境适应性强，能长时间的稳定可靠工作，复位时间极快(毫秒级)，功耗低，体积小，能很容易的把识别模块放进摄像机防护罩里面，做成嵌入式一体机的识别仪。

6.5 嵌入式系统

随着计算机控制的普及，一些应用场合对计算机控制系统提出了微型化要求，要求计算机系统能嵌入到应用设备之中。微处理芯片技术、液晶显示技术、大容量电子存储器件技术的发展为计算机控制系统的微型化提供了基础条件。嵌入式系统的概念源于20世纪60年代，最早出现在武器制造中，后来用于军事指挥控制和通信系统，现在广泛用于军用与民用机电一体化产品中。目前嵌入式系统已经渗透我们生活中的每个角落，包括工业、服务业、消费电子等。

6.5.1 嵌入式系统的定义

嵌入式系统的出现是基于单片机的问世。20世纪70年代单片机的出现，使汽车、家电、工业机器、通信装置以及成千上万种产品可以通过内嵌电子装置来获得更佳的使用性能：更容易使用、更快、更便宜。这些装置已经初步具备了嵌入式的应用特点，但是这时的应用只是使用8位的芯片，执行一些单线程的程序，还谈不上"系统"的概念。随着微电子技术的发展，各种微处理器的功能不断强大、完善，从20世纪80年代早期开始，嵌入式系统的程序员开始用商业级的"操作系统"编写嵌入式应用软件，这使得控制系统可以获取更短的开发周期、更低的开发资金和更高的开发效率，"嵌入式系统"真正出现了。确切地说，这个时候的操作系统是一个实时核，这个实时核包含了许多传统操作系统的特征，包括任务管理、任务间通信、同步与相互排斥、中断支持、内存管理等功能。20 世纪 90 年代以后，随着对实时性要求的提高，软件规模不断上升，实时核逐渐发展为实时多任务操作系统(RTOS)，并作为一种软件平台逐步成为目前国际嵌入式系统的主流。

一般认为，嵌入式系统(embedded systems)是指以应用为中心，以计算机技术为基础，软件硬件可裁剪，适应应用系统对功能、可靠性、成本、体积、功耗的严格要求的专用计算机系统，是将应用程序和操作系统与计算机硬件集成在一起的嵌入在宿主设备中的控制系统。

根据 IEEE(国际电机工程师协会)的定义，嵌入式系统是"用于控制、监视或者辅助操作机器和设备的装置"。这主要是从应用上加以定义的，可以从中理解嵌入式系统是和操作机器或设备紧密相连、结合在一起的控制系统。可以从以下三个方面理解嵌入式系统的定义：

(1) 嵌入式系统是面向用户、面向产品、面向应用的，它必须与具体应用相结合才具有生命力。

(2) 嵌入式系统是将先进的计算机技术、半导体技术和电子技术和各个行业的具体应用相结合后的产物，这一点就决定了它必然是一个技术密集、资金密集、高度分散、不断创新的知识集成系统。

(3) 嵌入式系统是与应用紧密结合的，它具有很强的专用性，必须结合实际需求对软硬件进行合理的裁剪，以满足应用系统的功能、可靠性、成本、体积等要求。

6.5.2 嵌入式系统的组成

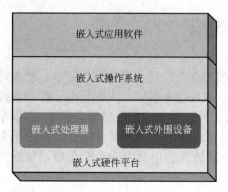

图 6.17 嵌入式系统的组成

一般而言，嵌入式系统由硬件和软件两大部分组成。其中由嵌入式处理器和嵌入式外围设备构成硬件平台，嵌入式应用软件在嵌入式操作系统的支持下运行，如图 6.17 所示。

1. 硬件

嵌入式系统的硬件通常以嵌入式处理器为核心，配置必要的外围接口部件组成。嵌入式外围设备包括存储器、I/O 接口及输入输出设备。硬件是整个嵌入式操作系统和应用程序运行的平台，不同的应用通常有不同的硬件环境。

1) 嵌入式处理器

嵌入式处理器作为嵌入式系统的核心，是控制、辅助系统运行的硬件单元。嵌入式处理器主要芯片包括单片机、DSP(digital signal processor，数字信号处理器)、ARM 等。嵌入式处理器与通用处理器最大的不同点在于，嵌入式 CPU 大多工作在为特定用户群所专门设计的系统中，它将通用 CPU 中许多由板卡完成的任务集成到芯片内部，从而有利于嵌入式系统在设计时趋于小型化，同时还具有很高的效率和可靠性。

2) 存储器

嵌入式系统有别于一般的通用计算机系统，它不具备像硬盘那样大容量的存储介质，而是用静态易失型存储器（RAM、SRAM）、动态存储器（DRAM）和非易失型存储器（ROM、EPROM、EEPROM、FLASH）作为存储介质，其中 FLASH 凭借其可擦写次数多、存储速度快、存储容量大、价格便宜等优点，在嵌入式领域内得到了广泛应用。

3）I/O 接口

I/O 接口是处理器与 I/O 设备连接的桥梁。

4）输入/输出设备

为使嵌入式系统具有友好的界面，方便人机交互，嵌入式系统中需配置输入、输出设备，常用的输入/输出设备有液晶显示器（LCD）、触摸板、键盘等。

嵌入式开发的硬件平台选择主要是嵌入式处理器的选择。在一个系统中使用什么样的嵌入式处理器主要取决于应用领域、用户的需求、成本、开发的难易程度等因素。在开发过程中，选择最适用的硬件平台是一项很复杂的工作，包括要考虑其他工程的影响以及信息的完整性及准确性等。

2. 软件

嵌入式系统的软件由嵌入式操作系统和应用程序组成。嵌入式操作系统完成嵌入式应用的任务调度和控制等核心功能，嵌入式应用程序运行于操作系统之上，利用操作系统提供的机制完成特定功能的嵌入式应用。对于一些简单的嵌入式应用系统，应用程序可以不需要操作系统的支持，直接运行在底层。

1）嵌入式操作系统

为了使嵌入式系统的开发更加方便和快捷，需要有专门负责管理存储器分配、中断处理、任务调度等功能的软件模块，这就是嵌入式操作系统。嵌入式操作系统是用来支持嵌入式应用的系统软件，是嵌入式系统极为重要的组成部分，通常包括与硬件相关的底层驱动程序、系统内核、设备驱动接口、通信协议、图形用户界面等。

嵌入式操作系统具有通用操作系统的基本特点，如能够有效管理复杂的系统资源，能够对硬件进行抽象，能够提供库函数、驱动程序、开发工具集等。但与通用操作系统相比，嵌入式操作系统在系统实时性、硬件依赖性、软件固化性以及应用专用性等方面，具有更加鲜明的特点。嵌入式操作系统根据应用场合可以分为以下两大类：

（1）面向消费电子产品的非实时系统，这类设备包括个人数字助理（PDA）、移动电话、机顶盒（STB）等。

（2）面向控制、通信、医疗等领域的实时操作系统，如 Wind River 公司的 Vx Works、QNX 系统软件公司的 QNX 等。实时系统（real time system）是一种能够在指定或确定时间内完成系统功能，并且对外部和内部事件在同步或异步时间内能做出及时响应的系统。

2）嵌入式应用软件

嵌入式应用软件是针对特定应用领域，基于某一固定的硬件平台，用来达到用户预期目标的计算机软件。嵌入式应用软件是实现嵌入式系统功能的关键，如果用户任务有时间和精度上的要求，嵌入式应用软件就需要特定嵌入式操作系统的支持。

嵌入式应用软件和普通应用软件有一定的区别，它不仅要求其准确性、安全性和稳定性等方面能够满足实际应用的需要，而且还要尽可能地进行优化，以减少对系统资源的消耗，降低硬件成本。一般嵌入式系统的软件开发采用 C 语言。

6.5.3　嵌入式系统的特点及应用

芯片制造技术的进步使得单个芯片具有更强的处理能力，而且在芯片上集成多种接口已经成为可能，另一方面大量的实际应用的需要，使得嵌入式系统逐渐从纯硬件实现和使用通用计算机实现的应用中脱颖而出，成为令人关注的焦点。

1. 嵌入式系统的特点

作为专用计算机系统的嵌入式系统与通用计算机系统相比，具有以下几个重要特征：

（1）嵌入式系统是面向用户、面向产品、面向应用的。嵌入式 CPU 大多工作在为特定用户群设计的系统中，它通常都具有低功耗、体积小、集成度高等特点。

（2）嵌入式系统的硬件和软件都必须高效率地设计，量体裁衣、去除冗余，力争在同样的硅片面积上实现更高的性能，这样才能完成功能、可靠性和功耗的苛刻要求。

（3）需实时操作系统支持。嵌入式系统的应用程序可以不需要操作系统的支持直接运行，但是为了合理地调度多任务，充分利用系统资源，必须选配实时操作系统开发平台。

（4）嵌入式系统与具体应用有机地结合在一起，它的升级换代也是和具体产品同步进行的，因此嵌入式系统产品一旦进入市场，具有较长的生命周期。

（5）为了提高执行速度和系统可靠性，嵌入式系统中的软件一般都固化在存储器芯片或者单片机中，而不是存储于磁盘等载体中。此外，嵌入式实时操作系统也可以保证系统的实时性。

（6）需要专门开发工具支持。嵌入式系统本身不具备自主开发能力，即使在设计完成以后，用户通常也不能对程序功能进行修改，必须有一套开发工具和环境才能进行开发。

2. 嵌入式系统的应用

嵌入式系统技术具有非常广阔的应用前景，其应用领域主要包括以下几个方面。

1）工业自动化

目前有大量的 8 位、16 位、32 位嵌入式微控制器应用在工业自动化设备中，如工业过程控制、数字机床、电力系统、电网安全、电网设备监测、石油化工系统。就传统的工业控制产品而言，低端型采用的往往是 8 位单片机。但是随着技术的发展，32 位、64 位的处理器逐渐成为工业控制设备的核心。

2）交通管理

在车辆导航、流量控制、信息监测与汽车服务方面，嵌入式系统技术已经获得了广泛的应用，内嵌 GPS 模块、GSM 模块的移动定位终端已经在各种运输行业获得了成功的使用。目前 GPS 设备已经从尖端产品进入了普通百姓的生活。例如，在汽车上安装一个车载 GPS 导航仪，就可以随时随地确认自己的位置，如图 6.18 所示。

3）消费类电子产品

消费类电子产品是嵌入式应用的一大行业，手机、数码照相机、数码相框、音乐播放器等，人们需要更高的品质、更完美的使用效果。如图 6.19 为新加坡创新科技有限公司（Creative Technology Ltd.）推出的 Xmod 音效盒，这是一款应用在笔记本计算机或者台式 PC 上的外置声卡。其内部采用了 DSP 芯片，通过内部算法处理后可以修复压缩音频文件丢失的部分数据，将压缩音频以更高品质输出，从而提升电脑的音质表现。

图 6.18　车载 GPS 导航仪

图 6.19　创新 Xmod 音效盒

4）家庭智能管理

传统的电视、电冰箱、微波炉等家用电器中也嵌有处理器，但是这些处理器只是在控制方面应用。现在只具备基本功能的家用电器显然已经不能满足人们的日常需求，如水、电、煤气表的远程自动抄表，安全防火、防盗系统，其中嵌有的专用控制芯片将代替传统的人工检查，并实现更高、更准确和更安全的性能。目前在服务领域，如远程点菜器等已经体现了嵌入式系统的优势。具有用户界面，能远程控制，智能管理的电器是未来的发展趋势。

5）POS 网络及电子商务

POS 网络是电子商务时代的工具，其销售终端 POS（point of sale）机是一种多功能终端，把它安装在信用卡的特约商户和受理网点中与计算机联成网络，就能实现电子资金自动转账，它具有支持消费、预授权、余额查询和转账等功能，使用起来安全、快捷、可靠。公共交通无接触智能卡（contactless smart card，CSC）发行系统、公共电话卡发行系统、自动售货机等各种智能 ATM 终端全面走入人们的生活。

6）自然环境与工程监测

嵌入式系统可实现水文资料实时监测，防洪体系及水土质量监测，堤坝安全监测，地震监测，实时气象信息监测，水源和空气污染监测等。在很多环境恶劣、地况复杂的地区，嵌入式系统将实现无人监测。

7）机器人

嵌入式芯片的发展将使机器人在微型化、高智能方面的优势更加明显，同时会大幅度降低机器人的价格，使其在工业领域和服务领域获得更广泛的应用。以机器狗（图 6.20(a)）为代表的智能机器宠物，仅使用 8 位的 AVR，51 单片机或者 16 位的 DSP 来控制舵机，进行图像处理，就能制造出那些人见人爱的玩具，让我们不能不惊叹嵌入式处理器强大的功能。

近年来 32 位处理器，Windows CE 等 32 位嵌入式操作系统的盛行，使得高智能类人机器人(图 6.20(b))具有 24 自由度协调控制。操控一个机器人只需要在手持 PDA 上获取远程机器人的信息，就可以通过无线通信控制机器人的运行，如足球机器人、消防机器人、管道机器人等，与传统工控机相比，要轻巧便捷得多。随着嵌入式控制器越来越微型化、功能化，微型机器人、特种机器人等也将获得更大的发展机遇。

(a) 机器狗

(b) 高智能类人机器人

图 6.20　机器人

6.5.4　嵌入式处理器

嵌入式系统的核心是各种类型的嵌入式处理器，从单片机、DSP 到 FPGA 有许多品种，速度越来越快，性能越来越强，价格也越来越低。目前几乎每个半导体制造商都生产嵌入式处理器，并且越来越多的公司开始拥有自主的处理器设计部门。嵌入式系统最典型的特点是与人们的日常生活紧密相关，任何一个人都能拥有各类运用了嵌入式技术的电子产品，小到 MP3、PDA 等微型数字化设备，大到信息家电、智能电器、车载 GIS(geographic information system，地理信息系统)，各种新型嵌入式设备在数量上已经远远超过了通用计算机。

1. 特点

嵌入式处理器的体系结构经历了从 CISC(complex instruction set computer，复杂指令集计算机)到 RISC(reduced instruction set computer，精简指令集计算机)和 Compact RISC 的转变，位数则由 4 位、8 位、16 位、32 位逐步发展到 64 位。目前，嵌入式处理器的寻址空间可以从 64KB 到 16MB，处理速度最快可以达到 2000 MIPS，封装从 8 个引脚到 144 个引脚不等。据不完全统计，全世界嵌入式处理器已经超过 1000 种，流行的体系结构有 30 多个系列，其中以 ARM、PowerPC、MC68000、MIPS 等使用得最为广泛。

嵌入式处理器一般具备以下四个特点：

(1) 对实时多任务有很强的支持能力，能完成多任务并且有较短的中断响应时间，从而使内部的代码和实时内核的执行时间减少到最低限度。

(2) 具有功能很强的存储区保护功能。这是由于嵌入式系统的软件结构已模块化，可以避免在软件模块之间错误的交叉作用，同时也有利于软件诊断。

（3）可扩展的处理器结构，能迅速地开发出满足应用的嵌入式处理器。

（4）功耗很低，尤其是用在便携式设备中靠电池供电的嵌入式系统更是如此，功耗只有 mW 甚至 μW 级。

2. 分类

现在常用的嵌入式处理器可以分成下面几类：嵌入式微处理器（embedded micro processor unit，EMPU）、嵌入式微控制器（embedded micro controller unit，EMCU）、嵌入式 DSP 处理器（embedded digital signal processor，EDSP）、嵌入式片上系统（embedded system on chip，ESoC）、嵌入式可编程片上系统（embedded system on programmable chip，ESoPC），其分类如图 6.21 所示。

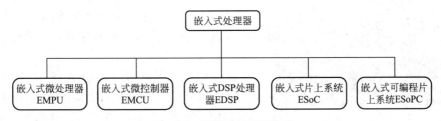

图 6.21　嵌入式处理器分类

1）嵌入式微处理器

嵌入式微处理器是由通用计算机中的 CPU 演变而来的。它的特征是具有 32 位以上的处理器，具有较高的性能，当然其价格也相应较高。但与计算机处理器不同的是，实际嵌入式应用中，只保留与嵌入式应用紧密相关的功能硬件，去除其他的冗余功能部分，配上必要的扩展外围电路，如存储器的扩展电路、I/O 的扩展电路和一些专用的接口电路等，这样就能以最低的功耗和资源满足嵌入式应用的特殊要求。

嵌入式微处理器虽然在功能上与标准微处理器基本相同，但在工作温度、抗电磁干扰、可靠性等方面一般都做了增强。和工业控制计算机相比，嵌入式微处理器具有体积小、重量轻、成本低、可靠性高的优点。

典型的嵌入式微处理器是 ARM 处理器（图 6.22）。ARM（Advanced RISC Machines）公司是全球领先的 16/32 位 RISC 微处理器知识产权设计供应商，目前已成为移动通信、手持设备、多媒体数字消费嵌入式解决方案的 RISC 标准。

图 6.22　ARM 处理器芯片

2）嵌入式微控制器

随着大规模集成电路的出现及其发展，将计算机的 CPU、RAM、ROM、定时数器和多种 I/O 接口集成在一片芯片上，形成芯片级的计算机，为不同的应用场合做不同组合控制。它体积小，结构紧凑，作为一个部件埋藏于所控制的装置中，主要完成信号控制的功能，因此被称为嵌入式微控制器，又称单片微型计算机 SCM（single chip microcomputer），简称单片机。单片机以其单片化、资源丰富、可靠性高、体积小、功耗低和成本低的显著特点，成为嵌入式测控系统的主流产品。

最早的单片机是 Intel 公司 1976 年生产的 8048，含有 256B 的 RAM、4 KB 的 ROM、4 个 8 位并口、1 个全双工串行口、2 个 16 位定时器。20 世纪 80 年代初，Intel 公司又进一步完善了 8048，在它的基础上研制成功了 8051。20 世纪 80 年代中期，Intel 公司将 8051 内核使用权以专利互换或出售形式转让给世界许多著名 IC 制造厂商，这样

图 6.23 AT89C 系列芯片

8051 就变成有众多制造厂商支持的、发展出上百个品种的 51 系列大家族。比较有代表性的包括 8051、MCS-251、MCS-96/196/296、P51XA、C166/167、805168K 系列。经过了几代的发展，单片机的工艺制造技术已很先进，有的内部配置了 A/D、D/A 转换器或 PWM 脉宽调制输出，有的内部集成了 CAN 总线控制器，芯片也达到了较高的速度。

ATMEL 半导体公司的 AT89C 系列的产品(图 6.23)，不需紫外线抹除，而是用电子式抹除，比一般的 51 系列更方便，目前在毕业设计、课程设计等环节中，大都采用此系列产品。

3) 嵌入式 DSP 处理器

DSP 处理器是一种特别适合于数字信号处理运算的微处理器。根据数字信号处理的要求，DSP 在系统结构和指令算法方面进行了特殊设计，具有很高的编译效率和指令的执行速度。DSP 也是在一块芯片上集成了一台微型计算机的最基本部分，也具有单片机的所有性能特征。可以说，DSP 其实就是数字信号处理单片机，但 DSP 的特殊结构和高速及高精度性能，又与单片机有很大的不同。

(1) 总线结构不同：计算机总线结构分为两种，一种是冯·诺依曼(Von Neumann)结构，另一种是哈佛(Harvard)总线结构。单片机采用的是冯·诺依曼结构，所以构成的单片机系统复杂，乘法运算速度慢，很难适应运算量大的实时控制系统；而 DSP 芯片采用哈佛总线结构，而且还广泛使用了流水线技术，具有良好的并行特性，所以具有高速运算处理功能。

(2) 片内硬件资源不同：DSP 片内有硬件乘法器、累加器等，而且存储容量比单片机大很多，很适合数字信号处理的特点，单片机则没有此功能特点。

(3) 芯片的软件资源不同：单片机的指令集是通用计算机的指令系统——复杂指令集计算机 CISC 指令，可编程复杂；DSP 是专门设计的适用于数字信号处理的指令系统——RISC 指令，指令集中，每条指令功能相当强，可编程简单。

(4) 应用领域不同：DSP 适合数字信号处理的各种运算方法，具有密集型、高速度、高精度的处理功能，为信号处理应用于广泛的实际工程提供了可能；单片机多用于一般的控制和事务型处理。

DSP 的理论算法在 20 世纪 70 年代就已经出现，但是由于专门的 DSP 处理器还未出现，所以这种理论算法只能通过 MPU 等由分立元件实现。MPU 较低的处理速度无法满足 DSP 的算法要求，其应用领域仅局限于一些尖端的高科技领域。随着大规模集成电路

技术的发展，1982 年世界上诞生了首枚 DSP 芯片，其运算速度比 MPU 快了几十倍，在语音合成和编码解码器中得到了广泛应用。至 20 世纪 80 年代中期，随着 CMOS 技术的进步与发展，第二代基于 CMOS 工艺的 DSP 芯片应运而生，其存储容量和运算速度都得到成倍提高，成为语音处理、图像硬件处理技术的基础。到 20 世纪 80 年代后期，DSP 的运算速度进一步提高，应用领域也从上述范围扩大到了通信和计算机方面。20 世纪 90 年代后期，DSP 发展到了第五代产品，集成度更高，使用范围也更加广阔，在数字滤波、FFT、谱分析等各种仪器上 DSP 获得了大规模的应用。

DSP 处理器比较有代表性的产品是 TI 公司的 TMS320 系列(图 6.24)、ADI 公司的 ADSP 21XX 系列和 Freescale 公司的 DSP56000 系列。TMS320 系列处理器包括用于控制的 C2000 系列、用于移动通信的 C5000 系列以及性能更高的 C6000 和 C8000 系列等。

4) 嵌入式片上系统

随着 EDA(electronic design automation，电子设计自动化)的推广和 VLSI (very large scale integrated circuits，超大规模集成电路)设计的普及，以及半导体工艺的迅速发展，将整个嵌入式系统做在一个芯片上得以实现，这就是片上系统 SoC(system on chip)，它在一个硅片上集成了多个功能模块，使应用系统的电路板变得很简洁，这对于减小体积和降低功耗、提高可靠性非常有利。

SoC 最大的特点是成功实现了软硬件无缝结合，直接在处理器片内嵌入操作系统的代码模块。而且 SoC 具有极高的综合性，可在一个硅片内部运用 VHDL 等硬件描述语言，实现一个复杂的系统。用户不需要再像传统的系统设计一样，绘制庞大复杂的电路板，一点点的连接焊制，而只需要使用精确的语言，综合时序设计直接在器件库中调用各种通用处理器的标准，然后通过仿真之后就可以直接交付芯片厂商进行生产。由于绝大部分系统构件都是在系统内部，整个系统就特别简洁，不仅减小了系统的体积和功耗，而且提高了系统的可靠性，提高了设计生产效率。

例如，LSI 公司推出的 SP2603 媒体处理器(图 6.25)采用嵌入式 CPU、支持语音应用的板上存储器以及电信级数据包处理引擎，具有高度可扩展性，每芯片能支持 1～12 个 DSP 内核，而且功耗很低，能满足移动媒体网关和企业协作服务所必需的语音和视频转码要求。

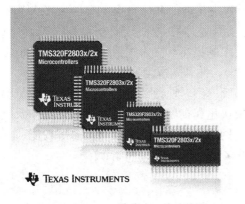

图 6.24　TMS320 系列 DSP 芯片

图 6.25　SP2603 片上系统

6.5.5 嵌入式系统的发展

随着微电子工艺水平的提高和实际应用需求的快速增长，嵌入式技术发展讯速，大致可分为以下几个阶段。

1. 无操作系统阶段

嵌入式系统最初的应用是基于单片机的控制系统，大多以可编程控制器的形式出现，具有监测、伺服、设备指示等功能，通常应用于各类工业控制和飞机、导弹等武器装备中，一般没有操作系统的支持，只能通过汇编语言对系统进行直接控制，运行结束后再清除内存。这些装置虽然已经初步具备了嵌入式的应用特点，但仅仅只是使用 8 位的 CPU 芯片来执行一些单线程的程序，因此严格地说还算不上"系统"。

这一阶段嵌入式系统的主要特点是：系统结构和功能相对单一，处理效率较低，存储容量较小，几乎没有用户接口。由于这种嵌入式系统使用简便、价格低廉，因而在工业控制领域中得到了非常广泛的应用，但却无法满足对执行效率、存储容量都有较高要求的信息家电等场合的需要。

2. 简单操作系统阶段

20 世纪 80 年代，随着微电子工艺水平的提高，IC 制造商开始把嵌入式应用中所需要的微处理器、I/O 接口、串行接口以及 RAM、ROM 等部件统统集成到一片 VLSI 中，制造出面向 I/O 设计的微控制器，并一举成为嵌入式系统领域中异军突起的新秀。与此同时，嵌入式系统的程序员也开始基于一些简单的"操作系统"开发嵌入式应用软件，大大缩短了开发周期，提高了开发效率。

这一阶段嵌入式系统的主要特点是：出现了大量高可靠、低功耗的嵌入式 CPU（如 Power PC 等），各种简单的嵌入式操作系统开始出现并得到迅速发展。此时的嵌入式操作系统虽然还比较简单，但已经初步具有一定的兼容性和扩展性，内核精巧且效率高，主要用来控制系统负载以及监控应用程序的运行。

3. 实时操作系统阶段

20 世纪 90 年代，在分布控制、柔性制造、数字化通信和信息家电等巨大需求的牵引下，嵌入式系统进一步飞速发展，而面向实时信号处理算法的 DSP 产品则向着高速度、高精度、低功耗的方向发展。随着硬件实时性要求的提高，嵌入式系统的软件规模也在不断扩大，逐渐形成了实时多任务操作系统(RTOS)，并开始成为嵌入式系统的主流。

这一阶段嵌入式系统的主要特点是：操作系统的实时性得到了很大改善，已经能够运行在各种不同类型的微处理器上，具有高度的模块化和扩展性。此时的嵌入式操作系统已经具备了文件和目录管理、设备管理、多任务、网络、图形用户界面(GUI)等功能，并提供了大量的应用程序接口(API)，从而使得应用软件的开发变得更加简单。

4. 面向 Internet 阶段

21 世纪无疑将是一个网络的时代，将嵌入式系统应用到各种网络环境中的呼声越来越高。目前大多数嵌入式系统还孤立于 Internet 之外，随着 Internet 的进一步发展，以及 Internet 技术与信息家电、工业控制技术等的结合日益紧密，嵌入式设备与 Internet 的结合才是嵌入式技术的真正未来。

信息时代和数字时代的到来，为嵌入式系统的发展带来了巨大的机遇，同时也对嵌入式系统厂商提出了新的挑战。目前，嵌入式技术与 Internet 技术的结合正在推动着嵌入式技术的飞速发展，嵌入式系统的研究和应用领域呈现出如下特点：

（1）新的微处理器层出不穷，嵌入式操作系统自身结构的设计更加便于移植，能够在短时间内支持更多的微处理器。

（2）嵌入式系统的开发成了一项系统工程，开发厂商不仅要提供嵌入式软硬件系统本身，同时还要提供强大的硬件开发工具和软件支持包。

（3）通用计算机上使用的新技术、新观念开始逐步移植到嵌入式系统中，如嵌入式数据库、移动代理、实时 CORBA 等，嵌入式软件平台得到进一步完善。

（4）各类嵌入式 Linux 操作系统迅速发展，由于具有源代码开放、系统内核小、执行效率高、网络结构完整等特点，很适合信息家电等嵌入式系统的需要，目前已经形成了能与 Windows CE、Palm OS 等嵌入式操作系统进行有力竞争的局面。

（5）网络化、信息化的要求随着 Internet 技术的成熟和带宽的提高而日益突出，以往功能单一的设备如电话、手机、冰箱、微波炉等功能不再单一，结构变得更加复杂，网络互联成为必然趋势。

（6）精简系统内核，优化关键算法，降低功耗和软硬件成本。

（7）提供更加友好的多媒体人机交互界面。

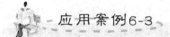
应用案例6-3

湖南卫视 2013 年热播的真人秀节目《爸爸去哪儿》中出现了大量无人机航拍（图 6.26）拍的唯美镜头，节目的火爆让航拍器这一高科技产物出尽风头。无人机航拍包含了不少嵌入式系统的应用，包括在无人飞行器、遥控器、无线高清图像传输系统、摄像机或照相机、无人机地面监视器中的应用。

图 6.26 《爸爸去哪儿》中的"航拍器"特写

航拍的拍摄工作由两个人配合完成，一个人控制无人机的飞行，称为飞手；另一个人控制空中拍摄云台，即控制空中摄像机的底部支架转向轴，称为云台操作手。云台操作手从监视器里可以同步监控摄像机传回地面的图像，可以通过控制云台，实现镜头从平视到俯视，或从左到右的拍摄（图 6.27）。

为了实现稳定的飞行,飞行器上嵌入体积小巧的中央处理器,组成以机载计算机为核心的电子导航设备。通过嵌入式中央处理器计算飞行器的位置、速度、高度、俯仰角等控制信息,以及接收处理地面发射的测控指令,对飞行器进行数字化控制。飞行器必须装有传感器来反馈自身的姿态和运动状态。例如,在飞行器底部安装超声波测距来获取距离地面高度,从而得知自己是否在上升或在下降,或者稳定;在内部安装重力感应模块来获取当前的姿态,从而控制个各个旋翼来调整自己的状态。

拍摄云台的控制也是典型的嵌入式系统。例如,航拍时飞行器的振动,或有风时空中飞行器的微微晃动,都会对拍摄产生影响。要使拍摄的画面稳定,空中的"云台"必须通过嵌入的加速度计等传感器采集飞行器的晃动量等动态信息,通过计算进行补偿,以确保拍摄画面不出现抖动。

《爸爸去哪儿》摄制组采用的六轴旋翼无人机航拍器在航拍中大显身手,其长时间的续航能力和稳定的跟拍技术为节目提供了大量精彩素材。六轴旋翼无人机采用六个旋翼作为飞行的直接动力源,六个旋翼电机呈六边形对称地装在飞行器的支架端,支架中间空间安放飞行控制计算机和外部设备。六轴旋翼无人机的前进后退以及旋转,依靠调节六个旋翼的旋转速度来控制,可以实现六个轴横向、纵向、竖直方向和偏航方向的运动。例如,当需要前进的时候,前方两个旋翼转速降低,后方两个旋翼转速上升,此时,后方旋翼电机产生的升力大于前方旋翼产生的升力,六轴旋翼无人机将会沿着几何中心倾转,桨叶的升力沿着纵向的分力可以驱动六轴旋翼无人机向前运动。当六轴旋翼无人机需要向左转向的时候,右侧三个电机转速上升,左侧三个电机转速下降,使得向左的反扭矩大于向右的反扭矩,六轴旋翼无人机在反扭矩的作用下向左旋转。六个旋翼产生的升力超过或者低于六轴旋翼无人机自身重力的时候能够实现竖直方向上的上升和下降运动,当旋翼的升力与无人机自重相等的时候可以实现悬停。

图6.27 航拍现场

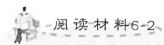

阅读材料6-2

陕西临潼兵马俑(图6.28)有着数千年的悠久历史,是我国最著名的考古、旅游地点之一。兵马俑博物馆的一期工程(游客中心)、二期工程(学术报告大厅)的自控系统用Grace组态软件作为上位软件,实现冷热站系统控制(图6.29)、新风机组监控、温湿度监测与调节、系统自动/手动运行切换、冬夏转换等功能,满足了博物馆对环境的设计要求。Grace组态软件的功能包括:

图6.28　秦兵马俑一号坑

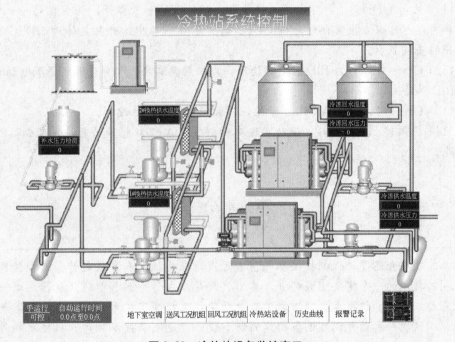

图6.29　冷热站设备监控窗口

(1)分布式的体系结构,实现负荷分担,提高系统运行效率。支持双网、双机、双通道的冗余热备份,为系统的安全运行提供最大的保障。

(2)全网统一的工作平台,支持协同工作。在任意时刻,所有节点的信息保持一致,在任意节点上都可进行控制操作、查看历史数据、历史告警等,并且支持Web浏览。

(3)完全的矢量绘图,从使用者的角度出发,简单易用。具有丰富的数据表现形式,能实现绝大多数动画特效,最大限度地再现真实现场。尽可能少地占用系统资源,使画面中存在大量图元时也不会降低显示效率。

(4)百分之百的数据完整性,包括各种告警信息、数据的存储,并提供多种手段予以查询。

(5) 提供了自定义报表功能，能够按照用户的要求制作出任意格式的报表(如日报表、查询报表、ODBC 报表等)，无需使用第三方的应用软件。

(6) 数据配置按照设备来组织，利于查看和配置，这在大数据量时优势尤其明显。并且提供表单式的数据配置功能以及导入、导出功能，帮助用户快速的配置数据。

(7) 分级授权的用户机制，拥有不同权限的用户可以进行不同的操作，如控制操作、修改报表、修改画面、创建用户等。

(8) 内嵌 TCL 脚本语言，易于掌握，可以实现各种复杂的控制算法和计算功能，并且提供脚本语言调试工具，具有单步跟踪和变量查看功能，帮助定位错误、快速开发。

(9) 完全的自定义报警及语音报警，可以由用户设置，实现对某个点的某种报警的自定义描述以及语音提醒，也可以实现对某一类报警的语音提示。

(10) 全面支持 OPC2.0。Grace 可以作为 OPC 客户端，读取 OPC 服务器的数据，并且可以作为 OPC 服务器，将自己的数据提供给其他应用程序。

(11) 支持 ODBC3.0。可以将过程数据，包括报警和数据等，保存在 Grace 自带的数据库中，也可以直接保存到支持 ODBC 的关系数据库中，并且支持对 ODBC 数据库中数据的查询显示。

(12) Grace 可以作为 PID 控制器使用，内嵌经典算法、积分分离、遇限削弱积分等 5 种 PID 算法。

(13) Grace 可以作为 Modbus 子站，将数据转发到其他设备。

(14) 提供若干实用工具，帮助实现桌面锁定、工程打包等功能，使交钥匙工程成为可能。

本 章 小 结

本章主要介绍了现代测控技术的基本原理、应用技术和发展趋势。新型传感器是现代测控技术的一个重要组成部分，典型代表是集成传感器和智能传感器。新一代仪器仪表都采用计算机技术，既增加了测量功能，又提高了技术性能。虚拟仪器是用计算机、测试软件和信号调理设备构建的新型仪表，是测试技术和计算机技术相结合的产物，融合了测试理论、仪器原理和技术、计算机接口技术、高速总线技术以及图形软件编程等技术，代表了仪器仪表的发展方向。

计算机监控系统是以计算机为主体，加上检测装置、执行机构和被监控的对象共同构成的主体。监控组态软件是计算机监控系统的专用软件，是在自动监控系统的系统软件平台上，以灵活多样的组态方式为用户提供良好的开发界面和简洁的使用方法，使用户能根据自己的控制对象和控制目的任意组态，完成监控任务。嵌入式系统是指以应用为中心、以计算机技术为基础，软件硬件可裁剪，适应应用系统对功能、可靠性、成本、体积、功耗严格要求的专用计算机系统，是将应用程序和操作系统与计算机硬件集成在一起的嵌入在宿主设备中的控制系统。嵌入式系统不仅用于工业设备，更与人们的日常生活紧密相关，成为新型消费类电子产品的重要技术。

思考题

6.1　什么是计算机测控系统？它由哪几个部分组成？

6.2　现代测控技术的特点有哪些？

6.3　虚拟仪器与传统仪器的区别是什么？

6.4　DSP 与单片机相比有哪些不同点？

6.5　现代测控技术发展的趋势有哪些？

6.6　什么是嵌入式系统？常见的嵌入式处理器有哪些？

第7章
测控专业的知识体系与课程体系

 本章教学要点

知识要点	掌握程度	相关知识
人才培养要求	了解测控专业的人才培养目标及要求	人才培养方案
知识体系	了解测控专业的理论体系和知识体系	主干学科，相关学科
课程体系	了解测控专业的课程体系和主干课程	必修课，选修课

导入案例

钱学森的学术著作《工程控制论》是控制领域的经典专著。1948年，美国科学家维纳的《控制论》出版，引起了科学界的广泛关注。但《控制论》中晦涩的哲学思想很难被人理解，人们很难透过《控制论》发现其与科学技术的联系。作为世界级的导弹和火箭专家，钱学森对控制及控制系统问题是非常熟悉的，他敏锐地认识到维纳《控制论》的价值，迅速意识到其与火箭制导工程问题的相通性，并立即运用控制论原理研究解决了一批喷气技术中的问题。他很快发现，不仅在火箭技术领域，在整个工程技术的范围内，几乎到处存在着被控制的系统或被操纵的系统，而且有关系统控制的技术已经有了多方面的发展。钱学森认为：可以用一种统观全局的方法来充分了解和发挥导航技术和控制技术等新技术的潜在力量，从而更有效地用新方法解决旧问题，并且可以达到前所未见的前景。1953年底，钱学森在美国加州理工大学开设了一门新课程——工程控制论，用统观全局的方法将力学、电子、通信等各类学科融会贯通，还有"正/负反馈"、"用不完全可靠的元件组成高可靠性系统"等新鲜的概念让学生们耳目一新。

1954年，《工程控制论》一书由美国McGraw - Hill图书出版公司正式出版。《工程控制论》以系统为对象，以火箭为应用背景谈自动控制，系统地揭示了控制论对自动化、航空、航天、电子通信等科学技术的意义和影响，充分体现并拓展了维纳《控制论》的思想。科学界认为，《工程控制论》是这一领域的奠基式的著作，是维纳《控制论》之后的又一个辉煌的成就。《工程控制论》赢得了国际声誉，并相继被译为俄文、德文、中文等多种文字，并形成了控制科学在20世纪50年代和60年代的研究高潮。

中华人民共和国成立初期，在政治、经济和文化建设等各方面都学习借鉴前苏联的社会主义建设经验。我国的高等教育也是借鉴前苏联的"专才"教育模式。各个部委所属高等院校的仪器仪表类专业根据自己的专业方向和行业特色制订自己的专业教学培养计划，各自为战、自成体系，强调专业对口。

改革开放后，我国高等教育模式向美英体系靠拢，从"专才教育"逐渐向"通才教育"转变。1998年教育部颁布高校本科专业目录，专业总数从1343种减少到249种，原来仪器仪表类的十几个专业综合成一个测控技术与仪器专业，规范统一了专业培养计划。教育部专业规范的主要思路和指导原则是确保共同基础，发挥各自特色，扩展专业领域，强调宽口径、多样化、抓基础、重实践的办学方向。目前，全国约有200余所学校开设测控技术与仪器专业，由于各个高校测控专业的发展途径和专长各不相同，各具其行业特色，因此在确保共同基础的前提下，专业培养计划也各有侧重，有的侧重于光学，有的侧重于机械，有的侧重于电子信息。

本章介绍测控技术与仪器专业的人才培养目标、人才培养要求及测控专业的知识体系和课程体系的整体概况。

7.1 测控专业的人才培养目标和要求

测控技术与仪器专业是电子技术、精密机械技术、光学技术、计算机技术和自动控制技术等多学科技术互相渗透而形成的一门高新技术密集型综合专业，对人才的培养也有特殊要求。

7.1.1 测控专业的人才培养目标

高等院校的一切教育教学活动，都是紧紧围绕着人才培养进行的，人才培养目标、培养方案的确定，决定着学校所培养人才的根本特征，集中体现出办学者的教育思想和教育理念。人才培养目标的定位，是学校各项教育教学活动的纲，纲举而目张，无论是做专业建设、师资队伍建设、培养方案、培养模式和途径、课程体系与教学内容改革、教材的选用与编写，还是抓管理规范、质量评价与监控、政策导向、教学设施保障、校园文化建设等，都是为人才培养目标服务的。因此，培养目标如何定位，确立目标后又如何实现，是学校建设和发展中首要的也是根本的问题。

1. 专业培养目标

世界由物质、能量和信息三大要素组成。改造客观世界离不开认识客观世界，而认识客观世界则离不开人体自身器官和仪器仪表，以实现认识物质、能量和信息传递。仪器科学与技术是物质世界信息流程中研究信息的获取、测试和控制技术的一门学科。教育部1998年颁布的《普通高等学校本科专业目录》中明确了测控技术与仪器专业的培养目标："本专业培养具备精密仪器设计制造以及测量与控制方面基础知识与应用能力，能在国民经济各部门从事测量与控制领域内有关技术、仪器与系统的设计制造、科技开发、应用研究、运行管理等方面的高级工程技术人才。"

测控技术与仪器专业的业务培养要求为："本专业学生主要学习精密仪器的光学、机械与电子学基础理论，测量与控制理论和有关测控仪器的设计方法，受到现代测控技术和仪器应用的训练，具有本专业测控技术及仪器系统的应用及设计开发能力。"

仪器科学与技术教学指导委员会在《仪器仪表类专业规范》(2006.11)中提出的测控技术与仪器专业的培养目标为："本专业以培养信息技术领域仪器仪表类的专门人才为目标。培养具有研究、设计、制造、应用、维护和管理现代仪器仪表和测控技术装备的能力，掌握信息的获取和处理技术，具有扎实的理论基础和较宽的专业知识面，具有多元人文背景，有道德、善学习、勤思考、重实践、富有创新意识、环保节能意识、团队精神、社会责任感和敬业精神的身心健康的综合型专业人才，为国民经济、国防建设、教育科研等部门输送高级工程技术人才和管理人才。"

2. 专业培养特点

随着科学技术尤其是电子信息技术的飞速发展，仪器仪表技术从单纯机械结构到机电结合再到机光电结合，如今发展成为集传感技术、计算机技术、电子技术、现代光学、精密机械等多种高新技术于一体，围绕着信息的获取、处理、控制、传输这样一条主线进行。因此，测控技术与仪器专业人才应具有以下特点。

1）掌握多学科知识

测控技术与仪器专业是以机、光、电、自动控制、计算机及信息技术紧密结合为特色的复合型专业。测控技术与仪器专业的理论知识主要来自仪器科学与技术、控制科学与工程、信息科学与技术、计算机科学与技术等学科。涉及电子技术、计算机技术、信息处理技术、测量测试技术、自动控制技术、仪器仪表技术等。在信息技术日显重要、飞速发展的今天，测控技术作为研究信息的获取、传输、处理和控制的技术，已经成为信息科学技术领域的重要组成部分。

2）掌握最新技术

测量控制与仪器仪表技术总是紧随各种高新技术的发展而发展，代表着科学技术的前沿技术。例如，信息论、控制论、系统工程论领域中新的理论研究成果，以及检测与传感技术、计算机软硬件技术、网络技术、激光技术、超导技术中新的技术成果都是推动测量控制与仪器仪表技术发展的重要动力。

3）具备实践动手能力

测量控制与仪器仪表技术是一门工程应用技术。在国防工业、航天、石油、化工、冶金、电力、轻工、纺织、生物、医学、材料、环保等行业都有广泛的应用。要想针对不同的使用要求、不同的工艺环境进行测控仪器和系统的设计制作，必须具有较强的实践动手能力。

7.1.2 测控专业的人才培养要求

随着科学技术尤其是电子信息技术的飞速发展，仪器仪表的内涵较之以往也发生了很大变化。其自身结构已从单纯机械结构或机电结合或机光电结合的结构发展成为集传感技术、计算机技术、电子技术、现代光学、精密机械等多种高新技术于一身的系统，其用途也从单纯数据采集发展为集数据采集、信号传输、信号处理以及控制为一体的测控过程。特别是进入21世纪以来，随着计算机网络技术、软件技术、微纳米技术的发展，测控技术呈现出虚拟化、网络化和微型化的发展趋势，从而使仪器仪表学科的多学科交叉及多系统集成而形成的边缘学科的属性越来越明显。因此，要求培养的人才具有现代科学创新意识，知识面宽，基础理论扎实，计算机和外语能力强。

1. 人才培养结构要求

测控专业毕业生应满足以下要求。

1）素质结构方面

（1）思想道德素质：应热爱祖国，拥护中国共产党的领导，掌握马列主义、毛泽东思想、邓小平理论和"三个代表"的重要思想等基本原理；愿为社会主义现代化建设服务，为人民服务；有为国家富强和民族昌盛而奋斗的志向和责任感；敬业爱岗，遵纪守法，诚实守信，艰苦奋斗，团结协作，具有良好的思想品德、社会公德和职业道德。

（2）文化素质：应具有较好的人文、艺术和社会科学基础及正确运用本国语言、文字的表达能力，积极参加社会实践，适应社会的发展与进步，能建立健康的人际关系。

(3) 专业素质：具有扎实的自然科学基础知识和本专业所必需的技术基础及专业知识，掌握科学地发现、分析和解决问题的方法，具有严谨的科学态度和求实创新意识，对市场经济规律在解决工程实际问题中的作用有正确的认识。

(4) 身心素质：身心健康，具有在胜利、成功、成就面前不骄不躁，在困难、挫折、失败面前不屈不挠的精神。

2) 能力结构方面

(1) 获取知识的能力：具有较强的自学能力和利用现代化信息渠道获取有用知识的能力；具有一定的社会交往能力和对自然科学及社会科学知识的表达能力。

(2) 应用知识的能力：能将所学的基础理论与专业知识融会贯通，灵活地综合应用于工程实践中，具有研究和解决现代测控技术及仪器仪表领域工程实际问题的初步能力。

(3) 创新能力：培养创新意识，了解科学技术最新发展动态及所研究领域的国内外研究现状，具有创造性思维和初步科技研究与开发能力。

3) 知识结构方面

(1) 工具性知识：外语、计算机文化基础、高级语言程序设计和文献检索、科技写作等知识。

(2) 人文社会科学知识：文学、历史学、哲学和毛泽东思想概论、马克思主义哲学原理、马克思主义政治经济学原理、邓小平理论与"三个代表"重要思想概论、思想品德修养、法律基础、法制安全教育、健康教育、美学、心理学等。

(3) 经济管理知识：现代企业管理、管理概论、项目管理等。

(4) 自然科学知识：高等数学、大学物理、化学、生物等。

(5) 工程技术基础及专业基础知识：机械制图、工程数学、工程力学、工程光学、电工电子技术、电磁兼容、电磁场与电磁波、信号与系统、精密机械设计基础、微机原理及应用、误差理论与数据处理、自动控制原理、传感技术等。

(6) 专业知识：检测技术、控制技术与系统、测控仪器设计、测控电路、智能化测控系统、嵌入式系统设计、网络测量技术、光电检测技术、总线技术、虚拟仪器设计、图像处理技术、视觉检测技术、光学仪器设计、电子测量仪器、自动化仪器仪表等。

2. 人才培养能力要求

测控专业培养的学生应具备如下知识和能力，并根据各个学校专业特色的不同而有所侧重。

(1) 具有较扎实的自然科学基础知识，掌握高等数学、工程数学、大学物理等基础性课程的基本理论和应用方法；具有较好的人文、艺术和社会科学基础知识及正确运用本国语言、文字的表达能力。

(2) 基本掌握一门外语，具有较好的听、说、读、写能力，能较顺利地阅读本专业的外文书籍和资料。

(3) 基本掌握电路分析、信号与系统方面的基本理论以及模拟、数字电路的基本理论和设计方法，并能运用计算机进行模拟仿真和设计，具有较强的实践能力。

(4) 基本掌握测量信息论、信号处理理论、自动控制理论、微型计算机系统设计理论的基本原理和方法。

（5）基本掌握传感器原理和应用、仪器调理电路设计方法、智能化仪器和自动化仪表设计技术、测控技术及工业过程控制系统技术的基本原理和方法。

（6）具有一定的精密机械设计能力，掌握一定的精密仪器仪表结构设计方法，具备一定的制图操作技能。

（7）具有一定的计算机软、硬件综合运用能力，掌握一定的软、硬件设计和调试方法。

（8）具有一定的系统分析和综合应用能力，基本掌握光、机、电、计算机相结合的当代测控技术和实验能力，初步具备本专业仪器仪表与测控系统的设计、开发能力和一定的技术性组织管理能力。

（9）对目前国内和国际本专业常用的规范和标准有一定的了解，并能在设计中运用。

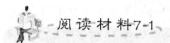
阅读材料7-1

"7年大学生活，让自己受益最大的是学校设立的'大学生科技创新基金'。这个创新平台太好了。"已经获得上博士机会的中南大学研三学生秦岭，在接受记者采访时开心地表示。正因为有了这个基金，她和同学们选择的课题，累计得到了3.3万元的资助，课题组发了3篇论文，获得了1项专利。秦岭同学所说的这个创新平台，是教育部和中南大学共同设立的国家大学生创新性实验计划项目平台。

国家大学生创新性实验计划是高等学校本科教学"质量工程"的重要组成部分，该计划旨在探索并建立以问题和课题为核心的教学模式，倡导以本科学生为主体的创新性实验改革，调动学生的主动性、积极性和创造性，激发学生的创新思维和创新意识，在校园内形成创新教育氛围，建设创新教育文化，全面提升学生的创新实验能力。

国家大学生创新性实验计划项目是一个旨在提高高校学生素质的项目，通过开展实施计划，带动广大的学生在本科阶段得到科学研究与发明创造的训练，改变灌输式的教学方法，推广研究性学习和个性化培养的教学方式，形成创新教育的氛围，建设创新文化，提高教学质量。

国家大学生创新性实验计划项目注重"研究过程"而非"研究成果"，其主要是以项目为载体，让学生掌握思考问题、解决问题的方法，提高创新能力和实践能力。本科学生个人或创新团队，在导师的指导下，自主选题设计、独立组织实施并进行信息分析处理和撰写总结报等工作。

国家大学生创新性实验计划项目严格遵循"强调兴趣、突出重点、鼓励创新、注重实效"的原则，按照"公开立项、自由申报、择优资助、规范管理"的程序，重点资助思路新颖、目标明确、具有创新性和探索性、研究方案及技术路线可行、实施条件可靠的项目。

申报与评审条件如下。

（1）主要面向全校全日制本科二、三年级学生。申请者必须学业优秀，善于独立思考，实践动手能力强，对科学研究、科技活动或社会实践有浓厚的兴趣，具有一定的创新意识和研究探索精神，具备从事科学研究的基本素质和能力。申请者可以是个人，也可以是团队，每个团队由3～5人组成。鼓励学科交叉融合，鼓励跨院系、跨专业以团队形式联合申报。

(2) 申请的项目必须有一名副高以上职称的指导教师。学生在教师的指导下，自主选题、自主设计实施方案。项目研究时间一般为1～3年。通常研究课题主要源于：①与课程学习有机结合，从课程学习中引伸出的研究课题；②开放式、探索型和综合性实验教学中延伸出值得进一步深入研究的课题；③结合学校有关重大研究项目，可由学生独立开展研究的课题；④由学生自主寻找与实际生活相关的课题。

(3) 项目评审。①由学院进行初审，出具审核、推荐意见后提交教务处。②由有关学科专业和相关职能部门专家组成的评审组，采取申报书评阅以及公开答辩等形式对各个项目进行评审，形成评审意见。③对评审结果进行公示，公示期结束后入选项目报领导小组及主管校长审批、发布，教务处登记备案。

项目管理内容如下。

"国家大学生创新性实验计划"实行主持人负责制。(1)制订研究计划。项目主持人接到审批立项通知后，应认真填写《"国家大学生创新性实验计划"项目合同书》，制订科学合理、详细周密的研究计划和实施方案，保证项目的顺利完成。(2)中期检查。项目研究时间过半，项目负责人应提交《"国家大学生创新性实验计划"项目中期检查报告》，内容包括实验任务完成情况、困难和问题、下一步研究计划等，学校将组织中期检查，并提出实验与研究改进建议。(3)结题验收。项目完成后，项目负责人应撰写《"国家大学生创新性实验计划"结题验收报告》，并附上研究记录等相关材料和研究成果、实物等，由"国家大学生创新性实验计划"指导委员会成员对研究项目进行结题验收。(4)项目变更。在研究工作中，涉及减少、变更研究内容及研究人员，提前或推迟结题等事项，项目负责人应提出书面报告，经学院审核，报学校批准。

指导教师负责审阅项目内容，全程指导学生进行创新性实验，组织学生讨论交流及审查学生的研究结果等。

"国家大学生创新性实验计划"管理办公室负责对研究项目进行跟踪，并组织学生进行成果的交流，将大学生创新性实验项目的总结报告、论文(设计)以及相关材料报教育部。

学校工作要求如下。

(1) 学校要成立校级的组织协调机构，包括教务、科研、设备、财务、学生、团委等职能部门的人员，制定切实可行的管理办法和配套政策，提供支撑条件。

(2) 学校要为参与项目的学生配备导师，负责指导学生进行创新性实验，学校要认定指导教师的工作量，制定相关的激励措施。

(3) 学校的示范性实验中心、各类开放实验室和重点实验室要向参与项目的学生免费提供实验场地和实验仪器设备。

(4) 学校要给予项目总经费不小于1:1的配套经费支持，经费由学校代管，由承担项目的学生使用，教师不得使用学生研究经费，学校不得提取管理费，不得截留和挪用。项目团队人数不超过5人，人均经费不低于1万元。

(5) 学校要营造创新文化氛围。学校要通过搭建项目学生交流平台、利用项目学生俱乐部等形式定期开展相关活动。

(6) 学校要为参加项目学生制订个性化培养方案和相关配套措施，包括学分认定、选课、考试、成果认定等。

（7）学校要组织项目学生开展学术交流，参加学术团体组织的学术会议，为学生创新研究提供交流经验、展示成果、共享资源的机会。学校还要定期组织项目指导教师之间的交流。

（8）学校要鼓励学生参加项目，对参与项目表现优秀的学生进行奖励。对项目申报、实施过程中弄虚作假，工作无明显进展的学生要及时终止其项目运行。对更改项目内容、更换项目成员、提前或推迟项目结题等事项要制定规范的管理办法。

（9）具体的项目管理工作属于一般科研项目的管理，因此会涉及项目周期（资助计划、批次周期、批次约束），项目学科化，申请者保护和反评议，过程监控等科研项目管理的通用问题。

对学生的要求如下。

（1）参与项目的学生一定要出于对科学研究或创造发明的浓厚兴趣，发挥学生主动学习的积极性。

（2）学生是项目的主体。每个项目都要配备导师，但导师只是起辅导作用，参与项目的本科学生个人或创新团队，在导师指导下，一定要自主选题设计、自主组织实施、独立撰写总结报告。

（3）学生项目选题要适合。项目选题要求思路新颖、目标明确、具有创新性和探索性，学生要对研究方案及技术路线进行可行性分析，并在实施过程中不断调整优化。

（4）参与项目的学生要合理使用项目经费，要遵守学校财务管理制度。

（5）参与项目的学生要处理好学习基础知识和基本技能与创新性实验和创造发明的关系。

7.2　测控专业的理论基础和知识体系

科学技术，尤其是高新技术近年来的发展趋势是大量的渗透与交叉，这造成了应用领域的空前繁荣和飞速发展。以精密仪器与软件的关系为例，仪器仪表的信息处理技术走过了从单片机到系统，由硬件到软件、由单层信息系统到集成信息系统的历程，发展越来越快。面对这样的深刻变化，高等教育实行宽口径、通才教育是必然趋势。

7.2.1　测控专业的理论基础

测控专业是一个涉及多学科的综合性专业，专业知识面广，新技术含量高。测控技术的应用领域非常广泛，小到生产过程的工艺参数检测，大到卫星火箭发射的监控都离不开测控技术。测控技术在国防工业、机械制造业、石油化工业、电厂与电力系统、交通运输系统、农业系统、生态系统等都有广泛应用。测控技术理论体系就是在测控技术理论与众多领域应用技术的互相推动下发展起来的，在测控技术理论指导下设计出各种测控仪器和测控系统，解决实际工程问题；实际应用中对测控仪器和测控系统的要求又推动测控技术理论的发

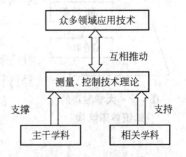

图 7.1　测控技术理论体系

展；而测控技术理论的基础来自于各学科理论的支撑和支持，如图7.1所示。

在物料流、能源流和信息流所组成的现代世界中，仪器仪表属于信息流的范畴。以信息流为主线，按信息技术的专业分工，仪器仪表是以信息的获取为主要任务，并辅以信息的传输、处理和应用的系统要求，由此来确定仪器仪表专业的知识结构和相应的学科基础，这是一个高层次的起统领作用的总纲领。测控技术及仪器专业理论基础来自于多个学科。

1. 主干学科

测控技术与仪器专业的主干学科有：仪器科学与技术学科、电子信息工程学科、光学工程学科、机械工程学科、计算机科学与技术学科。这些学科的理论对测控专业理论起支撑作用，涉及设计、制造仪器仪表所需要的信号检测、信号转换、信号处理、结构框架等基本原理。

2. 相关学科

测控技术及仪器专业的相关学科有：控制科学与工程学科、信息与通信工程学科。这些学科的理论对测控专业理论起支持作用，涉及设计、制造仪器仪表所需要的信号运算、信号传递等基本原理。

7.2.2 测控专业的知识体系

本科教育的定位是做好专业基础教育，培养基础厚、知识面宽、能力强、素质高的多模式专业人才已成为高等教育界为之奋斗的目标。测控技术与计算机技术和通信技术共同组成现代信息科学技术，形成信息科学技术三大支柱。测控专业以信息的获取为主要任务，并综合有信息的传输、处理和控制等基础知识及应用。围绕准确、可靠、稳定地获取信息这一中心任务来组织教学，掌握与之相关的理论、技术和方法，是本专业教学的基本出发点。

1. 知识体系结构

经过多年来的教学理论研究和教学实践改革，我国高等教育人才培养方案进一步规范化、标准化。目前，我国大学教育的知识体系结构基本划分为三个层次，如图7.2所示。

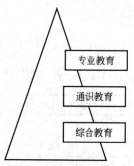

图7.2 大学教育的知识体系结构

1）专业教育层

专业教育包括学科基础和专业基础，如工程技术基础、专业基础、专业方向等。

2）通识教育层

通识教育包括人文社科基础知识和公共基础知识，如人文社会科学、自然科学基础、体育、外语、计算机与信息技术、经济管理等。

3）综合教育层

综合教育包括思想教育、科技活动、文体活动等。

2. 知识体系内容

仪器科学与技术教学指导委员会在《仪器仪表类专业规范》（2006.11）中综合提出了测控专业的本科教育的知识体系内容，由人文社科类知识、公共基础类知识、学科基础类知识、专业及特色类课程以及实践教学五部分组成，如图7.3所示。

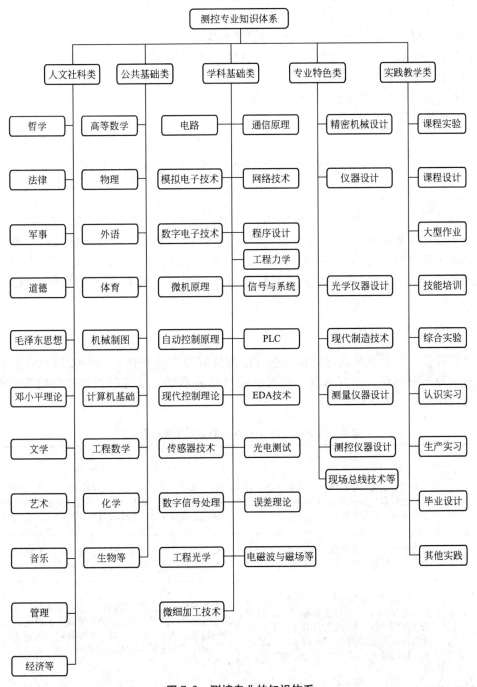

图 7.3 测控专业的知识体系

仪器仪表学科是多学科交叉的综合性、边缘性学科。由于获取信息的方法是多种多样的，因此，测控技术涉及面很广且发展很快。各个学校根据测控技术的发展趋势结合自己的实际情况，制定合适的教学知识体系，这在整体上也符合人才培养多样性的要求。

测控专业本科教育的知识体系主要内容应包括下列知识点。

（1）自然科学和人文社会科学知识。

（2）光、机、电、计算机相结合的测控技术基础知识。

（3）信息获取、分析、处理、控制、执行的基础理论和方法。

（4）基本参数的测控技术和方法。

（5）计算机技术在测量控制中的应用知识。

（6）现代管理理论和方法。

7.3　测控专业的课程体系和主干课程

课程体系是实现专业培养目标的实施计划。为了培养掌握多学科知识的复合型人才，基础课程设置必须实行"宽基础"，知识结构必须紧随科学技术的发展不断更新。同时，要加强实践能力的培养，使学生具备较宽的知识面，有较强的自主学习能力和开发创新能力。只有如此才能适应仪器仪表技术领域的就业要求，并具有可持续发展能力。

7.3.1　测控专业的课程体系

仪器科学与技术教学指导委员会在《仪器仪表类专业规范》（2006.11）中给出了测控专业本科教育的课程设置示例。根据学校类型的不同，课程的内容、学时有所不同，主要的课程设置示例见表7-1。

表7-1　测控专业本科教育的主要课程设置示例

知识体系	必　修	选　修
人文社科	马克思主义政治经济学、马克思主义哲学、毛泽东思想概论、邓小平理论概论、法律基础、军事理论、思想道德修养	管理基础、历史与文化、科技写作、乐器演奏、书画入门、西方经济、古典哲学、环境与生态、营销学、艺术鉴赏、现代文学、科学发展史……
公共基础	高等数学、大学物理、物理实验、大学英语、计算机文化、体育、机械制图	近代物理、第二外语(英/日/德/法)、专项体育、生命科学导论、化学基础、高级英语视听……
学科基础	工程数学、电路理论、模拟电子技术、数字电子技术、自动控制原理、微机原理和接口技术、高级语言程序设计、误差理论、传感器技术、数据库、网络技术、检测技术、信号与系统、数字信号处理	电磁场与微波、热工基础、仪器光学基础、精密机械设计基础、仪器制造工艺、通信原理、测控电路、光电检测技术、机电传动与控制、工程材料、优化设计、机电CAD、仪器总线与现场总线技术、新型传感技术、工程力学……

（续）

知识体系	必　修	选　修
专业前沿及特色	精密仪器设计、光学系统设计、测控仪器设计、电子测量技术、过程控制基础、分析仪器概论、医用仪器及传感器	电子设计自动化、嵌入式系统设计、DSP 技术、PLC 技术、现代测控理论与技术、可靠性设计、计算机视觉、机器人、专用集成电路设计、微机电系统、微纳米测量技术、集成电路测试技术、虚拟仪器设计、监控组态软件及应用……
实践环节	物理、电路理论、电子技术、微机与接口、课程内实验、金工(电工)实习、认识实习、生产实习、军训、毕业设计	科技创新、科技制作、设计竞赛……

　　表 7.1 给出的课程设置是综合了各种类型的学校和各个特色方向的课程设置，对于一个具体的学校，必定根据自己的特点设计符合自己特色的课程体系，在有限的学时内有侧重地、有特色地、有选择地安排教学内容，并紧随科学技术的发展不断更新课程设置。例如，以热工为特色的测控专业的课程设置见表 7-2。

表 7-2　以热工为特色的测控专业的课程设置示例

知识体系		课　程　设　置
人文社会科学	主干	马克思主义基本原理、毛泽东思想、邓小平理论和"三个代表"重要思想概论
人文社会科学	非主干	思想道德修养与法律基础、中国近现代史纲要、当代世界经济与政治、大学语文、中西方文化比较
外语	主干	英语阅读、英语听力
自然科学基础	主干	高等数学、大学物理、物理实验
	非主干	线性代数、概率论与数理统计、普通化学、数学建模
体育	主干	体育
经管	主干	现代企业管理导论、经济学、管理学、国际经济与贸易
计算机信息技术	主干	微机原理与接口技术
	非主干	计算机文化基础、C 语言程序设计、面向对象程序设计、文献检索
工程技术基础	主干	画法几何与工程制图、电路、模拟电子技术、数字电子技术、测试信号处理技术
	非主干	工程数学、误差理论与数据处理、机械设计原理、工程光学、工程力学、控制电机、专业外语
专业基础	主干	自动控制原理、传感器原理及其应用、单片机原理及应用
	非主干	测控技术导论、现代控制理论、MATLAB 高级编程与工程应用、DSP 原理及其应用、电子电路 EDA 技术、电子电路 CAD 技术、电气控制技术

（续）

知识体系		课 程 设 置
专业	主干	仪表与过程控制、测控系统原理与设计、测控系统计算机网络、智能仪器原理与设计
	智能控制方向	系统工程、模式识别、智能控制技术
	智能仪器方向	虚拟仪器、监控组态软件及应用、嵌入式系统设计
实践环节	必修	金工实习、计算机技能培训、计算机组装、英语翻译与写作、认识实习、电工电子设计、传感器课程设计、控制原理仿真实验、单片机课程设计、生产实习、测控专业综合实验、单片机应用电路设计、毕业设计
	选修	智能仪器课程设计、电气控制综合实验、嵌入式系统设计实验、控制系统仿真实验、单片机应用、Proteus 软件及应用、虚拟仪器设计

测控技术及仪器专业的课程设置要体现出多学科基础理论既交叉融合又各成体系的特色，例如：

数学系列有高等数学、线性代数、工程数学、数理统计等。

机械系列有机械制图、工程力学、精密机械设计等。

电子系列有电路、电子技术、微机接口、编程语言、单片机原理等。

测控理论有测试信号处理技术、误差分析、传感器技术、控制理论等。

测控技术有测控系统设计、测控仪器设计、智能仪器和虚拟仪器等。

围绕准确、可靠、稳定地获取信息、处理信息、控制信息、传输信息这一中心任务来组织教学，掌握与之相关的理论、技术和方法，是本专业教学的基本出发点。

7.3.2　部分主干课程介绍

1．电路课程简介

1）英文译名

电路课程的英文译名为 Electric Circuit。

2）前导课程

电路课程的前导课程为大学物理、高等数学。

3）内容概要

电路是电气工程领域各相关专业学生的第一门专业技术基础课。本课程主要内容为：电路模型和电路定律，电阻电路的等效变换，电阻电路的一般分析，电路定理，含有运算放大器的电阻电路，一阶电路，二阶电路，正弦稳态电路的一般分析，含有耦合电感的电路，三相电路，非正弦周期电流电路和信号的频谱，拉普拉斯变换，网络函数，电路方程的矩阵形式，二端口网络，非线性电路等。

电路理论是一门重要的学科领域，将为学习后续的有关课程（如信号与系统、电子技术、电磁场、电机及其控制、电力电子学等）建立必要的理论基础，是分析与解决实际电气工程问题的有力工具。

4) 主要教材及参考资料

电路课程的主要教材及参考资料如下：

(1)《电路(第5版)》，邱关源，高等教育出版社。

(2)《工程电路分析(第六版)(英文原版)》，海特(Hayt，W. H)等，电子工业出版社。

(3)《电路》，孙宪君等，兵器工业出版社。

2. 模拟电子技术课程简介

1) 英文译名

模拟电子技术课程的英文译名为 Analog Electronics Technology。

2) 前导课程

模拟电子技术课程的前导课程为高等数学、电路。

3) 内容概要

模拟电子技术为电气信息类学科的主干课程，为后续课程的学习起着重要作用。课程详细介绍了各种半导体器件的电学特性，工作特点及其在电路中的作用；模拟信号线性变换电路的工作原理和分析方法；模拟信号非线性变换电路的工作原理和分析方法。

通过本课程的学习，培养学生对各种功能电路工作原理的定性分析、性能指标的工程计算能力，初步具备模拟电信号所需传输、处理、变换的模拟电路系统综合、分析、设计能力，并灵活运用于各种实用电路。

4) 主要教材及参考资料

模拟电子技术课程的主要教材及参考资料如下：

(1)《模拟电子技术基础》，童诗白等，高等教育出版社。

(2)《电子技术基础(模拟部分)》，康华光，高等教育出版社。

(3)《模拟电子技术基础》，李森生等，电子工业出版社。

(4)《模拟电子技术基础习题与精解》，贾学堂等，电子工业出版社。

3. 数字电子技术课程简介

1) 英文译名

数字电子技术课程的英文译名为 Digital Electronics Technology。

2) 前导课程

数字电子技术课程的前导课程为高等数学、电路。

3) 内容概要

数字电子技术是电子信息类有关各专业学生必备的重要专业基础课。其主要内容包括逻辑代数，逻辑函数的描述、变换和化简；基本逻辑器件，中大规模集成电路和可编程逻辑器件；数字电路和数字系统的分析、设计方法以及在数字信号处理中的应用。通过本课程的学习，使学生具备从事数字信号处理的硬件基础知识。

4) 主要教材及参考资料

数字电子技术课程的主要教材及参考资料如下：

(1)《数字电子技术基础》，阎石，高等教育出版社。

(2)《电子技术基础》数字部分，康华光，高等教育出版社。

(3)《数字电路与系统》，刘宝琴，清华大学出版社。

4. 测试信号处理技术课程简介

1）英文译名

测试信号处理技术课程的英文译名为 Technique of Processing Testing Signal。

2）前导课程

测试信号处理技术课程的前导课程为高等数学、工程数学、电路。

3）内容概要

测试信号处理技术主要讲述测试信号分析与处理的基础理论，以一维确定性信号的频谱分析和滤波为重点，介绍随机信号分析、微弱信号检测等现代信号处理技术的基本概念和分析方法，以适应信息科学领域理论、方法和技术的发展，并为学生学习新的信号处理理论奠定基础。

4）主要教材及参考资料

测试信号处理技术课程的主要教材及参考资料如下：

（1）《信号处理技术基础》，周浩敏等，北京航空航天大学出版社。

（2）*Signal Processing*，J. H. Mc Clellen，科学出版社。

（3）《信号与测试技术》，樊尚春，北京航空航天大学出版社。

（4）《信号处理原理》，邓芳等，清华大学出版社。

5. 传感器原理及其应用课程简介

1）英文译名

传感器原理及其应用课程的英文译名为 Principle and Application of Sensing Device。

2）前导课程

传感器原理及其应用课程的前导课程为普通物理、电路、模拟电子技术、数字电子技术。

3）内容概要

传感器原理及其应用主要讲述传感器的基本理论、误差分析与补偿方法，介绍工业控制中常用传感器的工作原理、主要性能与应用方法，讨论提高传感器工作性能的途径，使学生掌握传感器的应用和基本设计方法。

4）主要教材及参考资料

传感器原理及其应用课程的主要教材及参考资料如下：

（1）《传感器原理及应用技术》，刘笃仁等，西安电子科技大学出版社。

（2）《传感器与检测技术》，宋文绪等，高等教育出版社。

（3）《传感器原理及应用》，王雪文等，北京航空航天大学出版社。

6. 自动控制原理课程简介

1）英文译名

自动控制原理课程的英文译名为 Principle of Automatic Control。

2）前导课程

自动控制原理课程的前导课程为高等数学、复变函数、大学物理、电路。

3）内容概要

自动控制原理是全面介绍自动控制系统基本原理、工程分析以及设计方法的一门学科。是电子、通信、计算机以及控制等相关专业的重要专业基础课。报考控制类研究生，一般要考这门课。

自动控制原理主要研究自动控制系统的基本概念、控制系统在时域和复频域数学模型及其结构图和信号流图；全面细致地研究线性控制系统的时域分析法、频域分析法以及校正和设计等方法；对非线性控制系统，通过相平面和描述函数方法讨论分析。

通过该课程的学习，掌握分析、设计自动控制系统的基本理论和基本方法，为相关后续课程奠定坚实的基础。

4）主要教材及参考资料

自动控制原理课程的主要教材及参考资料如下：

(1)《自动控制原理》，胡寿松，科学出版社。

(2)《自动控制原理》，李友善，国防工业出版社。

(3)《自动控制原理》，吴麒，清华大学出版社。

(4)《自动控制原理习题集》，胡寿松，科学出版社。

7. 单片机原理及应用课程简介

1）英文译名

单片机原理及应用课程的英文译名为 Principle and Application of Single-chip Computer。

2）前导课程

单片机原理及应用课程的前导课程为电路、模拟电子技术、数字电子技术、微机原理及接口技术。

3）内容概要

单片机原理及应用主要讲述单片机的原理与应用方法，以 MCS-51 单片机为重点，介绍单片机的结构性能、指令系统级汇编语言程序设计、单片机的系统扩展、单片机的串行通信、接口芯片与接口技术、单片机的应用等，使学生掌握单片机应用系统的设计与开发方法。

4）主要教材及参考资料

单片机原理及应用课程的主要教材及参考资料如下：

(1)《单片微型计算机原理及应用》，张毅坤等，西安电子科技大学出版社。

(2)《单片机基础》，李广第，北京航空航天大学出版社。

(3)《MCS-51/96系列单片微型计算机及其应用》，薛均仪等，西安交通大学出版社。

8. 仪表与过程控制课程简介

1）英文译名

仪表与过程控制课程的英文译名为 Instrument and Processing Control。

2）前导课程

仪表与过程控制课程的前导课程为模拟电子技术、数字电子技术、单片机原理与应用、自动控制原理。

3）内容概要

仪表与过程控制主要介绍工业控制中常用的温度、压力、流量、物位、成分等参数的检测仪表及控制仪表的工作原理及各种过程控制系统的控制原理、结构特点、设计方法，使学生掌握测控仪器及系统的基本设计和使用方法。

4）主要教材及参考资料

仪表与过程控制课程的主要教材及参考资料如下：

(1)《过程控制系统与仪表》，王再英等，机械工业出版社。

(2)《自动化仪表与过程控制》，施仁等，电子工业出版社。

(3)《化工仪表及自动化》，李玉鸣，化学工业出版社。

(4)《过程控制与自动化仪表》，侯志林，机械工业出版社。

9. 测控系统原理与设计课程简介

1）英文译名

测控系统原理与设计课程的英文译名为 Principle and Design of Measurement and Control System。

2）前导课程

测控系统原理与设计课程的前导课程为模拟电子技术、数字电子技术、传感器原理、单片机原理与应用。

3）内容概要

测控系统原理与设计主要介绍基于单片机的各种常见测控仪器的整机原理和总体设计方法。使学生掌握测控仪器及系统的结构、工作原理、控制方法、设计计算方法，熟悉各种测控系统的硬件电路和软件程序。

4）主要教材及参考资料

测控系统原理与设计课程的主要教材及参考资料如下：

(1)《测控系统原理与设计》，孙传友等，北京航空航天大学出版社。

(2)《计算机监控原理及技术》，何小阳，重庆大学出版社。

(3)《计算机测控系统原理与应用》，李正军，机械工业出版社。

10. 智能仪器原理与设计课程简介

1）英文译名

智能仪器原理与设计课程的英文译名为 Principle and design of Intelligent Instrument。

2）前导课程

智能仪器原理与设计课程的前导课程为模拟电子技术、数字电子技术、传感器原理、单片机原理与应用。

3）内容概要

智能仪器原理与设计主要介绍智能仪器的基本结构、常用外设的工作原理和软件控制方法、常用信号采集和转换电路的工作原理及其设计、印制电路板的设计、一般抗干扰的措施等，使学生掌握智能仪器的一般设计原则及分析方法，了解数字示波器、个人仪器及系统的结构、工作原理和设计方法。

4）主要教材及参考资料

智能仪器原理与设计课程的主要教材及参考资料如下：

(1)《智能仪器原理及应用》，赵茅泰，电子工业出版社。

(2)《智能仪器设计与实现》，卢胜利，重庆大学出版社。

(3)《智能仪器原理与设计》，刘大茂，国防工业出版社。

11. 测控系统计算机网络课程简介

1）英文译名

测控系统计算机网络课程的英文译名为 Computer Network of Measurement and Control System。

2）前导课程

测控系统计算机网络课程的前导课程为自动控制原理、仪表与过程控制、微机原理。

3）内容概要

测控系统计算机网络主要介绍计算机控制的基本理论和设计方法，介绍测控计算机网络体系结构、局域网、因特网、现场总线等网络技术，使学生了解计算机网络技术在测控系统中的应用，掌握计算机测控网络的设计、选型方法。

4）主要教材及参考资料

测控系统计算机网络课程的主要教材及参考资料如下：

（1）《计算机控制系统》，王锦标，清华大学出版社。

（2）《计算机控制系统——理论、设计与实现》，高金源等，北京航空航天大学出版社。

（3）《现场总线控制系统的设计和开发》，邹益仁等，国防工业出版社。

（4）《工业数据通信与控制网络》，阳宪惠，清华大学出版社。

阅读材料7-2

钱学森长期担任中国火箭和航天计划的技术领导人，对航天技术、系统科学和系统工程做出了巨大的和开拓性的贡献；钱学森一生共发表专著7部，论文300余篇，涉及多个学科领域。

1）应用力学

钱学森在应用力学的空气动力学方面和固体力学方面都做过开拓性的工作。与冯·卡门合作进行的可压缩边界层的研究，揭示了这一领域的一些温度变化情况，创立了卡门—钱学森方法。与郭永怀合作在跨声速流动问题中最早引入上下临界马赫数的概念。

2）喷气推进与航天技术

从20世纪40年代到60年代初期，钱学森在火箭与航天领域提出了若干重要的概念：在20世纪40年代提出并实现了火箭助推起飞装置(JATO)，使飞机跑道距离缩短；在1949年提出了火箭旅客飞机概念和关于核火箭的设想；在1953年研究了行星际飞行理论的可能性；在1962年出版的《星际航行概论》中，提出了用一架装有喷气发动机的大飞机作为第一级运载工具，用一架装有火箭发动机的飞机作为第二级运载工具的天地往返运输系统概念。

3）工程控制论

工程控制论在其形成过程中，把设计稳定与制导系统这类工程技术实践作为主要研究对象。钱学森本人就是这类研究工作的先驱者。

4）物理力学

钱学森在1946年将稀薄气体的物理、化学和力学特性结合起来的研究，是先驱性的工作。1953年，他正式提出物理力学概念，主张从物质的微观规律确定其宏观力学特性，改变过去只靠实验测定力学性质的方法，大大节约了人力物力，并开拓了高温高压的新领域。1961年他编著的《物理力学讲义》正式出版。

5）系统工程

钱学森不仅将中国航天系统工程的实践提炼成航天系统工程理论，并且在20世纪80年代初期提出国民经济建设总体设计部的概念，还坚持致力于将航天系统工程概念推广应用到整个国家和国民经济建设，并从社会形态和开放复杂巨系统的高度，论述了社会系统。任何一个社会的社会形态都有三个侧面：经济的社会形态，政治的社会形态和意识的社会形态。钱学森提出把社会系统划分为社会经济系统、社会政治系统和社会意识系统三个组成部分。相应于三种社会形态应有三种文明建设，即物质文明建设(经济形态)、政治文明建设(政治形态)和精神文明建设(意识形态)。社会主义文明建设应是这三种文明建设的协调发展。从实践角度来看，保证这三种文明建设协调发展的就是社会系统工程。从改革和开放的现实来看，不仅需要经济系统工程，更需要社会系统工程。

6）系统科学

钱学森对系统科学最重要的贡献，是他发展了系统学和开放的复杂巨系统的方法论。

7）思维科学

钱学森在20世纪80年代初提出创建思维科学技术部门，认为思维科学是处理意识与大脑、精神与物质、主观与客观的科学，是现代科学技术的一个大部门。推动思维科学的研究是计算机技术革命的需要。钱学森主张发展思维科学要同人工智能、智能计算机的工作结合起来。他以自己亲身参与应用力学发展的深刻体会，指明研究人工智能、智能计算机应以应用力学为借鉴，走理论联系实际，实际要理论指导的道路。人工智能的理论基础就是思维科学中的基础科学思维学。研究思维学的途径是从哲学的成果中寻找，思维学实际上是从哲学中演化出来的。他还认为形象思维学的建立是当前思维科学研究的突破口，也是人工智能、智能计算机的核心问题。

8）科学技术体系与马克思主义哲学

钱学森认为，马克思主义哲学是人类对客观世界认识的最高概括，也是现代科学技术(包括科学的社会科学)的最高概括，钱学森将当代科学技术发展状况，归纳为十一个紧密相连的科学技术部门，即自然科学、社会科学、数学科学、系统科学、思维科学、人体科学、军事科学、行为科学、地理科学、建筑科学以及文艺理论等。随着社会的发展、科学的进步，不仅这个体系结构在不断发展，内容也在不断充实，还会不断有新的科学部门涌现。相应地，教育要培养的人才应当：

（1）熟悉科学技术的体系，熟悉马克思主义哲学。

（2）理、工、文、艺结合，有智慧。

（3）熟悉信息网络，善于用电子计算机处理知识。

在钱老看来，"21世纪的全才并不否定专家，只是他，这位全才，大约只需一个星期的学习和锻炼就可以从一个专业转入另一个不同的专业。这是全与专的辩证统一。这样的大成智慧硕士，可以进入任何一项工作。以后如工作需要，改行也毫无困难。当然，他也可以再深造为博士，那主要是搞科学技术研究，开拓知识领域。"

本 章 小 结

测控技术与仪器专业培养具备精密仪器设计制造以及测量与控制基础知识与应用能力，能在国民经济各部门从事测量与控制领域内有关技术、仪器与系统的设计制造、科技开发、应用研究、运行管理等方面的高级工程技术人才。测控技术与仪器专业的业务培养要求：本专业学生主要学习精密仪器的光学、机械与电子学基础理论，测量与控制理论和有关测控仪器的设计方法，受到现代测控技术和仪器应用的训练，具有本专业测控技术与仪器系统的设计开发能力。

测控技术与仪器专业的主干学科有仪器科学与技术学科、电子信息工程学科、光学工程学科、机械工程学科、计算机科学与技术学科。这些学科的理论对测控专业理论起支撑作用，涉及设计、制造仪器仪表所需要的信号检测、信号转换、信号处理、结构框架等基本原理。测控技术与仪器专业的相关学科有控制科学与工程学科、信息与通信工程学科。这些学科的理论对测控专业理论起支持作用，涉及设计、制造仪器仪表所需要的信号运算、信号传递等基本原理。

仪器科学与技术教学指导委员会在《仪器仪表类专业规范》（2006.11）中综合提出了测控专业的本科教育的知识体系内容，由人文社科类知识、公共基础类知识、学科基础类知识、专业及特色类课程以及实践教学五部分组成，测控专业的课程设置要体现出多学科基础理论既交叉融合又各成体系的特色。例如：

数学系列有高等数学、线性代数、工程数学、数理统计等。

机械系列有机械制图、工程力学、精密机械设计等。

电子系列有电路、电子技术、编程语言、单片机原理等。

测控理论有测试信号处理技术、误差分析、传感器技术、控制理论等。

测控技术有测控系统设计、测控仪器设计、智能仪器和虚拟仪器等。

围绕准确、可靠、稳定的获取信息、处理信息、控制信息、传输信息这一中心任务来组织教学，掌握与之相关的理论、技术和方法，是本专业教学的基本出发点。

思考题

7.1 测控专业的培养目标是什么？

7.2 测控专业的人才需要具备哪些能力？

7.3 通过本章内容的学习，你对测控专业的知识体系有什么认识？

7.4 测控专业的课程体系中，哪些课程你比较感兴趣？

第 8 章
测控专业的就业与考研

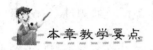 本章教学要点

知识要点	掌握程度	相关知识
就业	了解测控专业的就业前景	就业准备
考研	了解测控专业的考研方向	考研准备

导入案例

2013年5月14日上午，习近平来到天津人力资源发展促进中心和天津职业技能公共实训中心，了解就业和培训情况并与相关人员座谈。他说，就业是民生之本，也是世界性难题，要从全局高度重视就业问题。没有一定增长不足以支撑就业，解决就业问题，根本要靠发展，把经济发展蛋糕做大，把就业蛋糕做大。在从宏观角度分析就业问题的基础上，习近平总书记还专门同高校毕业生和失业人员开展了座谈，用实在的话语为年轻人的事业观进行了指导。

习近平说，做实际工作情商很重要，更多需要的是做群众工作和解决问题的能力，也就是适应社会的能力。开展实际工作，情商和智商都重要。老话说，万贯家财不如薄技在身，情商当然要与专业知识和技能结合。我们必须看到，目前一些名牌大学的毕业生，空有渊博的理论知识，然而步入社会却始终不能适应，挑三拣四，更不能将所学知识应用于实际工作中。习近平总书记之所以强调情商，就是在告诉青年们，要增强适应社会的能力，要懂得吃苦，懂得合作，懂得人际交流，在做好工作之前，要先学会做人。

就业"新西兰"，是适合青年磨练成长的就业方向。习近平在会上提出以经济发展来促进就业，同时也鼓励大学生去基层工作，去创业。他说现在一些大学生不愿去"新西兰"，即新疆、西藏、兰州。他鼓励大学生去中西部，去基层发展。"宝剑锋从磨砺出，梅花香自苦寒来。"基层是培育青年成长成才的沃土，广大青年都应有勇气、有热情，去"新西兰"等基层去工作，去拼搏，去实现自己的人生价值。

青年承载着国家的未来和希望，广大青年应当树立正确的事业观，在投身中国特色社会主义伟大事业中让青春焕发出绚丽的光彩。

习近平与学生交谈

每位学生在选择专业之际都会考虑毕业后会做什么样的工作，自己应朝什么方向发展，如果在大学期间不做积极、充分的准备，缺乏自主选择的积极性和能力，就等于放弃了自己把握命运的权利，只能被动地接受任何可能产生的结果，被动地等待和接受社会对个人的选择。而那些对大学生涯有正确认识和合理规划的大学毕业生，则能够更加顺利地走向社会，取得更大的成功。

大学生应从大学一年级就开始做专业规划。所谓专业规划，指的是在对自己所学专业有较清晰认识的基础上，对自己未来的就业或考研方向有一个定位，以及在求学过程中应采取怎样的方法去接近自己规划的目标。在这方面，有很多未雨绸缪的做法，如学习期间到相关行业参观实习、考取相关的职业证书、提前参加行业招聘会、听取业内知名人士的经验、向已经工作的师兄师姐取经等都可以为自己的专业规划提供参考。如果没有适合自己的专业规划，没有系统的、充分的准备，无论对今后的就业还是对考研都是不利的。

8.1　就　　业

仪器仪表工业是促进国民经济各部门技术进步，提高劳动生产率和社会经济效益，开发与节约能源和材料的先导工业。仪器仪表的装备水平在很大程度上反映出一个国家的生产力的发展和科学技术的现代化水平。当前仪器仪表正向智能化方向发展，在提高生产效率，优化产品质量等方面有广泛的应用前景。随着我国现代化建设的不断深入，对掌握先进测控技术的人才需求也更加迫切。

8.1.1　就业前景

测控技术与仪器是一门综合学科，它和自动控制、工业自动化、仪器仪表以及计算机技术有着密切的联系。测控技术与仪器仪表是各行业都不可缺少的门类，从航天、航空、航海，到工厂、水利、电力、建筑等，再到家居小机电，都越来越智能化和自动化，都涉及测控技术与仪器仪表的技术。

在科技革命日新月异、信息技术高速发展的背景下，现代仪器仪表制造业保持着高速平稳发展态势。目前，国际上该行业年均增幅在3%～4%，我国正处在工业化加速阶段，仪器仪表制造业一直保持高速增长。"九五"期间仪器仪表销售收入年均增长13.7%，"十五"期间年均增长26.2%。多年来，卢嘉锡等20多位院士多次呼吁国家将仪器仪表制造业列为重点发展行业，引起了国家领导人的高度重视。在《国家中长期科学与技术发展规划纲要(2006—2020年)》中将仪器仪表列入重点领域的优先主题。

目前，我国仪器仪表制造业增加值占全部规模以上工业增加值的比重为1.06%，距发达国家4%的比重还有很大的差距。从仪器仪表制造业发展趋势、市场需求和国家产业扶持政策来看，我国仪器仪表制造业年均增长速度将长期保持在20%以上。毕业生就业可选择的方向十分广泛，既可以进入科研单位进行仪器仪表的开发和设计，也可以在生产工程自动化企业从事自动控制、自动化检测等方面的工作，同时还可以在工程检测领域、计算机应用领域找到适合本专业个人发展的空间。

1. 科研院所

科学技术的进步，使得无论是重工业部门，还是农业、建筑业、运输业及科学事业等各个部门，都不断地要求发展新的测试、控制和调节装置以及自动化装置和控制系统。测控技术是实现信息化工业的关键技术，智能仪器、虚拟仪器、智能控制、计算机网络控制等高新技术都具有非常广泛的发展前景，而我国的测控技术水平与国际水平相比尚有较大差距。各仪器仪表、自动控制和自动化技术科研院所都需要强有力的研发人才。

2. 仪器仪表制造业

仪器仪表制造业是直接参与国际竞争的产业，仪器仪表工业必须以超前的速度发展，经常不断地更新产品，为国民经济各个部门提供高质量的仪器仪表和自动化装置。测控专业的毕业生可以在仪器仪表、电子电器和自动控制系统配套等生产企业从事仪器设备的设计、制造、质量管理、技术推广和技术服务等工作。

随着我国工业化进程的加快，国家和各地重点工程项目的实施，仪器仪表制造业进入新的市场增长期。产业升级改造和消费结构升级，为仪器仪表制造业的快速发展创造了历史性机遇。以房地产行业消费升级需求为例，全国需要安装智能化、数字化电表、水表的数量骤增，仅此一项就蕴藏着巨大的市场需求。

3. 现代化生产企业

现代化生产企业的生产、管理自动化程度高，对工艺参数、产品质量的测控仪器应用很多，自动化生产线、自动生产过程控制是主要生产模式。测控专业的毕业生可以在这些企业从事仪器设备、测控系统的生产运行、应用维护和技术服务等工作。

4. 计量检测机构

在社会生产生活管理中，需要有独立的机构对一些关键参数或产品质量进行检测、监督或计量，如测试计量机构、产品质量监督机构、环境检测机构等。测控专业的毕业生可以在各种参数计量检测机构从事精密测试计量与精度分析等方面的工作。

8.1.2 就业准备

随着市场经济的发展，社会为大学生提供了广阔的就业天地，同时也伴随着激烈的竞争与挑战。因此，大学生应该充分做好就业的准备工作，主动适应社会的需要。中国有句成语叫"未雨绸缪"，意思是事先准备好，防患于未然。怎样做好就业的准备工作，是每个大学生必须认真思考的问题。对大学生这样一个特殊层次的人来说，为就业需要准备的内容主要是以下几个方面。

1. 确定合理的就业目标

当今大学生设定合理的就业目标应主要从两个方面考虑。

1）专业对口

对于一个特定专业的大学生，最大的可能是从事与所学专业相关的职业。因此大学生应把能充分运用自己所学专业知识的职业作为自己就业的主要目标，这既符合学校教育的培养目标，又能充分运用自己的专业知识，发挥专业特长。

2）专业扩展

社会职业结构在不断变化，对人才的需求结构也随之变化，就业形势就会相应发生变化。这就要求大学生在学好本专业知识的同时，根据社会的就业热点和自己的兴趣、特点，自学相关学科的理论知识，丰富自己的知识储备，扩展适合自己能力的其他就业目标。

2. 知识、能力和技能准备

世界上所有职业最终可以归结为两类：技术型和管理型。技术型岗位要求有扎实的技术理论基础和技术能力，而管理型岗位要求有广泛的知识面和管理能力。不论什么岗位，一切职业都要求从业者具有相应的知识、能力和技能。

1）知识

知识是人类的认识成果，来自社会实践。其初级形态是经验知识，高级形态是系统科学理论，知识的总体在社会实践的世代延续中不断积累和发展。这就要求大学生努力学好专业知识，并努力扩大自己的知识面。

2）能力

能力是顺利完成某种活动所必需的主观条件，是直接影响活动效率的个性心理特征。能力一般指自学能力、表达能力、环境适应能力、创造能力、自我教育能力、管理能力和动手能力等。为了提高自己各方面的能力，要多参加有益的校园文体活动、社会实践活动，在活动中不断提高能力。在校期间获得的各种证书、奖励和发表的作品等都会为求职择业增添亮点，为就业奠定坚实的基础。

3）技能

技能是掌握和运用专门技术的能力，只有通过动手练习才能掌握其中的技巧。在大学期间要重视实验、实习和实践训练环节，积极参与各种技能测试、技能比赛。在校期间要尽早参加国家英语四、六级考试和计算机二、三级考试；要积极参加各种学科竞赛，如果能设计出作品或者发表论文对以后择业都是非常有帮助的。

3. 树立良好的就业意识，做好参加"双向选择"的准备

树立良好的就业意识，是就业准备的重要内容，它将对择业和就业产生十分重要的影响。那么，当今大学生应该树立什么样的就业意识呢？除了应该树立专业就业的意识外，大学生还应该树立大对口就业的意识，到艰苦行业、边远地区就业的意识，先就业后调整的就业意识，自主创业的就业意识等。在市场经济条件下，大学生就业主要在人才市场进行"双向选择"。这就要求大学生了解社会中各种职业的性质和价值，学习在市场竞争中求职择业的技能和技巧，做好进入人才市场，参加"双向选择"的准备。

什么样的大学生，用人单位最欢迎呢？北京高校毕业生就业指导中心曾对150多家国有大中型企事业单位、民营及高新技术企业、三资企业的人力资源部门和部分高校进行调查，调查问卷显示，8类求职大学生更容易得到用人单位的青睐。

1）在最短时间内认同企业文化

企业文化是企业生存和发展的精神支柱，员工只有认同企业文化，才能与公司共同成长。壳牌公司人力资源部的负责人介绍说，"我们公司在招聘时，会重点考查大学生求职心态与职业定位是否与公司需求相吻合，个人的自我认识与发展空间是否与公司的企业文化与发展趋势相吻合。"

北京高校毕业生就业指导中心有关专家提示："大学生求职前，要着重对所选择企业的企业文化有一些了解，并看自己是否认同该企业文化。如果想加入这个企业，就要使自己的价值观与企业倡导的价值观相吻合，以便进入企业后，自觉地把自己融入这个团队中，以企业文化来约束自己的行为，为企业尽职尽责。"

2）对企业忠诚，有团队归属感

员工对企业忠诚，表现在员工对公司事业兴旺和成功的兴趣方面，不管老板在不在场，都要认认真真地工作，踏踏实实地做事。有归属感的员工，他对企业的忠诚，使他成为一个值得信赖的人，一个老板乐于雇用的人，一个可能成为老板得力助手的人，一个最能实现自己理想的人。

北京高校毕业生就业指导中心有关专家提示："企业在招聘员工时，除了要考查其能力水平外，个人品行是最重要的评估方面。没有品行的人不能用，也不值得培养。品行中最重要的一方面是对企业的忠诚度。那种既有能力又忠诚企业的人，才是每个企业需要的最理想的人才。"

3）不苛求名校出身，只要综合素质好

吉通网络通信股份有限公司的人力资源人士表示，"我们公司不苛求名校和专业对口，即使是比较冷僻的专业，只要学生综合素质好，学习能力和适应能力强，遇到问题能及时看到问题的症结所在，并能及时调动自己的能力和所学的知识，迅速释放出自己的潜能，制定出可操作的方案，同样会受到欢迎。"

4）有敬业精神和职业素质

新来的大学生在工作中遇到问题或困难，不及时与同事沟通交流，等到领导过问时才汇报，耽误工作的进展，甚至有一个年轻人，早晨上班迟到的理由居然是昨晚看电视节目看得太晚了，这些都是没有敬业精神和职业素质差的表现。中关村电子有限公司的人力资源人士说，"企业希望学校对学生加强社会生存观、价值观的教育，加强对学生职业素质、情商、适应能力和心理素质的培养。有了敬业精神，其他素质就相对容易培养了。"

5）有专业技术能力

北京某科技股份公司人力资源部经理介绍说，"专业技能是我们对员工最基本的素质要求，IT行业招人时更是注重应聘者的技术能力。在招聘时应聘者如果是同等能力，也许会优先录取研究生。但是，进入公司后学历高低就不是主要的衡量标准了，会更看重实际操作技术，谁能做出来，谁就是有本事，谁就拿高工资。"

6）沟通能力强、有亲和力

企业特别需要性格开朗、善于交流、有一个好人缘的员工。这样的人有一种亲和力，能够吸引同事跟他合作，同心同德完成组织的使命和任务。

7）有团队精神和协作能力

上海汽车工业（集团）总公司的人力资源人士认为："从人才成长的角度看，一个人是属于团队的，要有团队协作精神和协作能力，只有在良好的社会关系氛围中，个人的成长才会更加顺利。"

8）带着激情去工作

热情是一种强劲的激动情绪，一种对人、对工作和信仰的强烈情感。某公司的人力资源部人士表示，"我们在对外招聘时，特别注重人才的基本素质。除了要求求职者拥有扎实的专业基础外，还要看他是否有工作激情。一个没有工作激情的人，我们是不会录用的。"

北京高校毕业生就业指导中心有关专家提示，"一个没有工作热情的员工，不可能高质量地完成自己的工作，更别说创造业绩。只有那些对自己的愿望有真正热情的人，才有可能把自己的愿望变成美好的现实。"

8.2 考 研

本科毕业后可以选择读研究生，以便能在国内外高等院校、科研院所继续学习深造。读研可以达到如下目的。

（1）进一步培养自己的专业素质，提升自己的学术水平。

（2）进一步增强自己的业务能力，获得更好的就业机会。

（3）追逐自己的兴趣，对感兴趣的课题作进一步的研究。

（4）构造更高层次的交际圈，为未来的发展铺路。

读研收获的不仅仅是一张更高级的证书，更重要的是思维能力、理解能力、写作能力、动手能力、集体合作精神等都将得到升华。

当前，报考硕士研究生的考生学历必须符合下列条件之一。

（1）国家承认学历的应届本科毕业生。

（2）具有国家承认的大学本科毕业学历的人员。

（3）获得国家承认的大专毕业学历后经两年或两年以上，达到与大学本科毕业生同等学历，且符合招生单位根据本单位的培养目标对考生提出的具体业务要求的人员；国家承认学历的本科结业生和成人高校应届本科毕业生，按本科毕业同等学历身份报考。

（4）已获硕士学位或博士学位的人员，可以再次报考硕士生，但只能报考委托培养或自筹经费的硕士生。

8.2.1 考研方向

很多同学临近毕业时在考研热的带动下匆忙报名考研，缺乏对报考专业的详细考察，缺乏对自身和专业结合度的思考，缺乏对考取专业后职业发展的规划。考什么专业能发挥自己的强项、能弥补专业上的劣势，这些都应该尽早思考、规划。

1. 测控研究方向

信息论、控制论、系统论是测控专业的基础理论。信息技术、控制技术、系统网络技术是测控专业的基本技术。测控专业的毕业生可以选择在测控理论及其前沿技术的多个方向上进行研究。

根据最新颁布的我国高等教育授予博士、硕士学位和培养研究生的学科、专业目录中，在测控技术与仪器专业基础上的硕士、博士学位研究方向是仪器科学与技术一级学科和控制科学与工程学科一级学科，分别下设精密仪器及机械、测试计量技术及仪器、控制理论与控制工程、检测技术与自动化装置、系统工程、模式识别与智能系统、导航、制导与控制等二级学科，见表8-1。

2. 其他研究方向

有些同学经过对各个专业的深入了解，想在考研时转换专业研究方向，即跨专业考研。自学能力是跨专业考研的必备素质，就是要有较强的自我规划学习能力。另外，转专业的方向最好遵守"就近原则"，即寻找相近专业或相关学科方向，最好是同一门类下或同一基础理论下的不同分支，如电子类、电信类、计算机类等。总而言之，最好能够找到专业间的"交集"。

表 8-1　授予博士、硕士学位和培养研究生的学科、专业目录节选

一级学科	二级学科		专业学位
0804　仪器科学与技术	080401	精密仪器及机械	085203　仪器仪表工程
	080402	测试计量技术及仪器	
0811　控制科学与工程	081101	控制理论与控制工程	085210　控制工程
	081102	检测技术与自动化装置	
	081103	系统工程	
	081104	模式识别与智能系统	
	081105	导航、制导与控制	

3. 应用型研究

近年来，我国经济社会的快速发展，迫切需要大批具有创新能力、创业能力和实践能力的高层次专门人才。为了适应国家和社会发展的需要，加大应用型人才培养的力度，我国的硕士研究生培养方式由原来的普通硕士教育和专业硕士教育改为"学术学位硕士"和"专业学位硕士"。这标志我国硕士研究生教育与国际接轨，从以培养学术型人才为主向以培养应用型人才为主转变，体现了对实践应用研究的重视。

1) 学术学位硕士

学术学位硕士是学术型学位(academic degree)教育，注重学术研究能力的训练，以培养教学和科研人才为目标，授予学位的类型是学术型学位。目前，我国学术型学位按招生学科门类分为哲学、经济学、法学、教育学、文学、历史学、理学、工学、农学、医学、军事学、管理学等 12 大类，12 大类下面再分为 88 个一级学科，88 个一级学科下面再细分为 300 多个二级学科，同时还有招生单位自行设立的 760 多个二级学科。

2) 专业学位硕士

专业学位(professional degree)是相对于学术学位而言的学位类型。专业学位硕士研究生与学术型研究生属同一层次的不同类型。根据国务院学位委员会的定位，其目的是培养具有扎实理论基础，并适应行业或职业实际工作需要的应用型高层次专门人才。我国自1991 年开始实行专业学位教育制度以来，专业学位教育发展迅速，目前耳熟能详的工商管理硕士专业学位(MBA)、公共管理硕士专业学位(MPA)、工程硕士(ME)、法律硕士(J.M)、会计硕士专业学位(MPACC)都是属于专业学位范畴。今后，我国的硕士研究生教育会更多地转向专业硕士学位。

8.2.2　考研准备

古人云："凡事预则立，不预则废"。做任何事要想一举成功，都必须有周密的筹划和准备，考研也需要尽早规划、准备。

1. 制订合理的学习规划

做任何事，都需要有一个计划，这样才能保证保持良好的心态和顺利达到目标。对刚进入大学的新生来说，考研是个比较遥远的事情，所以就更需要我们有一个长远的整体规

划。例如各门功课的轻重缓急、选修课程的了解选择、自学内容的安排等。尤其是数学和英语应当投入较大的精力，从大一就开始抓起，打好基础尤为重要。

目前，工科考研的初试科目有数学、英语、政治及一门专业基础课，通过初试的考生还需参加有关专业综合科目复试。

(1) 数学内容包括高等数学、线性代数、概率论与数理统计。

(2) 英语内容包括阅读理解、写作、英语知识运用。

(3) 政治内容包括马克思主义哲学原理、毛泽东思想概论、邓小平理论和"三个代表"重要思想。

(4) 测控研究等方向的专业基础课一般包括电路、工程光学、电子技术、自动控制原理等。

2. 掌握正确的学习方法

科学理论是有体系的，是循序渐进、环环相扣的。如何才能学好各门课程呢？下面有一些经验可供借鉴。

1) 理论课

要想学好专业课，必须有扎实的理论基础。所谓理论，不外是概念、判断和推理三要素之间的结合。所谓理论课，是指具有严格的理论体系、需要定量描述和抽象性思维的一类课程，如数学、物理、控制理论等。要想学好理论课，应当注意：

(1) 多阅读参考书籍，深刻理解基本概念。概念是理论大厦的基础，没有理解概念要想学好理论是不可能的。理论简单地说，就是"从概念到概念、从理论到理论"的思维推理，类似于纸上谈兵，不直接联系现实状况，但却是实际问题的抽象概括。不同的书籍对某一理论的叙述方式、印证方式有所不同，通过阅读不同的参考书籍，能够对这一理论有全面、深入的认识。

(2) 多做练习、积极讨论是理解理论的有效途径。理论课一般习题作业较多，解答习题的过程就是理解思考理论的过程。除了大量做习题之外，同学间相互讨论也是深入理解理论概念的有效方法。在这方面，藏传佛教培养学僧的制度传承下来的"辩经"，便是世间独一无二的讨论方法。为了加强对佛经的真正理解，喇嘛们集中在一起，采用一问一答、一问几答或几问一答的方式交流所学心得和所悟佛法，被认为是学习佛经的一个必需环节。

(3) 归纳总结、提纲挈领。对于大量的理论知识，只要梳理归类找出它们之间的关系，就会脉络清晰、了然于胸。即所谓提纲挈领，纲举目张。

2) 实验课

实验是用来检验或者验证某种假说、假设、原理、理论而进行的明确、具体、有方法、有数据的技术操作行为。研究问题的过程大致包括六个环节：提出问题→做出假设→制订计划→实施计划→得出结论→表达交流。因此，通常实验要包括以下几项内容：

(1) 预设实验目的。明确每项实验要达到的目的，如验证某个规律、结论。

(2) 确定实验环境。为了进行公正的实验，必须符合对实验环境的要求。

(3) 进行实验操作。按要求步骤进行规范的实验操作。

(4) 分析实验结果。对实验数据进行分析、归纳、总结。

(5) 撰写实验报告。根据实验数据的分析、总结，给出实验报告。

对工科学生来说，实验是非常重要的动手能力培训环节，尤其是计算机技术类课程，计算机的硬件、软件设计都必须通过大量的实验操作，才能较好的掌握。

3）外语课

对工科学生来说，外语是学习国外最新技术的一个重要工具。尤其是英美国家科技发达，最新技术的论文发表一般是英文文献，如果要等别人翻译过来才能看懂就存在一定的滞后。因此，当今高新技术领域的科技人员必须首先掌握英语。

英语的学习是一个长期的过程，不仅要背足够的词汇，还要坚持多听、多读、多说、多写。

（1）多听。寻找各种听英语的机会，如广播、电视、电影。熟悉英语的语感、口音、节奏、语境。

（2）多读。通过大量的阅读，提高阅读理解速度。可以朗读课本，可以默读各种文学读物和科技资料，可以经常到图书馆借阅英文杂志，翻看一些原版英文书。了解欧美文化知识，对阅读理解很有帮助。

（3）多说。语言必须经过反复的交流练习，才能达到熟练自如。必须寻找机会多说多练，如参加英语角活动，主动和外国人交流等。

（4）多写。写作是检验词汇量和语法的重要手段，如果没有时间每天写大块文章，可以每天写一两句日记、随笔。只要坚持不懈，定有收获。

总而言之，学习要有自我约束力，要有定力。"春来不是读书天，夏日炎炎正好眠，秋来蚊虫冬又冷，背起书包待明年。"如果总找一些理由在学习上敷衍了事、偷工减料，这样下去，四年时光一晃而过，后悔晚矣。作为新时代的大学生，既要树立远大的理想，又要立足现实、发奋努力，才能在新世纪的竞争中立于不败之地，实现自己的理想。

3. 选择合适的学校

高校在研究生层次主要有中科院、985院校、211院校、省重点高校、普通高校等。

1949年11月，中国科学院在北京成立。中科院是国家科学技术方面最高学术机构和全国自然科学与高新技术综合研究发展中心，分为5个学部（数理学部、化学部、生物学部、地学部、技术科学部）、13个分院（北京、沈阳、长春、上海、南京、合肥、武汉、广州、成都、昆明、西安、兰州、新疆）、84个研究院所、1所大学、2所学院、4个文献情报中心、3个技术支撑机构和2个新闻出版单位，分布在全国20多个省（市）。

1998年5月，江泽民总书记在庆祝北大建校100周年大会上向全社会宣告："为了实现现代化，我国要有若干所具有世界先进水平的一流大学。"国家重点支持北京大学、清华大学、中国科技大学、复旦大学、西安交通大学等部分高等学校创建世界一流大学和高水平大学，简称"985"院校。

1993年2月，党中央、国务院正式发布《中国教育改革和发展纲要》，其中明确指出："要集中中央和地方等各方面的力量办好100所左右重点大学和一批重点学科、专业。"随后国家教委发出《关于重点建设一批高等学校和重点学科点的若干意见》，决定设置"211工程"重点建设项目，即面向21世纪，重点建设100所左右高等学校和一批重点学科点，简称"211院校"。目前211院校有107所，其中北京有23所，上海9所，陕西7所，天津3所。

在选择报考院校时，必须注意如下原则。

1) 符合自己的个人兴趣

兴趣和爱好是世界上最好的老师，是获取知识、成就事业的源头，也是一个人学习的动力。研究生阶段的研究方向可能将决定一生所从事的职业，应选择自己喜欢的专业。

2) 符合自己的考研目的

常见的考研心态有两种：只报考自己心仪的学校和只要能考上就行。前者要注意自己的目标是否切合实际；后者要注意尽量兼顾自己的兴趣。

3) 符合自己的考研实力

尽量选择与本科专业相关的专业。本科打下的良好基础将有助于研究生阶段的进一步学习。要清醒地认识自己的实力，选择既具有挑战性又力所能及的专业和学校。

4) 了解各校历年录取情况

各招生单位的招生自主权很大，因此必须详细了解诸如实际录取分数线、报考人数和招生人数的录取比例等信息。通过对比，确认选择有把握的学校。

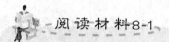

阅读材料8-1

李开复是一位信息产业的执行官和计算机科学的研究者。1998年，李开复加盟微软公司，并随后创立了微软中国研究院（现微软亚洲研究院）。2005年7月20日加入Google（谷歌）公司，并担任Google全球副总裁兼中国区总裁一职。2009年9月4日，他宣布离职并创办创新工场任董事长兼首席执行官。

李开复与中国大学生的近距离接触始于1990年，那时他受联合国邀请来华演讲两周。他到了很多高校，每次演讲结束时，满屋子的学生都不愿离去。他们不停地抛出问题，想知道怎样才能成为一个被微软这样世界顶级公司认可的人才。"一定要帮帮他们。"李开复说，自己被大学生渴望成才的热情感动了。之后，只要学生们给他写信，或者邀请他做演讲，他能做的，都会不遗余力。

"我学网"是由李开复博士联合一批海外优秀华人学者为中国广大青年学生而建，帮助他们成长和学习的社区网站。网站致力于建设成为"中国青年成长离不开的互助平台"。活跃在网站和论坛跟学生们交流的不仅有李开复、社区最有价值专家和MVP、还有很多热心的各界专家学者，李开复长期坚持在网上和学生交流、回答学生的问题。每天有大量的学生参与有关成长、学习、情感、留学、职业等话题的讨论，互帮互助、共同成长。正如他所说的："我希望能以这个网站为平台，为中国的学生们提供多方面的帮助成长的资源，包括相关的教育文章和网站学习资源、各地高校学生们的经验介绍和心得交流，从而帮助中国学生的成长。我也希望通过这个网站，和中国的学生们建立友谊，和大家一起交流成长的经历和心得、探讨人生规划和发展。当你遇到挫折时，能以度量、勇气和智慧帮助你渡过难关。"

2000年4月，李开复结束在中国的任职回微软总部做全球副总裁。他突然萌发冲动，在网上给中国大学生写了《我的人才观》及《给中国学生的一封信：从诚信谈起》。不久，两篇文章在互联网上和中国高校中广为流传。2003年12月，李开复写了《给中国学生的第二封信：从优秀到卓越》，这封信侧重于谈领导者的重要品质。2004年5月，李开复在知道了云南大学发生的马加爵事件后，写了《给中国学生的第三封信：成功、自信、快乐》，这封信"写给那些渴望成功但又觉得成功遥不可及，渴望自信却又总是自怨自艾，渴望快乐但又不知快乐为何物的学生看的"。2005年2月，李开复回复了"开复学生网"开通以来的第1000个问题，其中一位即将毕业学生的信让李开复有了写第四封信的想法。《给中国学生的第四封信：大学四年应是这样度过》"是写给那些希望早些从懵懂中清醒过来的大学生，那些从未贪睡并希望把握自己的前途和命运的大学生以及那些即将迈进大学门槛的未来大学生们的。"还有《给中国学生的第五封信：你有选择的权利》和《给中国学生的第六封信：选择的智慧》。2005年2月，李开复在《给中国学生的第七封信——21世纪最需要的7种人才》中叙述了"就读大学时，你应当掌握七项学习，包括自修之道、基础知识、实践贯通、培养兴趣、积极主动、掌控时间、为人处世。"

本 章 小 结

本章介绍了测控专业学生毕业后的就业方向和考研方向。大学生应尽早了解、认识自己所学的专业，尽早对自己未来的就业或考研方向有一个合适的定位。进入大学后，能根据自己的特点尽早制订自己的专业规划，并根据个人的学习状况来量身定做学习计划，可以达到事半功倍的效果。

测控技术在科研、生产、生活各个领域中的应用日益广泛，在全球信息化的过程中所起的作用日益重要。测控专业的学生只要明确方向，并为此而积极准备、努力学习，一定会学业有成、前途光明。

思考题

8.1 你对测控专业的哪些就业方向、哪些考研方向感兴趣？

8.2 你开始考虑专业规划了吗？

8.3 你认为自己在学习上的薄弱环节是什么？如何改进？

参 考 文 献

[1] 林玉池. 测量控制与仪器仪表前沿技术及发展趋势 [M]. 天津：天津大学出版社，2005.

[2] 丁天怀，李庆祥. 测量控制与仪器仪表现代系统集成技术 [M]. 北京：清华大学出版社，2005.

[3] 韩九强. 现代测控技术与系统 [M]. 北京：清华大学出版社，2007.

[4] 戴先中，赵光宙. 自动化学科概论 [M]. 北京：高等教育出版社，2006.

[5] 施仁，等. 自动化仪表与过程控制 [M]. 北京：电子工业出版社，2005.

[6] 王再英. 过程控制系统与仪表 [M]. 北京：机械工业出版社，2006.

[7] 刘洋. 虚拟仪器技术及其发展趋势 [J]. 仪表技术，2004(5).

[8] 江秀汉. 计算机控制原理及其应用 [M]. 西安：西安电子科技大学出版社，1995.

[9] 蔡萍. 现代检测技术与系统 [M]. 北京：高等教育出版社，2002.

[10] 林君. 现代科学仪器及其发展趋势 [J]. 吉林大学学报，2002(1).

[11] 刘英春. 传感器原理设计与应用 [M]. 北京：国防科技大学出版社，2003.

[12] 潘盛辉. 测控技术与仪器专业人才培养模式的探索与实践 [J]. 高教论坛，2005(5).

[13] 邬华芝. 测控技术与仪器专业应用型人才培养研究与实践 [J]. 常州工学院学报，2004(7).

[14] 李辉. 测控技术与仪器专业的建设与实践 [J]. 天津工程师范学院学报，2006(4).

[15] 沈荣骏，赵军. 我国航天测控技术的发展趋势与策略 [J]. 宇航学报，2001(3).

[16] 黄大星. 虚拟仪器技术及其在现代测控系统中的应用 [J]. 农机化研究，2006(12).

[17] 孙亮. 现代测控技术的发展及应用 [J]. 技术前沿：测试技术卷，2006(1).

[18] 梁恺，等. 现代测量与控制技术词典 [M]. 北京：中国标准出版社，1999.

[19] 刘红波. 测控技术与仪器专业现状分析 [J]. 技术监督教育学刊，2007(1).

[20] 郭志坚. 我国仪器仪表中、长期科学和技术发展规划的思考 [J]. 中国仪器仪表，2004(9).

[21] 刘春荣. 测控技术与仪器专业人才培养方案研究与实践 [J]. 科技信息，2006(11).

[22] 宋爱国. 测控技术与仪器本科专业人才培养体系探索 [J]. 高等工程教育研究，2005(1).

[23] 顾亚雄. 测控技术与仪器专业课程体系改革探索 [J]. 实验技术与管理，2008(6).

[24] 张海成. 面向21世纪，培养高素质仪器仪表类人才 [J]. 长春理工大学学报，2004(1).

[25] 于英杰. 现代测控技术的发展及应用 [J]. 学术研究，2004(5).

[26] 王志英. 嵌入式系统原理与设计 [M]. 北京：高等教育出版社，2007.

[27] 《工业自动化仪表手册》编辑委员会. 工业自动化仪表手册 [M]. 北京：机械工业出版社，1988.

[28] 全国高等学校教学研究中心(仪器科学与技术教学指导委员会). 仪器仪表类专业规范(讨论稿) [C]. 2006 - 11 - 3.

[29] 中国科学技术协会. 仪器科学与技术学科发展报告(2006—2007) [M]. 北京：中国科学技术出版社，2007.

[30] 孔德仁. 工程测试与信息处理 [M]. 北京：国防工业出版社，2003.

[31] 周生国. 机械工程测试技术 [M]. 北京：北京理工大学出版社，1998.

[32] 卢文祥，杜润生. 机械工程测试与数据处理技术 [M]. 武汉：华中理工大学出版社，1990.

[33] 范云霄，隋秀华. 测试技术与信号处理 [M]. 北京：中国计量出版社，2006.

[34] 罗公亮，秦世引. 智能控制导论 [M]. 杭州：浙江科学技术出版社，1997.

[35] M. G. 辛格. 大系统的动态递阶控制 [M]. 李敉安，译. 北京：科学出版社，1983.

[36] M. G. 辛格，A. 铁脱里. 大系统的最优化及控制 [M]. 周斌，译. 北京：机械工业出版社，1983.

［37］李正军. 计算机测控系统设计与应用［M］. 北京：机械工业出版社，2004.

［38］李正军. 计算机控制系统［M］. 北京：机械工业出版社，2005.

［39］孙启国，蒋兆远. 嵌入式微机监控系统基础理论及应用［M］. 北京：中国铁道出版社，2008.

［40］何小阳. 计算机监控原理及应用［M］. 重庆：重庆大学出版社，2003.

［41］马玉春. 计算机监控技术与系统开发［M］. 北京：清华大学出版社，2007.

［42］杨树兴，李擎. 计算机控制系统——理论、技术与应用［M］. 北京：机械工业出版社，2006.

［43］吕迎春. 国家级特色专业报考导航（2013～2014 年最新版）［M］. 北京：人民邮电出版社，2013.

［44］中华人民共和国教育部高等教育司. 普通高等学校本科专业目录和专业介绍（2012 年）［M］. 北京：高等教育出版社，2012.